高等院校电气信息类专业"互联网+"创新规划教材
第1版教材曾获2014年度中国轻工业优秀教材三等奖

电工技术

（第2版）

主　编　张　玮　　张　莉　　张绪光
副主编　孙明灿　　张　玥　　董　霞
　　　　刁统山　　郝玲艳

内 容 简 介

本书为高等院校电气信息类专业"互联网+"创新规划教材，主要内容包括电路的基本概念与基本定律、直流电路的基本分析方法、一阶线性电路的暂态分析、正弦交流电路、三相交流电路及安全用电、磁路与变压器、电动机、常用低压电器及继电接触器控制系统、常用电工仪表及测量。

本书可作为高等院校"电工技术"或"电工学"相关课程的本科生教材，也可作为高职高专院校相关专业的教材，还可作为相关职业技术人员的参考用书。

图书在版编目(CIP)数据

电工技术/张玮，张莉，张绪光主编. —2版. —北京：北京大学出版社，2020.4
高等院校电气信息类专业 "互联网+" 创新规划教材
ISBN 978-7-301-31278-0

Ⅰ. ①电… Ⅱ. ①张… ②张… ③张… Ⅲ. ①电工技术—高等学校—教材 Ⅳ. ①TM

中国版本图书馆 CIP 数据核字(2020)第 040052 号

书　　　名	电工技术 （第2版）
	DIANGONG JISHU (DI-ER BAN)
著作责任者	张 玮　张 莉　张绪光　主编
策 划 编 辑	程志强
责 任 编 辑	程志强
数 字 编 辑	金常伟
标 准 书 号	ISBN 978-7-301-31278-0
出 版 发 行	北京大学出版社
地　　　址	北京市海淀区成府路 205 号　100871
网　　　址	http://www.pup.cn　新浪微博：@北京大学出版社
电 子 信 箱	pup_6@163.com
电　　　话	邮购部 010-62752015　发行部 010-62750672　编辑部 010-62750667
印 刷 者	河北滦县鑫华书刊印刷厂
经 销 者	新华书店
	787 毫米×1092 毫米　16 开本　14.25 印张　327 千字
	2011 年 2 月第 1 版　2020 年 4 月第 2 版　2022 年 3 月第 2 次印刷
定　　　价	43.00 元

未经许可，不得以任何方式复制或抄袭本书之部分或全部内容。
版权所有，侵权必究
举报电话：010-62752024　电子信箱：fd@pup.pku.edu.cn
图书如有印装质量问题，请与出版部联系，电话：010-62756370

第 2 版前言

电工技术课程是高等院校工科非电类专业的一门重要的基础课程。目前，电工技术应用领域十分广泛，学科发展非常迅速，并且逐渐渗透到其他相关的学科领域，在我国当前经济建设中占有重要地位。

电工技术知识覆盖面广，理论深厚，逻辑严密，工程背景广阔，实用性强。本书的主要任务是为读者学习电工专业知识和从事相关工程技术工作打好理论和实践的基础，并使读者受到相关基本技能训练，为学习后续课程和将来从事相关工作奠定基础。然而，传统的电工技术教材所涉及的数学知识和物理理论过多，教材内容追求多而全，专业针对性差，部分抽象的理论知识难度大，不易掌握，对读者学习本门课程的积极性及综合应用能力和创新意识的培养造成了一定的消极影响。考虑到高等教育正在从精英教育快速向大众化教育转变，以及培养创新型、应用型人才的需要，高等院校电工技术课程改革已成为必然趋势。因此，我们结合多年的教学实践，在总结和借鉴同类教材优点的基础上编写了本书。

本书在各章设置了教学目标与要求、引例、小结、知识链接、习题等模块，力求集知识性、前沿性、实用性和趣味性于一体，尽可能地减少烦琐而枯燥的公式推导，注重引导和启发读者理解和掌握电工技术的基本概念、基本理论和基本分析方法，注重培养读者的工程实践应用能力，尽可能地做到好懂易学。

本书在第 1 版的基础上加以修订，修改了一些理论与公式，增加了一些二维码资源，调整了个别章节。具体来说，本书具有如下特点。

（1）好懂易学，读者易于理解和掌握。

（2）教学目标与要求明确，易于教师引导和教学。

（3）引例具有趣味性和针对性，能够激发读者的阅读兴趣。

（4）知识链接针对知识点进行扩展，便于读者理解。

（5）配套具有实用性和趣味性的习题，有利于培养读者的工程实践能力和创新能力。

（6）为便于教师使用，本书配有完整、系统的教学大纲及课件等教辅材料。

本书由齐鲁工业大学（山东省科学院）张玮、张莉、张绪光任主编，由孙明灿、张玥、董霞、刁统山、郝玲艳任副主编。具体编写人员及章节分工如下：张玥编写了第 1、2 章，张玮编写了第 3 章，孙明灿编写了第 4、8 章，董霞编写了第 5 章，刁统山编写了第 6、7 章，郝玲艳编写了第 9 章。全书由张玮、董霞审核定稿。

在本书的编写过程中，编者得到了北京大学出版社的专家和老师们的大力支持和帮助，在此表示衷心的感谢！

由于编者水平有限，书中难免存在不妥之处，恳请广大读者批评指正。

编　者
2019 年 12 月

目 录

第1章 电路的基本概念与基本定律 … 1
- 1.1 电路的组成和作用 …………… 2
- 1.2 电路中的基本物理量及电流、电压的参考方向 …………… 3
  - 1.2.1 电流 …………………… 3
  - 1.2.2 电压 …………………… 4
  - 1.2.3 关联参考方向 …………… 4
  - 1.2.4 电功率和电能 …………… 5
- 1.3 理想电路元件 ………………… 5
  - 1.3.1 理想无源元件 …………… 5
  - 1.3.2 理想有源元件 …………… 7
- 1.4 电路的状态及电气设备的额定值 … 9
- 1.5 基尔霍夫定律 ………………… 10
  - 1.5.1 基尔霍夫电流定律 ……… 10
  - 1.5.2 基尔霍夫电压定律 ……… 12
- 1.6 电位的概念及其计算 ………… 14
- *1.7 受控源 ……………………… 16
- 小结 …………………………… 17
- 习题 …………………………… 18

第2章 直流电路的基本分析方法 …… 21
- 2.1 支路电流法 …………………… 22
- 2.2 叠加定理 ……………………… 24
- 2.3 电压源、电流源的等效变换 …… 28
  - 2.3.1 理想电压源串联的等效变换 …………………… 28
  - 2.3.2 理想电流源并联的等效变换 …………………… 29
  - 2.3.3 理想电压源与理想电流源串联的等效变换 …… 29
  - 2.3.4 理想电压源与理想电流源并联的等效变换 …… 30
  - 2.3.5 实际电压源与实际电流源的等效变换 …………… 30
- 2.4 等效电源定理 ………………… 33
  - 2.4.1 戴维宁定理 ……………… 33
  - 2.4.2 诺顿定理 ………………… 35
- 小结 …………………………… 38
- 习题 …………………………… 39

第3章 一阶线性电路的暂态分析 …… 42
- 3.1 储能元件 ……………………… 42
  - 3.1.1 电容元件 ………………… 43
  - 3.1.2 电感元件 ………………… 45
- 3.2 换路与换路定律 ……………… 46
- 3.3 RC电路的响应 ………………… 47
  - 3.3.1 RC电路的零输入响应 …… 47
  - 3.3.2 RC电路的零状态响应 …… 49
  - 3.3.3 RC电路的全响应 ………… 50
- 3.4 RL电路的响应 ………………… 51
  - 3.4.1 RL电路的零输入响应 …… 51
  - 3.4.2 RL电路的零状态响应 …… 53
  - 3.4.3 RL电路的全响应 ………… 53
- 3.5 一阶线性电路暂态分析的三要素法 …………………… 54
- *3.6 微分电路与积分电路 ………… 56
  - 3.6.1 矩形脉冲激励 …………… 56
  - 3.6.2 微分电路 ………………… 56
  - 3.6.3 积分电路 ………………… 57
- 3.7 应用实例 ……………………… 58
  - 3.7.1 闪光灯 …………………… 58
  - 3.7.2 汽车点火电路 …………… 59
- 小结 …………………………… 59
- 习题 …………………………… 60

第4章 正弦交流电路 ………………… 64
- 4.1 正弦交流电路的基本概念 …… 65
  - 4.1.1 交流电的周期、频率和角频率 …………………… 65
  - 4.1.2 交流电的瞬时值、最大值和有效值 ……………… 65
  - 4.1.3 交流电的相位、初相位和相位差 ………………… 66

4.2 正弦量的相量表示法 ………………… 66
    4.2.1 相量的由来 ……………… 67
    4.2.2 复数 ……………………… 67
    4.2.3 正弦量的相量表示法 …… 69
4.3 单一参数的交流电路 …………………… 70
    4.3.1 纯电阻电路 ……………… 70
    4.3.2 纯电感电路 ……………… 72
    4.3.3 纯电容电路 ……………… 73
4.4 电阻、电感和电容串联的交流
    电路 ………………………………………… 75
4.5 阻抗的串联与并联 ……………………… 79
    4.5.1 阻抗的串联 ……………… 79
    4.5.2 阻抗的并联 ……………… 79
4.6 交流电路的功率及功率因数 …… 81
4.7 交流电路的频率特性 ………………… 85
    4.7.1 RC 电路的选频特性 …… 85
    4.7.2 谐振电路 ………………… 89
4.8 交流电路应用实例 …………………… 92
    4.8.1 荧光灯电路 ……………… 92
    4.8.2 收音机的调谐电路 ……… 92
小结 …………………………………………………… 93
习题 …………………………………………………… 95

第 5 章 三相交流电路及安全用电 … 101

5.1 三相对称电源 ……………………………… 101
    5.1.1 三相对称电源的产生 … 102
    5.1.2 电源的星形连接 ……… 103
    5.1.3 电源的三角形连接 …… 104
5.2 三相负载 …………………………………… 105
    5.2.1 负载的星形连接 ……… 105
    5.2.2 负载的三角形连接 …… 110
5.3 三相电路的功率 ………………………… 111
    5.3.1 三相有功功率 ………… 111
    5.3.2 三相无功功率和视在
        功率 ……………………… 112
5.4 电力系统 …………………………………… 115
    5.4.1 电力系统的组成 ……… 115
    5.4.2 高压配电系统 ………… 117
    5.4.3 低压配电系统 ………… 120
5.5 安全用电 …………………………………… 127
    5.5.1 电流对人体的危害及
        相关概念 ……………… 127
    5.5.2 安全防护措施 ………… 131
5.6 三相电路应用实例 …………………… 136
小结 …………………………………………………… 137
习题 …………………………………………………… 139

第 6 章 磁路与变压器 ……………………… 143

6.1 磁场与磁路 ………………………………… 143
    6.1.1 磁场的基本物理量 …… 143
    6.1.2 磁性物质的磁性能 …… 145
    6.1.3 磁路欧姆定律 ………… 146
6.2 变压器 ……………………………………… 147
    6.2.1 变压器的构造 ………… 147
    6.2.2 变压器的工作原理 …… 148
    6.2.3 变压器的功率损耗及
        效率 ……………………… 150
6.3 变压器绕组的同名端 ………………… 151
    6.3.1 变压器绕组的极性 …… 151
    6.3.2 多绕组变压器 ………… 152
6.4 特殊变压器 ………………………………… 153
    6.4.1 自耦变压器 …………… 153
    6.4.2 仪用互感器 …………… 153
6.5 变压器应用实例 ………………………… 155
    6.5.1 变压器在电力系统中
        的应用 ………………… 155
    6.5.2 变压器在电子电路中
        的应用 ………………… 155
小结 …………………………………………………… 155
习题 …………………………………………………… 157

第 7 章 电动机 …………………………………… 159

7.1 概述 …………………………………………… 159
7.2 三相异步电动机的结构 ……………… 160
    7.2.1 定子 …………………… 160
    7.2.2 转子 …………………… 161
7.3 三相异步电动机的转动原理 …… 162
    7.3.1 旋转磁场 ……………… 162
    7.3.2 电动机的工作原理 …… 164
    7.3.3 转差率 ………………… 165

7.4 三相异步电动机的机械特性 …… 165
   7.4.1 电磁转矩 …… 165
   7.4.2 机械特性曲线 …… 166
7.5 三相异步电动机的起动 …… 168
   7.5.1 直接起动 …… 168
   7.5.2 降压起动 …… 169
   7.5.3 转子串接电阻起动 …… 170
7.6 三相异步电动机的调速 …… 171
   7.6.1 变频调速 …… 171
   7.6.2 变极调速 …… 171
   7.6.3 变转差调速 …… 172
7.7 三相异步电动机的反转与制动 …… 172
   7.7.1 三相异步电动机的反转 …… 172
   7.7.2 三相异步电动机的制动 …… 173
7.8 三相异步电动机的铭牌数据 …… 174
7.9 单相异步电动机 …… 176
   7.9.1 电容分相式单相异步电动机 …… 176
   7.9.2 罩极式单相异步电动机 …… 177
7.10 异步电动机应用实例 …… 177
   7.10.1 摇臂钻床的结构 …… 177
   7.10.2 电动机在摇臂钻床中的应用 …… 178
小结 …… 178
习题 …… 179

第8章 常用低压电器及继电接触器控制系统 …… 182

8.1 常用低压电器 …… 182
   8.1.1 手动开关 …… 183
   8.1.2 按钮 …… 184
   8.1.3 交流接触器 …… 185
   8.1.4 继电器 …… 186
   8.1.5 熔断器 …… 189
   8.1.6 自动开关 …… 190

8.2 鼠笼式异步电动机的直接起动控制 …… 190
   8.2.1 电动机的点动控制 …… 192
   8.2.2 电动机的长动控制 …… 192
8.3 鼠笼式异步电动机的正反转控制 …… 192
8.4 鼠笼式异步电动机的联锁控制 …… 193
8.5 行程(限位)控制 …… 194
8.6 时间控制 …… 195
8.7 控制电路应用实例 …… 196
小结 …… 197
习题 …… 199

第9章 常用电工仪表及测量 …… 201

9.1 测量误差的表示方法 …… 201
   9.1.1 绝对误差 …… 202
   9.1.2 相对误差 …… 202
9.2 万用表 …… 203
   9.2.1 常用万用表的种类 …… 204
   9.2.2 万用表的工作原理 …… 204
   9.2.3 万用表的使用方法 …… 206
9.3 功率的测量 …… 207
   9.3.1 功率表的基本构成 …… 207
   9.3.2 单相功率的测量 …… 207
   9.3.3 三相功率的测量 …… 208
9.4 兆欧表 …… 209
   9.4.1 常用兆欧表的种类 …… 209
   9.4.2 兆欧表的工作原理 …… 210
   9.4.3 兆欧表的使用方法 …… 211
9.5 钳形电流表 …… 212
   9.5.1 钳形电流表的工作原理 …… 212
   9.5.2 钳形电流表的使用方法 …… 213
小结 …… 213
习题 …… 214

参考文献 …… 216

第1章 电路的基本概念与基本定律

本章是电工学课程的重要理论基础,介绍的基本概念和基本定律不仅适用于直流电路,而且适用于或稍加扩展后适用于交流电路。本章着重讨论电流和电压的参考方向、理想电路元件的特点和基尔霍夫定律等内容。

教学目标与要求

- 了解电路的作用及主要组成部分的功能。
- 熟练掌握电流和电压参考方向的概念,了解电路的三种状态,理解额定值的意义。
- 掌握理想电压源和理想电流源的特点。
- 熟练掌握欧姆定律和基尔霍夫定律,能将基尔霍夫定律和各元件自身的电压电流约束关系结合起来,求解简单电路。

引例

随着社会经济的发展,工农业生产中用电设备的数量不断增加,用电过程中经常会不正常运行或出现各种故障,如电源开关的莫名跳闸、电源接通后某些用电设备不能正常工作或出现漏电的情况。故障究竟出现在哪儿?如何查找呢?最有效的方法是画出实际电路(图 1.0 为某简单的实用电路)的模型(电路图),然后根据电路模型进行排查。通过本章的学习,读者可以掌握绘制电路模型和简单电路的方法。

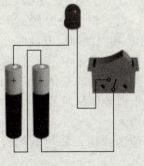
图 1.0 某简单的实用电路

1.1 电路的组成和作用

电流的通路称为电路,由电源、电阻器、电容器、电感器、变压器、电子管、半导体管等元器件按照一定的方式组成。控制电流通断的称为开关,传递电流和电压的称为导线。电路可以分为供给电能的电源、取用电能的负载和中间环节三个部分。

电路的结构形式多种多样,归纳起来,电路主要有两方面的作用:实现电能的传输和转换;将非电量转化为电信号,对电信号进行传递和处理。

图 1.1 是一个手电筒电路,干电池将化学能转换为电能,通过导线传输到灯,电热效应使灯丝加热,然后发光,电能转换为热能和光能。干电池为电源,灯为负载,导线和开关为中间环节。此电路实现了电能的传输与转换。电能转换的例子还有很多,在发电厂内可以把热能、水能或核能转换为电能,再通过输电线输送给用户。

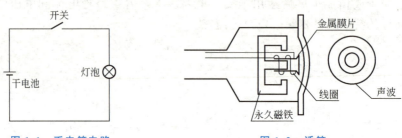

图 1.1 手电筒电路　　　　图 1.2 话筒

对着话筒说话或唱歌时,连接在金属膜片上的线圈随着声波一起振动,如图 1.2 所示,线圈在永久磁铁的磁场里振动,线圈中产生感应电流,完成了从声音信号到电信号的转换。线圈振动时感应电流的大小和方向都会改变,变化的振幅和频率由声波决定。话筒将声音信号转换为相应的电压或电流,然后通过放大电路将电信号放大,再传递给扬声器,将电压、电流信号转换为声音。此电路的作用是传递和处理信号。

热电偶测温电路的作用也是传递和处理信号。热电偶在工业测温中应用非常广泛,可以直接测量各种生产过程中 $-40 \sim +1800℃$ 的液体、蒸汽和气体介质及固体的表面温度。

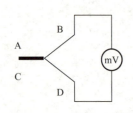

图 1.3 热电偶测温电路

如图 1.3 所示,AB 与 CD 是两种不同的金属导体,A 端与 C 端焊接在一起,作为测温端。不同金属内的自由电子密度不同。当 A 端与 C 端温度同时升高时,电子就从密度大的金属导体迁移至密度小的金属导体中,B、D 两端就产生了电位差,通过导线传递到标尺刻有温度的毫伏表,指示出被测物体的温度值。电压大小只与热电偶导体材质及测温端温度有关,且电压随着测量温度的升高而增大。

这类电路也有传输和转换电能的作用,如热电偶将热能转换为电能,但数值很小,主要作用是传递和处理信息。

1.2 电路中的基本物理量及电流、电压的参考方向

电路中的基本物理量有电流、电压、电功率和电能。其中,电流和电压既有大小又有方向,并且电流和电压的方向有实际方向和参考方向之分。

1.2.1 电流

电荷进行有规则的定向运动便形成了电流。为了衡量电流的大小,把单位时间内通过导体横截面的电荷量定义为电流,用符号 i 表示。电流即电荷对时间的变化率,即

$$i = \frac{\mathrm{d}q}{\mathrm{d}t} \tag{1-1}$$

式中:q 为电荷量(C);t 为时间(s)。

在国际单位制中,电流的单位是安培,用 A 表示。1A 的电流表示在 1s 的时间内,通过导体某横截面的电荷量是 1C。

大小和方向都不随时间变化的电流称为直流电流,直流电流用大写字母 I 表示;随时间变化的电流用小写字母 i 表示。

习惯上将正电荷定向移动的方向定为电流的实际方向。电流的方向通常用一个箭头表示。在一个复杂的直流电路中,常常难以判定电流的实际方向;在交流电路中,电流的方向随时间而改变,不能用一个固定的箭头来表示它的方向。因此,需引入参考方向的概念。

在计算和分析电路时,常任意选定一个方向作为电流的参考方向。如图 1.4 所示,图中长方块表示电路元件,如果电流的参考方向与实际方向相同,电流为正值;如果电流的参考方向与实际方向相反,电流为负值。

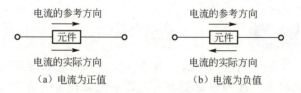

图 1.4 电流的参考方向

在求解电路电流时,首先任意假定一个参考方向,在图上用箭头表示出来,根据假定的参考方向进行计算。如果计算结果为正值,则表明假定的参考方向与实际电流方向一致;反之,如果计算结果为负值,则表明假定的电流参考方向与实际电流方向相反。

电路图上所标的电流方向,如果没有特别说明,则一般指的是参考方向。

在没有规定参考方向的情况下,电流的正负没有意义。

【例 1-1】 在如图 1.5 所示的电路中,电阻 R_1、R_2、R_3 的电流 I_1、I_2、I_3 的参考方向如图中箭头所示,$I_1=4\mathrm{A}$,$I_2=-3\mathrm{A}$,$I_3=1\mathrm{A}$。试判断三个电流的实际方向。

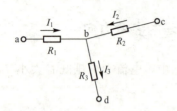

图 1.5　例 1-1 的图

【解】 $I_1=4A$ 表示电阻 R_1 中有 4A 的电流通过，电流的实际方向由 a 端流向 b 端，即电流的实际方向与参考方向相同。

$I_2=-3A$ 表示电阻 R_2 中有 3A 的电流通过，电流数值为负，表明该段电路中电流的实际方向与箭头所标示的参考方向相反，即电流的实际方向由 b 端流向 c 端。

$I_3=1A$ 表示电阻 R_3 中有 1A 的电流通过，电流的实际方向由 b 端流向 d 端。

1.2.2　电压

电场力把单位正电荷从 a 点移到 b 点所做的功，在数值上就是 a 点到 b 点的电压。它的定义为

$$u_{ab}=\frac{w_{ab}}{q} \tag{1-2}$$

在国际单位制中，电压的单位为伏（特），用 V 表示。若两点间的电压为 1V，表示电场力将 1C 的正电荷从一点移动到另一点做了 1J 的功。

电压实际方向的规定：在电场力的作用下，正电荷移动的方向是电压的实际方向，或者说电压的实际方向是从高电位（正极）指向低电位（负极）。与电流一样，有时电压的实际方向不易判断或随时改变。可以一点的极性为正，另一点的极性为负，作为电压的参考极性，从正极指向负极的方向为电压的参考方向，如图 1.6 所示。也可用双下标表示电压参考方向，如 u_{ab} 表示参考方向为 a 点指向 b 点。如果电压的参考方向与电压的实际方向相同，则电压为正值；如果电压的参考方向与电压的实际方向相反，则电压为负值。

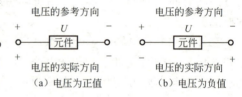

图 1.6　电压的参考方向

1.2.3　关联参考方向

【电流和电压的参考方向】

原则上电压和电流的参考方向可以任意假定，但是为了使分析电路中元件的电压和电流更方便，通常把元件的电流参考方向和电压的参考方向联系起来，这样设定的参考方向称为关联参考方向。如果流过负载元件电流的参考方向是由标以电压正极性的一端指向负极性的一端，则把电流和电压的这种参考方向称为负载的关联参考方向；对电源元件，电流的参考方向是从电压参考方向的低电位端流入，高电位端流出，称为电源的关联参考方向，如图 1.7 所示。

图 1.7　关联参考方向

特别提示

电路分析中的许多公式都是在规定的参考方向下得到的。例如取电阻的电流电压参考方向与图 1.7 所示关联参考方向一致，则欧姆定理的公式为 $I=\dfrac{U}{R}$；如果不一致，则公式应该变为 $I=-\dfrac{U}{R}$。

1.2.4 电功率和电能

电功率定义为单位时间内所完成的功。当电压与电流取关联参考方向时,电路元件所吸收的电功率与电压、电流的关系为

$$p = ui \tag{1-3}$$

电功率的单位为瓦(特),用 W 表示。在时间间隔 $t_0 \sim t$ 内,传递到某元件的电能可用在 $t_0 \sim t$ 时间内对该元件所吸收的功率进行积分求得

$$w(t) - w(t_0) = \int_{t_0}^{t} p \, dt \tag{1-4}$$

如果负载电流的实际方向是从负荷的实际高电位端流入,低电位端流出,则负荷吸收电功率,起负载作用;反之则发出电功率,起电源作用。对电源而言,如果电流的实际方向是从电源的实际低电位端流入,高电位端流出,则电源发出电功率,起电源作用;反之吸收电功率,起负载作用。有些元件有时起电源作用,有时起负载作用,如手机电池,给手机充电时,手机电池起负载作用,吸收电功率;手机不充电正常使用时,手机电池起电源作用,发出电功率。

在计算和分析电路时,第一步就是给定各变量的参考方向,因为任何电路方程只有在各变量具有完全确切参考方向的条件下,才能正确列出。如果需要知道实际方向,则可将计算结果与参考方向对照,了解变量的实际方向和极性。

1.3 理想电路元件

实际电路由一些实际电路元件或器件组成,它们在电路中起到不同的作用。实际电路元件或器件往往具有两种或两种以上的电磁性质。理想电路元件是实际电路元件的理想化模型,具有唯一的电磁性质。例如电感线圈肯定有一点电阻,因而它既有储存和释放磁场能量的性质,又兼有电阻耗能的性质。若将电感线圈的电阻忽略不计,则可将电感线圈理想化为电感元件。

同理,电阻器的主要特性是把电能转换为热能,由于导体通过电流时必定产生磁场,电阻器除了发热以外不可避免地要把少量能量储存在磁场中,通常情况下,这种储能作用很弱,若忽略不计,则可认为电阻器是一个单纯的电阻元件。

由于理想元件性质单纯,可用数学公式精确描述其性质,可用数学方法来分析计算电路。实际电路元件或器件有时难以用单一的理想元件来代替,此时可以由几种理想元件串、并联后的电路模型来模拟,电路模型的构成和复杂程度取决于对分析精度的要求。

理想电路元件分为理想无源元件与理想有源元件。

1.3.1 理想无源元件

理想无源元件包括电阻元件、电容元件和电感元件三种。其中,电阻元件是耗能

元件,电感元件和电容元件是储能元件。即电阻元件表示电路中消耗电能的元件,如电灯、电炉、电阻器等实际器件,可用电阻元件作为模型;电感元件具有储存和释放磁场能量的性质,各种电感线圈可用电感元件作为模型;电容元件具有储存和释放电场能量的性质,各种电容器可用电容元件作为模型。下面只讨论电阻元件,电感元件和电容元件将在第3章中介绍。

导体中存在在一定方向上运动的载流子,由于与导体材料的粒子(原子、分子)不断碰撞而受到阻碍,导体对电流通过的这种"阻碍"称为电阻。

欧姆定律是分析和计算电路的基本定律之一。欧姆定律指出,流过电阻的电流与电阻两端的电压成正比。当电压、电流取关联参考方向时,如图1.8(a)所示,欧姆定律可以表示为

$$i = \frac{u}{R} \tag{1-5}$$

式中,R为该段电路的电阻(Ω)。由上式可见,当所加电压一定时,电阻越大,则电流越小,体现了电阻对电流起阻碍作用的物理性质。

(a) 电压、电流取关联参考方向　　(b) 电压、电流取非关联参考方向

图1.8　欧姆定律

在直流电路中,欧姆定律写成如下形式

$$I = \frac{U}{R} \quad \text{或} \quad U = RI \tag{1-6}$$

若电阻两端电压和所通过的电流取非关联参考方向,如图1.8(b)所示,则应在式(1-5)和式(1-6)中加负号,即

$$i = -\frac{u}{R}, \quad I = -\frac{U}{R}$$

电阻的单位是欧(姆),以Ω表示。如果电阻的阻值是一个正的实常数,与通过它的电流无关,则为线性电阻。欧姆定律是描述线性电阻上的电压与电流关系的。在电压或电流的一定范围之内,碳膜电阻、绕线电阻等许多实际元件的电阻基本不变,可以作为线性电阻来处理。本书只研究线性电阻。

如果电阻的阻值不是常数,则为非线性电阻。热敏电阻是一种非线性电阻。有的热敏电阻的阻值会随着热敏电阻本体温度的变化呈现出阶跃性的变化。PTC热敏电阻温度升高时,电阻增大,可以利用该特性实现控温的功能。电流通过热敏电阻元件后引起温度升高,当超过一定温度时,电阻陡增几个数量级,从而限制电流的增大,电流的减小导致热敏电阻的温度降低,电阻值的减小又使电路电流增大,热敏电阻元件温度升高,周而复始,从而使温度保持在特定范围内。PTC热敏电阻因这种特性广泛应用于暖风器、电烙铁、烘衣柜、空调等设备中。

电阻吸收的功率为

$$p = ui = i^2 R = \frac{u^2}{R} \quad (1-7)$$

在直流电路中，电阻吸收的功率为

$$P = UI = I^2 R = \frac{U^2}{R} \quad (1-8)$$

由式(1-7)和式(1-8)可见，电阻吸收的功率总是正值，即电阻总是消耗电功率。电阻是将电能转换为热能(或光能)的电路元件。

理想电阻元件的功率不受限制，但实际电路中电阻的功率数值总有限制，超过这个限制可能会烧毁电阻。所以实际对电阻器，都规定了额定功率、额定电压、额定电流，使用时不得超过额定值，以保障其安全工作。

【例1-2】 一个额定电压为220V的电炉，通过电流为5.5A，问其电阻为多少？

【解】
$$R = \frac{U}{I} = \frac{220}{5.5} \Omega = 40 \Omega$$

【例1-3】 一个80V、64W的电阻器，正常工作通过的电流是多少？分别接到220V和40V的直流电压源上，结果如何？

【解】
$$I = \frac{P}{U} = \frac{64}{80} A = 0.8 A$$

如果接到220V的电源上，220V>80V，则电阻器不能长期工作，会烧坏。

如果接到40V的电源上，因为电阻消耗的功率与电阻电压的平方成正比，则电阻消耗的功率为

$$P = \frac{U^2}{U_N^2} P_N = \left(\frac{40^2}{80^2} \times 64 \right) W = 16 W$$

【例1-4】 求例1-1中的电压U_{bd}和U_{cb}，其中$R_2 = 2\Omega$，$R_3 = 3\Omega$。

【解】 根据欧姆定律得

$$U_{bd} = R_3 I_3 = (3 \times 1) V = 3 V$$

电压的数值为正，表明电压的实际方向与假定的参考方向一致，即b点电位高于d点电位。

同理求出

$$U_{cb} = R_2 I_2 = [2 \times (-3)] V = -6 V$$

电压的数值为负，表明电压的实际方向与假定的参考方向相反，即b点电位高于c点电位，或者说电压的实际方向由b点指向c点。

1.3.2 理想有源元件

1. 理想电压源

理想电压源的定义：如果一个二端元件接到任一电路后，其两端的电压总能保持规定的值u_S，而与通过它的电流大小无关，则称此二端元件为理想电压源。不随时间变化的直流电压源称为恒压源，用U_S表示。

理想电压源的主要特性是它对外电路提供的电压与流经电源的电流无关。恒压源的伏安特性曲线是一条与电流轴平行的直线，如图1.9所示。

【理想元件】

实际的电压源本身有内电阻,要消耗功率,其两端的电压不能保持规定的值。实际的电压源可以看成是理想电压源与一个电阻的串联。现以最简单的直流电路为例,讨论内电阻对电压源输出电压的影响。

如图 1.10 所示,电阻 R 两端的电压就是电压源的输出电压 U(即电源端电压),电阻 R 与电源内电阻 R_0 串联。

$$U = \frac{R}{R+R_0} U_S \tag{1-9}$$

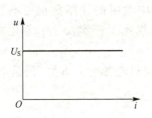

图 1.9　恒压源的伏安特性曲线　　　　图 1.10　实际电源电路

当 $R \gg R_0$ 时,$U \approx U_S$;否则电压源内电阻的影响不能忽略。

电压源的输出电压 U 还可表示为

$$U = U_S - IR_0 \tag{1-10}$$

式(1-10)两边同时乘以电流 I,得

$$UI = U_S I - I^2 R_0 \tag{1-11}$$

式中,$U_S I$ 为电源产生的功率(W);UI 为电源输出或电阻 R 消耗的功率(W);$I^2 R_0$ 为电源内电阻 R_0 所消耗的功率(W)。

式(1-11)表明,在实际电路中,负载取用的功率等于电源产生的功率与电源内电阻消耗的功率之差,符合能量守恒定律。

2. 理想电流源

理想电流源的定义:如果一个二端元件接到任一电路后,该元件能够对外电路提供规定的电流 i_S,而与其两端的电压无关,则该二端元件称为理想电流源。不随时间变化的直流电流源称为恒流源,用 I_S 表示。

理想电流源的主要特性是它对外电路提供的电流与其两端的电压无关。恒流源的伏安特性曲线是一条与电压轴平行的直线,如图 1.11 所示。

实际的电流源可以看成是理想电流源与一个电阻的并联,因此其对外电路提供的电流与外电路有关。如图 1.12 所示,电流源 I_S 给电阻 R 提供电流;电流 I 为电流源给外电路提供的电流,即流经电阻 R 的电流。

因此,有

$$I = \frac{R_0}{R_0 + R} I_S \tag{1-12}$$

当 $R \ll R_0$ 时,$I \approx I_S$;否则电流源内电阻的影响不能忽略。

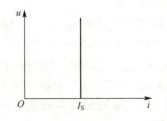

图1.11 恒流源的伏安特性曲线

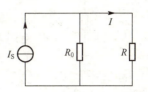

图1.12 实际电流源

1.4 电路的状态及电气设备的额定值

根据电源与负载之间的连接方式及工作要求的不同,电路可能处于通路状态、断路状态和短路状态。下面介绍这三种状态及其特点。

(1) 通路状态。

如图1.13所示,R_0为电源内阻,R为负载,当开关 S 闭合时,电源与负载接通,电路中有电流流过,这种状态称为通路状态。通路时,电源向负载提供电能,电源处于有载状态。

【电路三种状态】

(2) 断路状态。

如图1.13所示,当开关 S 打开时,电路中电流为零,称电路处于断路(或开路)状态。电路断路的原因可能是电源开关未闭合(未合闸),即正常断路;或者是线路上某个地方接触不良、导线已断或者熔断器熔断所造成,即事故断路。

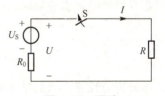

图1.13 通路

断路时,电路电流为零,因此电源输出功率为零,称电源处于空载状态。电路断路时的特征为

$$\left.\begin{array}{l}I=0\\U=U_S\\P=0\end{array}\right\} \tag{1-13}$$

(3) 短路状态。

当某一部分电路的两端用电阻可以忽略不计的导线或开关连接起来,使得该部分电路中的电流全部被导线或开关所旁路,则该部分电路所处的状态称为短路或短接。

如图1.14所示,当开关 S 闭合时,电阻 R_2 被短路,电阻 R_2 两端电压为零。当电源两端的导线由于某种事故而直接相连时,a 点与 b 点直接相连,称为电源短路。由于短路处电阻为零,而电源内电阻 R_0 很小,此时短路电流很大。电源短路是一种严重的短路事故,应事先预防。

短路的特点为被短路的元件两端电压为零。

产生短路的原因往往是绝缘损坏或接线不慎,因此经常检查电气设备和线路的绝缘情况是一项很重要的安全措施。此外,还可以在电路中接入熔断器或自动断路器。

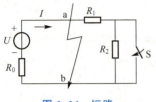

图 1.14 短路

(4) 电气设备的额定值。

为了达到最好的技术经济效能,对任一电气元件或设备,制造厂要用一组技术数据对其工作能力、运用性能和使用条件加以限制和规定,这些技术数据就称为额定值。电气元件或设备的额定电压、额定电流、额定功率分别用 U_N、I_N 和 P_N 表示。通常重要的几项数据都刻在产品的铭牌上,因此又称铭牌值。

额定值是由制造厂根据产品使用时的经济合理、安全可靠和一定的使用寿命等因素全面综合考虑,通过设计计算得出的。当电气元件或设备工作时的实际电流、电压和功率等于其额定值时,电气元件或设备处于最佳工作状态,但是一般很难达到,其中一个原因就是电源电压经常波动。因此实际使用时电流、电压和功率与额定值有偏差,但是只要偏差在允许范围之内,设备仍然可以正常运行。某些电气设备(如电动机)在特定的条件下可以短时超过额定值的允许偏差工作。但如果超过设备额定值的允许偏差较大,又长期运行,电气元件或设备的绝缘材料易老化。例如,电流超过额定值太多,会导致发热过甚,会影响电气元件或设备绝缘材料的使用寿命,甚至会使绝缘材料失去绝缘性能;当所加电压超过额定值过多时,绝缘材料也可能被击穿。反之,如果电压或电流远小于额定值,会使电气元件或设备不能正常工作。例如,灯两端的电压太低,灯的灯光就会变得很暗,影响照明功能。

1.5 基尔霍夫定律

分析与计算电路的基本定律除欧姆定律外,还有基尔霍夫定律。基尔霍夫定律又分为基尔霍夫电流定律和基尔霍夫电压定律。为更好地理解和掌握基尔霍夫定律,需明确以下基本概念。

(1) 支路。流过同一电流的分支称为一条支路。图 1.15 中共有三条支路。

(2) 节点。三条或三条以上支路的连接点称为节点。图 1.15 中共有两个节点:a 点和 b 点。

图 1.15 支路、节点、回路

(3) 回路。电路中由若干条支路组成的闭合路径称为回路。图 1.15 中有三条回路:abca、adba 和 cadbc。

(4) 网孔。未被其他支路分割的单孔回路称为网孔。图 1.15 中有两个网孔:cabc 和 adba。

1.5.1 基尔霍夫电流定律

【基尔霍夫定律】

基尔霍夫电流定律(Kirchhoff's Current Law,KCL)可叙述为:在任一时刻,流向某节点的电流之和应该等于由该节点流出的电流之和,如图 1.16 所示。由图可以得出

$$i_1 + i_3 + i_4 = i_2 + i_5 \tag{1-14}$$

或

$$i_1+i_3+i_4-i_2-i_5=0 \qquad (1-15)$$

即

$$\sum i = 0 \qquad (1-16)$$

式(1-16)就是KCL的另一种表述：对于任一电路的任一节点，所有支路电流的代数和恒等于零。

把KCL应用到某节点时，首先要选定每条支路电流的参考方向，如果规定参考方向流入节点的电流取正值，则流出节点的电流取负值。

KCL通常用于节点，但也可推广于包围几个节点的任一假设的闭合面上。如图1.17所示晶体管中，对点画线所示的闭合面来说，三个电极电流的代数和等于零，即

$$i_e - i_b - i_c = 0 \qquad (1-17)$$

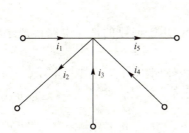

图1.16 基尔霍夫电流定律示例

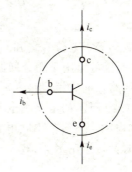

图1.17 晶体管

【例1-5】 在图1.18所示电路中，已知 $I_S=5A$，$I_1=3A$，$I_3=-1A$。求 I_4。

【解】 按图示参考方向，根据KCL列方程。

解法一：对节点a

$$-I_S + I_1 + I_2 = 0$$
$$I_2 = I_S - I_1 = (5-3)A = 2A$$

对节点b

$$-I_2 - I_3 + I_4 = 0$$
$$I_4 = I_2 + I_3 = [2+(-1)]A = 1A$$

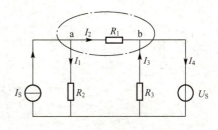

图1.18 例1-5图

解法二：应用广义KCL，假想一个闭合面包围a、b节点，如图1.18中虚线所示，则

$$-I_S + I_1 - I_3 + I_4 = 0$$
$$I_4 = I_S - I_1 + I_3 = [5-3+(-1)]A = 1A$$

从这个例子可以看出，KCL对假想的闭合面同样成立。

用KCL求解和分析电路时，第一步先确定各支路电流的参考方向；第二步再应用KCL列写方程时，每个电流前加上相应的符号，流出者为正，流入者为负，或者反之；第三步代入电流的值，此时电流本身的数值也有正负。

1.5.2 基尔霍夫电压定律

基尔霍夫电压定律(Kirchhoff's Voltage Law,KVL)是关于回路中各支路电压间关系的基本定律。此定律可描述为：在任一时刻，对于任一电路中的任一闭合回路，沿任意给定绕行方向，组成该回路的所有支路电压的代数和等于零。即对于电路中的任一闭合回路，在任意给定的绕行方向上，电位降之和应该等于电位升之和。

KVL 的数学表达式为

$$\sum u = 0 \tag{1-18}$$

图 1.19 中给出了某电路的一个回路，设顺时针方向为绕行方向，按图中给定的各个元件电压的参考方向，并且规定电位降取正号，电位升取负号，则有

$$U_{R2} + U_{S1} + U_{R3} - U_{S2} - U_{R1} = 0 \tag{1-19}$$

或

$$U_{R2} + U_{S1} + U_{R3} = U_{S2} + U_{R1} \tag{1-20}$$

即电位降之和等于电位升之和。

KVL 不仅可应用于闭合回路，也可推广应用于回路的部分电路，把这部分电路假想为闭合的回路，即**虚拟回路**。

如图 1.20 所示的电路，电阻、电感和电容两端电压均已知，求 a 点和 c 点间的电压。电阻 R_1 和电感、电容的串联电路不是闭合回路，可以假想 abca 为一个闭合回路，设绕行方向为顺时针，运用 KVL 得

$$u_{R1} + u_L + u_C - u_{ac} = 0$$
$$u_{ac} = u_{R1} + u_L + u_C$$

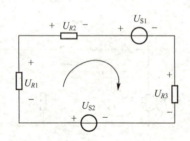

图 1.19　KVL 示例

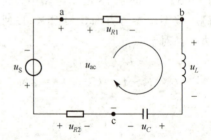

图 1.20　虚拟回路

【例 1-6】 有一闭合回路如图 1.21 所示，已知 $U_{ab}=3\text{V}$，$U_{bc}=9\text{V}$，$U_{ad}=7\text{V}$，$U_S=12\text{V}$。求电压 U_{bd} 和 U_{dc}。

【解】 在图 1.21 所示的回路 1 中应用 KVL，绕行方向为顺时针，则有

$$U_{bd} - U_{ad} + U_{ab} = 0$$
$$U_{bd} = U_{ad} - U_{ab} = (7-3)\text{V} = 4\text{V}$$

可以在不同的回路中求解电压 U_{dc}。

解法一：在图 1.21 所示的回路 2 中应用 KVL，绕行方向为顺时针，则有

$$U_{ad}+U_{dc}-U_S=0$$
$$U_{dc}=U_S-U_{ad}=(12-7)V=5V$$

解法二：可以利用上面求得的电压 U_{bd}，在图 1.21 所示的回路 3 中应用 KVL，绕行方向为顺时针，则有

$$U_{bc}-U_{dc}-U_{bd}=0$$
$$U_{dc}=U_{bc}-U_{bd}=(9-4)V=5V$$

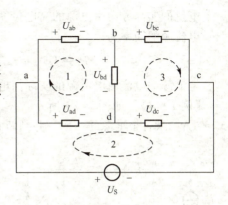

图 1.21 例 1-6 图

特别提示

● 基尔霍夫定律驾驭着电路中电流和电压的分配，给各支路电流和电压以严格的制约。这是自然界电荷守恒和能量守恒的普遍规律在电路理论中的正确反映，但它并不涉及电路元件的性质。电路中可以有电阻、电容、电感及电源等电路元件，无论是线性元件还是非线性元件，基尔霍夫定律都适用。

● 基尔霍夫定律是电路分析的理论基础，它唯一地反映了由电路结构所引起的电流间和电压间的相互制约关系。这种关系称为网络结构的约束，它与各元件自身的电压电流约束在一起，成为电路分析的两个基本关系。

再举两个例子，综合运用基尔霍夫定律和电路元件的电压电流关系求解电路。

【例 1-7】 如图 1.22 所示，$R_1=5\Omega$，$R_2=10\Omega$，$I_S=5A$，$U_S=20V$。求电流 I_1 及电压源和电流源的功率，并说明它是起电源作用还是起负载作用。

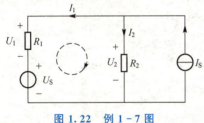

图 1.22 例 1-7 图

【解】 电阻两端电压的参考极性采用关联参考方向。

由 KCL 有

$$I_1+I_2=I_S=5A \qquad (1-21)$$

在 R_1、R_2 和 U_S 组成的回路中应用 KVL，如图 1.22 所示，沿着顺时针方向，有

$$U_2-U_S-U_1=0 \qquad (1-22)$$

由欧姆定律得

$$U_2=R_2I_2=10I_2 \qquad (1-23)$$
$$U_1=R_1I_1=5I_1 \qquad (1-24)$$

将式(1-23)和式(1-24)代入式(1-22)得

$$10I_2-U_S-5I_1=0$$

即

$$-5I_1+10I_2=U_S=20 \qquad (1-25)$$

由式(1-21)和式(1-25)解出

$$I_1=2A, \quad I_2=3A$$

电压源的功率为

$$P_1=U_SI_1=(20\times 2)W=40W$$

电流的实际方向由电源的高电位端流入，故起负载作用。

电流源的功率为

$$P_2 = I_S U_2 = I_S R_2 I_2 = (5 \times 10 \times 3)\text{W} = 150\text{W}$$

电流源的电流由电流源的实际高电位端流出，故起电源作用。

【例 1-8】 如图 1.23 所示，$R_2 = R_4 = 10\Omega$，$R_1 = R_3 = 2\Omega$，$U_S = 10\text{V}$，$I_{S1} = 2\text{A}$，$I_{S2} = 1\text{A}$。求各个电源的功率，并判断它是起电源作用还是起负载作用。

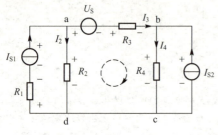

图 1.23 例 1-8 图

【解】 在对节点 a 应用 KCL，得

$$I_2 + I_3 = I_{S1} = 2\text{A} \qquad (1-26)$$

对节点 b 应用 KCL，得

$$-I_3 + I_4 = I_{S2} = 1\text{A} \qquad (1-27)$$

在回路 abcda 中应用 KVL，如图 1.23 所示，沿着顺时针方向，电阻两端电压与流经电阻的电流取关联参考方向。

$$U_S + U_{R3} + U_{R4} - U_{R2} = 0 \qquad (1-28)$$

由欧姆定律得

$$U_{R2} = I_2 R_2 = 10 I_2 \qquad (1-29)$$

$$U_{R3} = I_3 R_3 = 2 I_3 \qquad (1-30)$$

$$U_{R4} = I_4 R_4 = 10 I_4 \qquad (1-31)$$

将式(1-29)至式(1-31)代入式(1-28)，得到

$$10 + 2I_3 + 10I_4 - 10I_2 = 0 \qquad (1-32)$$

由式(1-26)至式(1-32)得到

$$I_2 = 2\text{A}, \quad I_3 = 0\text{A}, \quad I_4 = 1\text{A}$$

电压源的功率 P_1 为

$$P_1 = I_3 U_S = (0 \times 10)\text{W} = 0\text{W}$$

因此电压源既不起电源作用，也不起负载作用。

电流源 I_{S1} 两端电压 U_1 为

$$U_1 = U_{R2} + U_{R1} = I_2 R_2 + I_1 R_1 = (2 \times 10 + 2 \times 2)\text{V} = 24\text{V}$$

电流源 I_{S1} 的功率 P_2 为

$$P_2 = U_1 I_{S1} = (24 \times 2)\text{W} = 48\text{W}$$

由于其电流由电流源的实际高电位端流出，故起电源作用。

电流源 I_{S2} 两端电压为 U_2，电流源的功率 P_3 为

$$P_3 = U_2 I_{S2} = U_{R4} I_{S2} = I_4 R_4 I_{S2} = (1 \times 10 \times 1)\text{W} = 10\text{W}$$

由于其电流由电流源的实际高电位端流出，因此起电源作用。

1.6 电位的概念及其计算

电压是对电路中某两点来说的，为了便于分析，有时在电路中选定一点作为参考点，而把电路中某点与参考点之间的电压称为该点的电位，用 V 表示。规定参考点为零电位

点。参考点的选择是任意的，选取不同参考点，电路中各点的电位数值也随之不同。电路中两点间的电压就等于两点间的电位差。

在电工技术和电子技术中，一般选大地作为参考点，在电路图中用"⏚"表示。机壳需要接地的电器设备，可以把机壳选为参考点。有些电器设备的机壳不一定接地，可以将其中元件汇集的公共端或公共线作为参考点，在电路图中用"⊥"表示。

电位可以用电压表测量，将电压表的"－"端接于电位参考点，电压表的"＋"端接于电路中要测量电位的点。若电压表正偏，表示被测量点电位比参考点电位高，电压表的读数就是该被测点的电位值；若电压表反偏，表示被测点电位低于参考点电位，则将电压表"＋"端接参考点，"－"端接被测点，电压表的读数前冠以"－"号即该点的电位。

【例 1-9】 如图 1.24(a)所示，两节干电池 E_1 和 E_2 的两端电压 $U_{cd}=U_{da}=1.5V$，电压源的电压 $U_S=6V$。试分别求出当 a 点和 d 点接地时，各点的电位和电压 U_{bc}。

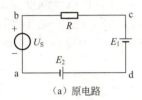
(a) 原电路

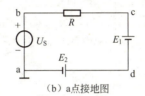
(b) a 点接地图

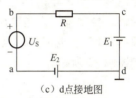
(c) d 点接地图

图 1.24 例 1-9 图

【解】 (1) 当 a 点接地时，如图 1.24(b)所示，从图中可以看出
$$V_a=0V$$
则
$$V_b=U_S=6V$$
$$V_d=U_{da}=1.5V$$
$$V_c=U_{ca}=U_{cd}+U_{da}=(1.5+1.5)V=3V$$

电压 U_{bc} 为
$$U_{bc}=V_b-V_c=(6-3)V=3V$$

(2) 当 d 点接地时，如图 1.24(c)所示，从图中可以看出
$$V_d=0V$$
则
$$V_a=-E_2=-1.5V$$
$$V_b=U_{ba}+U_{ad}=U_{ba}-U_{da}=(6-1.5)V=4.5V$$
$$V_c=U_{cd}=1.5V$$

电压 U_{bc} 为
$$U_{bc}=V_b-V_c=(4.5-1.5)V=3V$$

通过上述计算可以看出：①选取的参考点不同，电路中各点电位值也不同；②电路中任意两点间的电压大小与参考点的选择无关。无论是以 a 点作为参考点还是以 d 点作为参考点，电压 U_{bc} 的值始终是 3V。

特别提示

电路中只有一个参考点。

*1.7 受 控 源

前面讨论的理想电源都是独立电源,即电压源的电压或电流源的电流不受外电路的控制而独立存在。与独立电源不同,受控(电)源的电压和电流不是独立的,而是受电路中某部分电压或电流控制。受控源随着研究电子器件的需要而提出,是组成电子电路模型的主要元件之一。

因为晶体管的集电极电流受基极电流控制,所以它的电路模型中就要用到受控源。受控源是四端元件,具有两对端钮:施加控制量的输入端钮和对外提供电压或电流的输出端钮。控制量可以是电压或电流,因此可以分为电压控制电压源(VCVS)、电压控制电流源(VCCS)、电流控制电压源(CCVS)和电流控制电流源(CCCS)。四种受控源的图形符号如图1.25所示。

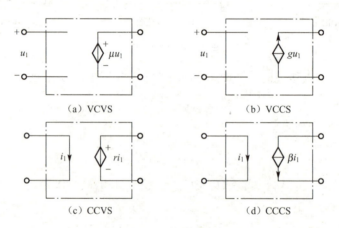

图 1.25 受控电源

图中用菱形表示受控源,以区别于独立电源。μ、g、r 和 β 为控制系数,当这些系数为常数时,被控制量与控制量成正比关系,受控源就是线性受控源;否则为非线性受控源。

受控源用来反映电路中某处的电压或电流能控制另一处的电压或电流,或表示一处的电路变量与另一处的电路变量之间的耦合关系。因此受控源不是独立的,当控制电压或控制电流为零时,受控源的电压或电流也为零,即此时"电源"不复存在。

【例 1-10】 已知 $R_1 = 2\Omega$,$R_2 = 1\Omega$,$U_S = 7V$。求图 1.26 所示电路中电阻 R_1 两端的电压 U_1。

【解】 根据 KVL 得

$$U_1 + R_2 I_2 = U_S \tag{1-33}$$

根据 KCL 得

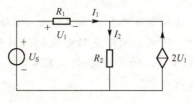

图 1.26 例 1-10 图

$$I_1 + 2U_1 = I_2$$

即

$$\frac{U_1}{R_1} + 2U_1 = I_2 \tag{1-34}$$

将式(1-34)代入式(1-33)则

$$U_1 + R_2\left(\frac{U_1}{R_1} + 2U_1\right) = U_S$$

即

$$U_1 + \frac{U_1}{2} + 2U_1 = 7\text{V}$$

得出

$$U_1 = 2\text{V}$$

小　结

1. 电路的组成和作用

电路由电源、负载和中间环节组成。电路的作用：一是实现电能的传输和转换；二是实现信号的传递和处理。

2. 电压和电流的方向

当电路中的电压或电流的实际方向无法确定时，常任意选定一个方向作为电流或电压的参考方向。在求解和分析电路时，先确定各变量的参考方向，然后列写电路方程。求得的电压或电流为正值时，表明所假定的参考方向与实际方向一致；否则相反。

电压和电流的参考方向可以任意假定，互不相关，但是为了方便分析，常取电路元件的电压参考方向与电流参考方向一致，这样设定的参考方向称为关联参考方向。

3. 短路等状态

电路有短路、断路和通路三种状态。电源短路将产生极大的短路电流，应极力避免。

4. 理想和实际电压、电流源

理想电压源的主要特性是它对外电路提供的电压与流经电源的电流无关。恒压源的输出电压恒定不变。理想电流源的主要特性是它对外电路提供的电流与其两端的电压无关。恒流源输出电流恒定不变。

实际的电压源可以看成是理想电压源与一个电阻的串联。实际的电流源可以看成是理想电流源与一个电阻的并联。如果忽略导线电阻的功率消耗，那么实际的电源产生的功率与负载取用的功率、电源内部电阻消耗的功率是平衡的。

5. 基尔霍夫定律

它是电路的基本定律,包括基尔霍夫电流定律和基尔霍夫电压定律。

KCL:对于任一电路的任一节点,所有支路电流的代数和恒等于零。把 KCL 应用到某节点时,首先要选定每条支路电流的参考方向;其次,如果规定参考方向流入节点的电流取正号,则流出节点的就取负号。

KCL 的数学表达式为 $\sum i = 0$

KVL:在任一时刻,对于任一电路中的任一闭合回路,沿任意给定绕行方向,组成该回路的所有电压的代数和等于零。

KVL 的数学表达式为 $\sum u = 0$

应用 KVL 解题时,第一步,设定一个绕行方向;第二步,如果规定电位降取正号,则电位升取负号;第三步,根据图中规定的各个电压的参考方向,列写电压方程。

6. 电位与电压

电场力把单位正电荷从 a 点移到 b 点所做的功在数值上就是 a 点到 b 点的电压。电压是对电路中的两点而言的。电路中某点,如 c 点的电位就是 c 点与电路参考点之间的电压。参考点的电位为零,因此电路中两点间的电压就等于两点电位的差。

选取的参考点不同,电路中各点电位值也不同。电路中任意两点间的电压大小与参考点的选择无关。

基尔霍夫生平

基尔霍夫(Kirchhoff),1824 年 3 月 12 日生于普鲁士柯尼斯堡(今俄罗斯加里宁格勒),1887 年 10 月 7 日卒于德国柏林,享年 63 岁。他在物理学、天文学和化学方面都做出了杰出的贡献。

基尔霍夫在中学学习期间成绩就名列前茅,毕业后就读于著名的柯尼斯堡大学。在当时那个电器技术迅速发展的年代,科学家们都在为解决复杂电路问题而大伤脑筋。在法国数学、物理学派思想的影响下,年仅 21 岁的基尔霍夫在欧姆研究工作的基础上,建立了物理学上意义重大的以其名字命名的电路定律:基尔霍夫电流定律指出,在电路的节点上电流的代数和为零;基尔霍夫电压定律指出,沿一闭合回路电压的代数和为零。

基尔霍夫大学毕业后,在柏林大学任教。1850 年他转到布雷斯劳大学担任临时教授,并在那里结识了本生。在本生的协助下,他于 1854 年被聘为海德堡大学教授,并与本生共事。1860 年他们共同发明了光谱分析仪,提出了光谱分析法,并据此发现了铯和铷两种新元素。后来基尔霍夫又提出了天体的光谱分析法,从而使天体物理学进入了新纪元。他在 1862 年发表的黑体概念更是为 20 世纪的量子物理发展奠定了基础。

1875 年,基尔霍夫因病结束了他的科研生涯,转向教育工作,他留在柏林大学担任理论物理学教研室主任。他所著的教科书《数学物理讲义》成为当时德国著名大学的经典教材。在他的指导下,很多学生成为了著名的科学家,其中包括诺贝尔物理学奖得主普朗克。

习 题

1-1 单项选择题

(1) 一个 220V、40W 的灯与一个 220V、60W 的灯串联起来接到 220V 的电源上,哪

个灯会比较亮？（　　）

A. 220V、40W 的灯比较亮　　　　B. 220V、60W 的灯比较亮

C. 一样亮

(2) 一个 220V、40W 的灯与一个 220V、60W 的灯并联起来接到 220V 的电源上，哪个灯会比较亮？（　　）

A. 220V、40W 的灯比较亮　　　　B. 220V、60W 的灯比较亮

C. 一样亮

(3) 空间中有 a、b、c 三点，已知 $U_{ab}=2V$，$U_{bc}=3V$，则 U_{ac} 的电压为（　　）。

A. 1V　　　　　　B. 5V　　　　　　C. −1V

(4) 已知 $U_{ab}=2V$，$U_{bc}=3V$，如果以 b 点作为电位参考点，则（　　）。

A. a 点电位为 0V，b 点电位为 2V，c 点电位为 3V

B. a 点电位为 2V，b 点电位为 0V，c 点电位为 3V

C. a 点电位为 2V，b 点电位为 0V，c 点电位为 −3V

D. a 点电位为 5V，b 点电位为 3V，c 点电位为 0V

(5) 如图 1.27 所示，$I_S=10A$，$U_S=5V$，$R=1\Omega$，则（　　）。

A. 电压源起负载作用，电流源起电源作用

B. 电压源起电源作用，电流源起电源作用

C. 电压源起电源作用，电流源起负载作用

1-2　判断题（正确的请在每小题后的圆括号内打"√"，错误的打"×"）

(1) 如果没有参考方向，"某支路中的电流为 −1A"，这种说法没有意义。　（　　）

(2) 电路中某两点的电位很高，因此这两点间的电压也很高。　　　　　（　　）

(3) 实际电流源允许开路运行，它对外不输出功率，自身也不消耗功率。　（　　）

(4) 电压和电位的单位都是伏特，但是它们在概念上没有联系。　　　　（　　）

(5) 某线性电容两端的电压越高，则其两个极板上汇聚的电荷越多。　　（　　）

1-3　如图 1.28 所示，以 o 点为参考点，已知 $R_1=1\Omega$，$R_2=2\Omega$，$R_3=3\Omega$，$U_{S1}=9V$，$U_{S2}=6V$，$U_{S3}=3V$。求 a、b 两点电位。

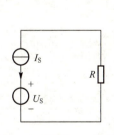　　　　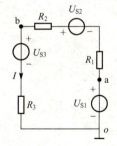

图 1.27　习题 1-1(5) 图　　　　图 1.28　习题 1-3 图

1-4　分别求图 1.29(a)、图 1.29(b) 所示电路中 a、b、c 三点的电位。

1-5　已知 $U_{S1}=30V$，$U_{S2}=10V$，$R_1=20\Omega$，$R_2=5\Omega$。求图 1.30 所示电路中的电压源 U_{S1} 和 U_{S2} 的功率，并说明它们起电源作用还是起负载作用。

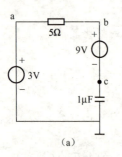 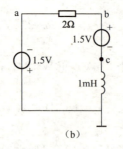

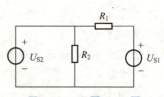

图 1.29　习题 1-4 图　　　　　　　　图 1.30　习题 1-5 图

1-6　求图 1.31 所示电路中电阻 R 的功率。

1-7　已知 $U_{S1}=10V$，$U_{S2}=3V$，$R_1=7\Omega$，$R_2=2\Omega$，$R_3=5\Omega$。求图 1.32 所示电路的支路电流 I，并求各电源功率。

 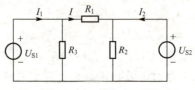

图 1.31　习题 1-6 图　　　　　　　　图 1.32　习题 1-7 图

第2章
直流电路的基本分析方法

本章介绍分析线性电路的一般方法及常用定理。虽然本章研究的对象是由线性电阻及直流电源组成的电路，但所用的电路分析方法可以推广到包含其他元件的线性电路。本章主要介绍支路电流法、叠加定理、等效电源定理、电压源与电流源的等效互换。

教学目标与要求

- 掌握支路电流法的解题思路及步骤，能用此方法求解分析简单电路。
- 熟练掌握叠加定理，能灵活运用此定理求解分析多电源线性电路。
- 熟练掌握等效电源定理，能用其求解分析比较复杂的电路中的某条指定支路的电压和电流。
- 掌握电压源与电流源的等效互换，注意互换时电压源的极性和电流源的电流方向。

引例

实际生活中，直流电可用于许多场合，如工厂中的直流电动机、同步电动机的励磁、电动汽车或电动自行车(图 2.0)的驱动、手电筒、儿童玩具、燃气灶的点火器电路等。在求解比较复杂的直流电路时，单纯应用欧姆定律和基尔霍夫定律可能比较繁杂，若应用本章介绍的电路基本分析方法，则可使求解变得简单。通过本章的学习，读者将学到几种基本的求解电路的方法。

(a) 电动汽车　　　　　　　　　(b) 电动自行车

图 2.0　电动汽车与电动自行车

[支路电流法]

2.1 支路电流法

支路电流法是分别应用 KCL 和 KVL 对节点和回路列出所需方程组，然后解出各未知支路电流的方法。

此处以图 2.1 所示电路为例，说明支路电流法的应用。

在本电路中，支路数 $b=3$，节点数 $n=2$，支路电流 I_1、I_2 和 I_3 都是未知数，因此需要三个独立方程。所谓独立方程，是指这些方程中的任何一个方程均不能从其他方程中推导得出。

首先，应用 KCL 对节点 a 列出方程

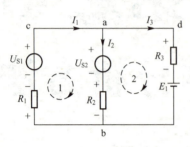

图 2.1 支路电流法解题实例

$$-I_1+I_2+I_3=0 \quad (2-1)$$

对节点 b 列出方程

$$I_1-I_2-I_3=0 \quad (2-2)$$

式(2-1)和式(2-2)为同一方程，对两个节点的电路，只能列出一个独立的电流方程。

然后，用 KVL 列写回路电压方程。如图 2.1 所示，对回路 1，由 KVL 得

$$U_{S2}+I_2R_2+I_1R_1-U_{S1}=0 \quad (2-3)$$

对回路 2，由 KVL 得

$$I_3R_3+E_1-I_2R_2-U_{S2}=0 \quad (2-4)$$

对回路 cadbc，由 KVL 得

$$I_3R_3+E_1+I_1R_1-U_{S1}=0 \quad (2-5)$$

将式(2-3)与式(2-4)相加，即可得到式(2-5)，因此式(2-5)为非独立电压方程。由式(2-1)、式(2-3)和式(2-4)就可以解出支路电流 I_1、I_2、I_3 的值。

对于一个由 n 个节点、b 条支路组成的电路而言，可以得出以下两个重要结论。

(1) 对电路的 n 个节点，可以由 KCL 列出 $(n-1)$ 个独立方程。

(2) 对电路中的所有回路，可以由 KVL 列出 $l=b-(n-1)$ 个独立方程。

可见，共有 b 个方程，可以解出 b 条支路的电流值。

对于图 2.1 所示的电路，列出了 1 个独立的电流方程，与结论(1)吻合；对电路中的回路列出了 2 个独立方程，$l=b-(n-1)=3-(2-1)=2$，与结论(2)吻合。

电流方程的列写比较简单，不考虑其中一个节点（一般可选参考节点），对其他节点运用 KCL 列写电流方程即可。

电路理论已证明：对由 n 个节点、b 条支路组成的平面电路，恰有 $l=b-(n-1)$ 个网孔。对这 l 个网孔列写方程，就能得到 l 个独立的电压方程。

【例 2-1】 在图 2.2 所示电路中，已知 $U_1=10V$，$U_2=6V$，$R_1=2\Omega$，$R_2=4\Omega$，$R_3=1\Omega$，$R_4=5\Omega$。求各支路电流。

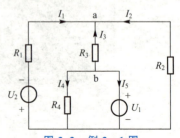

图 2.2 例 2-1 图

【解】 (1) 指定各支路电流的参考方向,如图 2.2 所示。

(2) 对 $(n-1)$ 个节点应用 KCL 列写方程,得到 $(n-1)$ 个独立电流方程。

在本例中
$$n=3, \quad n-1=3-1=2$$

对 a 节点用 KCL 列写方程
$$I_1+I_2+I_3=0 \tag{2-6}$$

对 b 节点用 KCL 列写方程
$$I_3+I_4+I_5=0 \tag{2-7}$$

(3) 选择网孔的绕行方向。本例中,网孔的绕行方向均为顺时针。

(4) 沿每个网孔的绕行方向,用 KVL 列出 $l=b-(n-1)$ 个独立电压方程。

在本例中
$$b=5, \quad n=3, \quad l=5-(3-1)=3$$

对左网孔有
$$R_1I_1-R_3I_3+R_4I_4+U_2=0 \tag{2-8}$$

对下网孔有
$$U_1-R_4I_4=0 \tag{2-9}$$

对右网孔有
$$R_3I_3-U_1-R_2I_2=0 \tag{2-10}$$

将数据代入式(2-6)至式(2-10),得到方程组
$$\left. \begin{array}{l} I_1+I_2+I_3=0 \\ I_3+I_4+I_5=0 \\ 2I_1-I_3+5I_4+6=0 \\ 10-5I_4=0 \\ I_3-10-4I_2=0 \end{array} \right\}$$

解方程组,得
$$I_1=-5\text{A}, \quad I_2=-1\text{A}, \quad I_3=6\text{A}, \quad I_4=2\text{A}, \quad I_5=-8\text{A}$$

【例 2-2】 如图 2.3 所示,已知 $U_{S1}=U_{S2}=U_{S3}=120\text{V}$,$U_{S4}=10\text{V}$,$R_1=R_4=10\Omega$,$R_2=20\Omega$,$R_3=40\Omega$。求各支路电流。

【解】

(1) 各支路电流的参考方向如图 2.3 所示。

(2) 图 2.3 中只有 a 点和 b 点两个节点。对 b 点用 KCL 列写方程
$$I_1+I_2+I_3-I_4=0 \tag{2-11}$$

(3) 选择网孔的绕行方向。本例中,上网孔 acba 的绕行方向为顺时针;中间网孔 aeba 和下网孔 adbea 的绕行方向为逆时针。

(4) 沿每个网孔的绕行方向,用 KVL 列出 3 个独立方程。

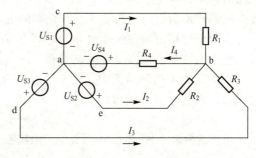

图 2.3 例 2-2 图

网孔 acba 的 KVL 方程为

$$I_1R_1+I_4R_4+U_{S4}-U_{S1}=0 \qquad (2-12)$$

网孔 aeba 的 KVL 方程为

$$I_2R_2+I_4R_4+U_{S4}-U_{S2}=0 \qquad (2-13)$$

网孔 adbea 的 KVL 方程为

$$I_3R_3-I_2R_2+U_{S2}-U_{S3}=0 \qquad (2-14)$$

将数据代入式(2-12)至式(2-14),联立式(2-11)得

$$\left.\begin{array}{l}I_1+I_2+I_3-I_4=0\\10I_1+10I_4=110\\20I_2+10I_4=110\\40I_3-20I_2=0\end{array}\right\}$$

解方程组,得

$$I_1=4\text{A},\quad I_2=2\text{A},\quad I_3=1\text{A},\quad I_4=7\text{A}$$

如果想校验自己的计算结果,则可用功率平衡关系校验。

在例 2-2 中,计算出的电流均为正值,因此图中标出的电流参考方向与电流实际方向一致。电压源 U_{S1}、U_{S2} 和 U_{S3} 的电流从高电位端流出,起电源作用;而电压源 U_{S4} 的电流从高电位端流入,起负载作用。

电源输出功率 P_1 为

$$P_1=U_{S1}\times I_1+U_{S2}\times I_2+U_{S3}\times I_3=[120\times(4+2+1)]\text{W}=840\text{W}$$

电路中消耗的功率 P_2 为(忽略导线的电阻损耗)

$$\begin{aligned}P_2&=U_{S4}\times I_4+R_1\times I_1^2+R_2\times I_2^2+R_3\times I_3^2+R_4\times I_4^2\\&=(10\times7+10\times4^2+20\times2^2+40\times1^2+10\times7^2)\text{W}=840\text{W}\end{aligned}$$

$P_1=P_2$,功率平衡,即电源输出的功率与负载所消耗的功率相等,从而验证上述计算正确。

2.2 叠加定理

[叠加定理]

由线性时不变无源元件、线性受控源和独立源组成的电路称为线性时不变电路,简称线性电路。

2.1 节讨论的支路电流法是一种用电路方程分析线性电路的方法,在用这种方法分析电路时,不必改变电路的结构。本节将介绍叠加定理,它是通过合理改变电路结构,将复杂电路转换为简单电路后再进行计算的方法。

叠加定理指出:在线性电路中,任一条支路的电压或电流等于电路中各个独立电压源、独立电流源单独作用时在该支路上产生的电压或电流的代数和。

在图 2.4(a)所示电路中,设 U_S、I_S、R_1 和 R_2 已知,求电流 I_1 和 I_2。现用支路电流法求解,列出 KCL 方程为

$$I_1-I_2+I_S=0$$

电流源两端的电压未知,因此绕开电流源支路,取虚线所示回路用 KVL 列写电压方程为

$$R_1I_1+R_2I_2=U_S$$

由此解得

第2章 直流电路的基本分析方法

$$I_1 = \frac{U_S}{R_1+R_2} - \frac{R_2}{R_1+R_2}I_S \qquad (2-15)$$

$$I_2 = \frac{U_S}{R_1+R_2} + \frac{R_1}{R_1+R_2}I_S \qquad (2-16)$$

当电压源单独作用时，电流源输出电流为零，可将电流源视作开路，如图 2.4(b)所示。电阻 R_1 和 R_2 串联，流经电阻 R_1 和 R_2 的电流分别为 I_1' 和 I_2'，则有

$$I_1' = I_2' = \frac{U_S}{R_1+R_2}$$

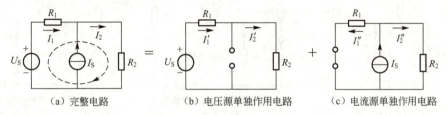

图 2.4 叠加定理示意图

当电流源单独作用时，电压源两端电压为零，可将电压源两端视作短路，如图 2.4(c)所示。电阻 R_1 和 R_2 并联，则流经电阻 R_1 的电流 I_1'' 为

$$I_1'' = \frac{R_2}{R_1+R_2}I_S$$

流经电阻 R_2 的电流 I_2'' 为

$$I_2'' = \frac{R_1}{R_1+R_2}I_S$$

根据叠加定理得

$$\left. \begin{array}{l} I_1 = I_1' - I_1'' = \dfrac{U_S}{R_1+R_2} - \dfrac{R_2}{R_1+R_2}I_S \\[2mm] I_2 = I_2' + I_2'' = \dfrac{U_S}{R_1+R_2} + \dfrac{R_1}{R_1+R_2}I_S \end{array} \right\} \qquad (2-17)$$

由式(2-17)可见，采用支路电流法与叠加定理的计算结果完全一致。

叠加定理中所说的是"代数和"，而不是直接求和。I_1'' 的参考方向与 I_1 的参考方向相反，因此 I_1'' 的前面冠以负号；I_1' 的参考方向与 I_1 的参考方向相同，I_1' 前面的符号为正号，因此 $I_1 = I_1' - I_1''$；同理可得，$I_2 = I_2' + I_2''$。

从上面的实例得出，用叠加定理求解和分析电路时，应该注意如下三点。

(1) 在叠加定理中，所谓电源的单独作用是假设将其他电源均除去，即将其他理想电压源短接(即其端电压为零)；其他理想电流源开路(即其电流为零)，受控源保持不动而得到的。

(2) 用叠加定理计算复杂电路，就是把一个含有多个电源的复杂电路转换为若干个单电源作用的电路来进行计算。最后叠加时一定要注意，各个电源单独作用时某支路的电流和电压分量的参考方向是否与全部电源共同作用下的该支路电流和电压所标出的参考方向一致；一致时取正号；否则取负号。

(3) 叠加定理只能分析、计算电压和电流，不能计算功率。因为功率与电流、电压的

关系不是线性关系，如

$$P_1 = R_1 I_1^2 = R_1(I_1' - I_1'')^2 = R_1 I_1'^2 - 2R_1 I_1' I_1'' + R_1 I_1''^2 \neq R_1 I_1'^2 - R_1 I_1''^2$$

可见，在计算功率时不能叠加每个电源单独作用时的功率，应该利用叠加定理计算出最终的电流和电压，然后求出功率。

【例 2 – 3】 用叠加定理计算例 2 – 1，即图 2.5(a) 所示电路中的各个电流。

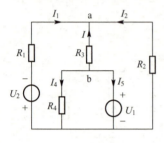　　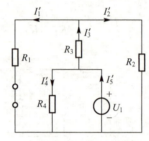　　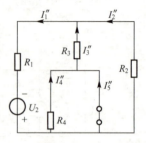

(a) 完整电路　　　　　　(b) 电压源 U_1 单独作用时的电路　　　(c) 电压源 U_2 单独作用时的电路

图 2.5　例 2 – 3 图

【解】 图 2.5(a) 所示电路的电流可以看成是由图 2.5(b) 和图 2.5(c) 所示两个电路电流的叠加。

(1) 在图 2.5(b) 中，电压源 U_1 单独作用，将电压源 U_2 短路，其他电路元件及其位置保持不变，有

$$I_4' = \frac{U_1}{R_4} = \frac{10}{5} \text{A} = 2\text{A}$$

$$I_3' = \frac{U_1}{R_3 + \dfrac{R_1 R_2}{R_1 + R_2}} = \frac{10}{1 + \dfrac{2 \times 4}{2 + 4}} \text{A} = \frac{30}{7} \text{A}$$

$$I_2' = \frac{R_1}{R_1 + R_2} I_3' = \left(\frac{2}{2+4} \times \frac{30}{7}\right) \text{A} = \frac{10}{7} \text{A}$$

$$I_1' = I_3' - I_2' = \left(\frac{30}{7} - \frac{10}{7}\right) \text{A} = \frac{20}{7} \text{A}$$

$$I_5' = I_3' + I_4' = \left(\frac{30}{7} + 2\right) \text{A} = \frac{44}{7} \text{A}$$

(2) 在图 2.5(c) 中，电压源 U_2 单独作用，将电压源 U_1 短路，电阻 R_4 被短接，电阻 R_2 和 R_3 并联之后，与电阻 R_1 串联，有

$$I_1'' = \frac{U_2}{R_1 + \dfrac{R_2 R_3}{R_2 + R_3}} = \frac{6}{2 + \dfrac{1 \times 4}{1 + 4}} \text{A} = \frac{15}{7} \text{A}$$

$$I_3'' = \frac{R_2}{R_2 + R_3} I_1'' = \left(\frac{4}{1+4} \times \frac{15}{7}\right) \text{A} = \frac{12}{7} \text{A}$$

$$I_2'' = I_1'' - I_3'' = \left(\frac{15}{7} - \frac{12}{7}\right) \text{A} = \frac{3}{7} \text{A}$$

$$I_5'' = I_3'' = \frac{12}{7} \text{A}$$

$$I''_4 = 0$$

所以

$$I_1 = -I'_1 - I''_1 = \left(-\frac{20}{7} - \frac{15}{7}\right)A = -5A$$

$$I_2 = -I'_2 + I''_2 = \left(-\frac{10}{7} + \frac{3}{7}\right)A = -1A$$

$$I_3 = I'_3 + I''_3 = \left(\frac{30}{7} + \frac{12}{7}\right)A = 6A$$

$$I_4 = I'_4 - I''_4 = (2-0)A = 2A$$

$$I_5 = -I'_5 - I''_5 = \left(-\frac{44}{7} - \frac{12}{7}\right)A = -8A$$

【例 2-4】 已知 $R_1 = R_3 = 1\Omega$，$R_2 = R_4 = 2\Omega$，$I_S = 3A$，$U_S = 6V$。求图 2.6(a)所示电路中的电流 I_1、电流源两端的电压 U、电阻 R_1 与电流源的功率。

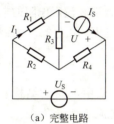
（a）完整电路

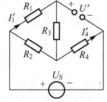
（b）电压源单独作用时的电路

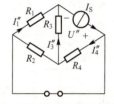
（c）电流源单独作用时的电路

图 2.6 例 2-4 图

【解】 (1) 当电压源单独作用时，电流源开路，如图 2.6(b)所示。电阻 R_1 与电阻 R_3 串联之后，与电阻 R_2 并联。它们作为一个整体，再与电阻 R_4 串联，有

$$I'_4 = \frac{U_S}{R_4 + \frac{R_2 \times (R_1 + R_3)}{R_1 + R_2 + R_3}} = \frac{6}{2 + \frac{2 \times (1+1)}{1+2+1}}A = \frac{6}{2+1}A = 2A$$

$$I'_1 = \frac{R_2}{R_1 + R_2 + R_3}I'_4 = \left(\frac{2}{1+2+1} \times 2\right)A = 1A$$

$$U' = I'_1 R_3 + I'_4 R_4 = (1 \times 1 + 2 \times 2)V = 5V$$

(2) 当电流源单独作用时，电压源短路，如图 2.6(c)所示。电阻 R_2 与电阻 R_4 并联之后，与电阻 R_3 串联。它们作为一个整体，再与电阻 R_1 并联，有

$$I''_3 = \frac{R_1}{R_1 + \frac{R_2 \times R_4}{R_2 + R_4} + R_3} I_S = \frac{1}{1 + \frac{2 \times 2}{2+2} + 1} \times 3A = 1A$$

$$I''_1 = I_S - I''_3 = (3-1)A = 2A$$

$$I''_4 = \frac{R_2}{R_2 + R_4}I''_3 = \left(\frac{2}{2+2} \times 1\right)A = 0.5A$$

$$U'' = R_4 I''_4 + R_3 I''_3 = (2 \times 0.5 + 1 \times 1)V = 2V$$

(3) 由以上计算可以得出

$$I_1 = I'_1 + I''_1 = (1+2)A = 3A$$

$$U = -U' + U'' = (-5+2)V = -3V$$

$$P_{R1}=R_1I_1^2=(1\times 3^2)\text{W}=9\text{W}$$

电流源的功率 P_1 为

$$P_1=I_SU=[3\times(-3)]\text{W}=-9\text{W}$$

功率为负值，电流源起负载作用，吸收功率。

也可以采用另一种方法求电流源两端电压，即在求出电流 I_1 之后，在电阻 R_1、电流源和电压源组成的回路中用 KVL 列写电压方程，从而求解电流源两端的电压 U。

按顺时针方向列写方程

$$-U-U_S+I_1R_1=0$$

求得

$$U=I_1R_1-U_S=(3\times 1-6)\text{V}=-3\text{V}$$

【例 2-5】 如图 2.7 所示，已知当 $U_S=3\text{V}$，$I_S=3\text{A}$ 时，流经电阻的电流 $I=-3\text{A}$；当 $U_S=6\text{V}$，$I_S=1\text{A}$ 时，流经电阻的电流 $I=4\text{A}$。求当 $U_S=10\text{V}$，$I_S=2\text{A}$ 时，流经电阻的电流 I。

【解】 根据叠加定理，I 应该是 U_S 和 I_S 的线性组合函数。设

$$I=aU_S+bI_S$$

式中，系数 a 和 b 为常数，其值完全由电路的结构和参数决定，与电压源电压 U_S 和电流源电流 I_S 大小无关。

代入已知条件，得到

$$\left.\begin{array}{l}-3=3a+3b\\4=6a+b\end{array}\right\}$$

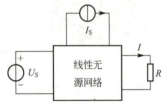

图 2.7 例 2-5 图

解得

$$a=1,\quad b=-2$$

因此

$$I=U_S-2I_S$$

当 $U_S=10\text{V}$，$I_S=2\text{A}$ 时

$$I=U_S-2I_S=(10-2\times 2)\text{A}=6\text{A}$$

2.3 电压源、电流源的等效变换

一个复杂的电路往往含有多个电源，若能将一个多电源的复杂电路等效变换成一个电源的简单电路，则可以简化电路的求解问题。

2.3.1 理想电压源串联的等效变换

三个理想电压源串联电路如图 2.8(a)所示，由 KVL 得

$$U=U_{S1}+U_{S2}-U_{S3}$$

由上式可知，可用一个电压源 U_S（$U_S=U_{S1}+U_{S2}-U_{S3}$）代替图 2.8(a)中的三个电压源，如图 2.8(b)所示。对外电路而言，端电压 U 依然为 $U=U_S=U_{S1}+U_{S2}-U_{S3}$，因此图 2.8(b)是图 2.8(a)的等效电路。

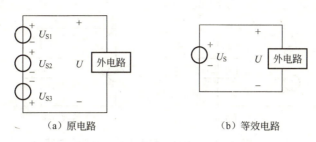

(a) 原电路　　　　　　　　　　(b) 等效电路

图 2.8　理想电压源串联的等效电路

当有 n 个电压源串联时，其等效电压源 U_S 为

$$U_S = U_{S1} + U_{S2} + \cdots + U_{Sn}$$

等效电压源端电压是所有串联电压源端电压的代数和，每个电压源端电压前面符号的正负应根据各电压源端电压与等效电压源端电压方向的关系确定。若与等效电压源端电压方向一致，则取正号；反之，则取负号。

2.3.2　理想电流源并联的等效变换

三个理想电流源并联时的电路如图 2.9(a)所示，由 KCL 得

$$I = I_{S1} + I_{S2} - I_{S3}$$

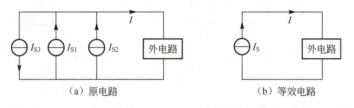

(a) 原电路　　　　　　　　　　(b) 等效电路

图 2.9　理想电流源并联的等效电路

由上式可知，可用一个电流源 I_S（$I_S = I_{S1} + I_{S2} - I_{S3}$）代替图 2.9(a)中的三个电流源，如图 2.9(b)所示。对外电路而言，流入外电路的电流 I 依然为 $I = I_S = I_{S1} + I_{S2} - I_{S3}$，因此图 2.9(b)是图 2.9(a)的等效电路。

当有 n 个电流源并联时，其等效电流源 I_S 为

$$I_S = I_{S1} + I_{S2} \cdots + I_{Sn}$$

等效电流源的输出电流是所有并联电流源输出电流的代数和，每个电流源输出电流前面符号的正负应根据各电流源输出电流与等效电流源输出电流方向的关系确定。若与等效电流源输出电流的方向一致，则取正号；反之，则取负号。

2.3.3　理想电压源与理想电流源串联的等效变换

一个理想电压源与一个理想电流源串联时的电路如图 2.10(a)所示。输入到外电路的电流 I 为

$$I = I_S$$

在图 2.10(b)中，电流源 I_S 单独作用，输入到外电路的电流 $I = I_S$。因此对外电路而言，图 2.10(b)是图 2.10(a)的等效电路。

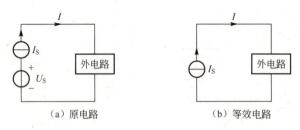

图 2.10　理想电压源与理想电流源串联的等效电路

当某个器件(如电压源、电阻、电感等)与理想电流源串联时,对外电路而言可以用该理想电流源等效替代。

2.3.4　理想电压源与理想电流源并联的等效变换

一个理想电压源与一个理想电流源并联时的电路如图 2.11(a)所示,则外电路的端电压 U 为

$$U=U_S$$

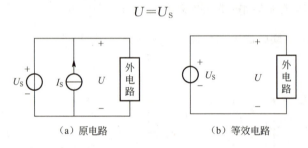

图 2.11　理想电压源与理想电流源并联的等效电路

在图 2.11(b)中,外电路的端电压 $U=U_S$。因此对外电路而言,图 2.11(b)是图 2.11(a)的等效电路。

当某个器件(如电流源、电阻、电容等)与理想电压源并联时,对外电路而言可以用理想电压源等效替代。

2.3.5　实际电压源与实际电流源的等效变换

图 2.12(a)、图 2.12(b)所示为电源的两种模型,图 2.12(a)所示为实际电压源(理想电压源与内电阻的串联),图 2.12(b)所示为实际电流源(理想电流源与内电阻的并联)。当其接上外电路时,提供给外电路的电压 U 和电流 I 相同,则两种模型可以等效变换。

【实际电压源与实际电流源的等效变换】

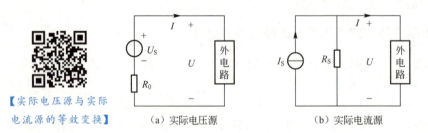

图 2.12　实际电压源与实际电流源等效变换

在图 2.12(a)中,实际电压源提供给外电路的电压为
$$U = U_S - IR_0 \qquad (2-18)$$
在图 2.12(b)中,实际电流源提供给外电路的电压为
$$U = (I_S - I)R_S = I_S R_S - IR_S \qquad (2-19)$$
若电源两个模型等效,则
$$U_S - IR_0 = I_S R_S - IR_S$$
即
$$\left.\begin{array}{l} U_S = I_S R_S \\ R_0 = R_S \end{array}\right\} \qquad (2-20)$$
或
$$\left.\begin{array}{l} I_S = \dfrac{U_S}{R_0} \\ R_S = R_0 \end{array}\right\} \qquad (2-21)$$

式(2-20)表明,把实际电流源转换为实际电压源,电源内电阻的值不变,电压源的电压 U_S 为电流源的电流 I_S 与内电阻的乘积。电压源的正极应与电流源电流流出的端子相对应。

式(2-21)表明,将实际电压源转换为实际电流源,电流源内电阻的值与电压源内电阻的值相等,电流源的电流 I_S 应等于电压源的电压 U_S 与电压源的内电阻之比。电流源电流流出的一端应与电压源的正极相对应。

实际电流源与实际电压源的等效变换是只对电源的外电路而言的,即等效变换之后,两个等效电路的外电路的电压和电流大小相等;电源内部电路并不等效。例如,当外电路开路时,没有电流流过电压源的内电阻,因此电压源不消耗功率;对电流源而言,流过电流源内电阻的电流为 I_S,有功率消耗。

【例 2-6】 已知 $R_1 = R_2 = R_3 = R_4 = 2\Omega$,$U_{S1} = 10\text{V}$,$U_{S2} = 5\text{V}$,$I_{S1} = 10\text{A}$。试求图 2.13(a)中流过电阻 R_4 的电流 I。

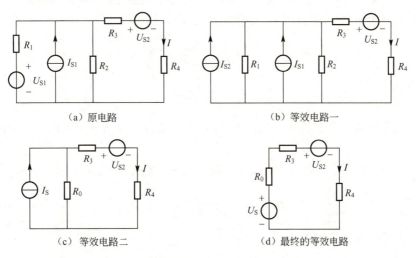

图 2.13 例 2-6 图

【解】 (1) 将图 2.13(a)中的电压源与电阻串联转换为电流源与电阻并联,如图 2.13(b)所示。这样做是为了统一电源形式,将电流源合并,简化电路。

$$I_{S2}=\frac{U_{S1}}{R_1}=\frac{10}{2}\mathrm{A}=5\mathrm{A}$$

(2) 将两个电流源 I_{S1} 和 I_{S2} 合并为电流源 I_S,电阻 R_1 和 R_2 合并为电阻 R_0,如图 2.13(c)所示。

$$I_S=I_{S1}+I_{S2}=(10+5)\mathrm{A}=15\mathrm{A}$$

$$R_0=\frac{R_1R_2}{R_1+R_2}=\frac{2\times 2}{2+2}\Omega=1\Omega$$

(3) 将电流源 I_S 与电阻 R_0 并联转换为电压源 U_S 与电阻 R_0 串联,进一步统一电源形式,如图 2.13(d)所示。

$$U_S=I_SR_0=(15\times 1)\mathrm{V}=15\mathrm{V}$$

(4) 根据 KVL 得

$$I=\frac{U_S-U_{S2}}{R_0+R_3+R_4}=\frac{15-5}{1+2+2}\mathrm{A}=2\mathrm{A}$$

【例 2-7】 已知:$R_1=2\Omega$,$R_2=2\Omega$,$R_3=1\Omega$,$U_{S1}=6\mathrm{V}$,$U_{S2}=15\mathrm{V}$,$I_S=2\mathrm{A}$。求图 2.14(a)所示电路中流经电阻 R_3 的电流 I。

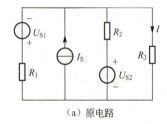
(a) 原电路

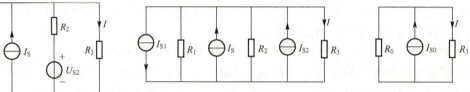
(b) 用电流源等效替代电压源电路

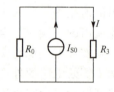
(c) 最终简化电路

图 2.14 例 2-7 图

【解】 (1) 将电压源 U_{S1} 与电阻 R_1 串联转换为电流源 I_{S1} 与电阻 R_1 并联。将电压源 U_{S2} 与电阻 R_2 串联转换为电流源 I_{S2} 与电阻 R_2 并联,如图 2.14(b)所示。

$$I_{S1}=\frac{U_{S1}}{R_1}=\frac{6}{2}\mathrm{A}=3\mathrm{A}$$

$$I_{S2}=\frac{U_{S2}}{R_2}=\frac{15}{2}\mathrm{A}=7.5\mathrm{A}$$

(2) 将三个电流源合并为一个电流源 I_{S0},两个电阻合并为一个电阻 R,如图 2.14(c)所示。

$$I_{S0}=I_S-I_{S1}+I_{S2}=(2-3+7.5)\mathrm{A}=6.5\mathrm{A}$$

$$R_0=\frac{R_1R_2}{R_1+R_2}=\frac{2\times 2}{2+2}\Omega=1\Omega$$

(3) 根据并联分流公式得

$$I=\frac{R_0}{R_3+R_0}I_{S0}=\left(\frac{1}{1+1}\times 6.5\right)\mathrm{A}=3.25\mathrm{A}$$

- 电源等效变换法的核心就是统一电源形式。当电压源与电阻串联的支路与电流源并联时，应该将电压源与电阻串联的支路转换为电流源与电阻并联，这样多个电流源就可以合并为一个电流源。电流源与电阻并联之后再与电压源串联，可以先将电流源与电阻并联支路转换为电压源与电阻的串联支路，这样多个电压源可以合并为一个电压源。这是一般原则，解题时，可以灵活运用电源等效变换法将电路简化。

2.4　等效电源定理

在线性电路的分析中，当电路的结构较复杂时，电路中的节点和网孔的数目较多，且仅需计算某条指定支路的电压或电流，而不必对所有支路进行计算分析，此时就可以利用戴维宁(Thévenin)定理或诺顿(Norton)定理。将要分析的电路部分当作外电路，而对不包括外电路的其他电路部分做简化处理，最后利用结构简单的等效电路来解决问题。

【等效电源定理】

2.4.1　戴维宁定理

戴维宁定理：对外部电路而言，任何一个线性有源二端网络都可以用一个理想电压源与内阻串联的电源来等效代替。其中理想电压源的电压 U_0 为原有源二端网络的开路电压；等效电源的内阻 R_0 为原有源二端网络内部除源后，在端口得到的等效电阻。

假如在一个复杂电路中，需要求解支路 ab 两端的电压，则可以把支路 ab 划分出来，如图 2.15(a)所示，把电路其他部分看成是一个含有独立电源的线性两端网络(电路)A。对支路 ab 而言，可以用如图 2.15(b)所示一个电压为 U_0 的理想电压源与内阻 R_0 串联的有源支路来等效替代。这条有源支路的电压源 U_0 是网络 A 的 ab 两端开路时的开路电压，如图 2.15(c)所示；内阻 R_0 是将含源网络 A 变成无源网络 B 时(即有源二端网络 A 内部的所有独立电压源短路，所有独立电流源开路)，从 ab 两端向网络看进去的内阻，如图 2.15(d)所示。

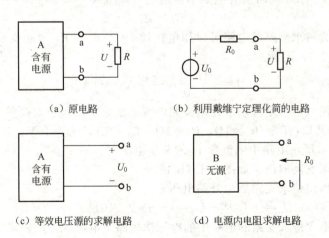

图 2.15　等效电源

【例 2-8】 用戴维宁定理计算图 2.16(a)所示电路的电流 I。

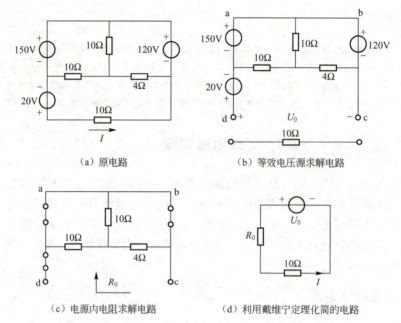

(a) 原电路　　(b) 等效电压源求解电路

(c) 电源内电阻求解电路　　(d) 利用戴维宁定理化简的电路

图 2.16　例 2-8 图

【解】 将待求支路取出，如图 2.16(b)所示。

第 1 步：求 dc 两端间的开路电压 U_0。

将 abcda 看成是一个闭合回路，选顺时针作为绕行方向，由 KVL 得

$$120 - U_0 + 20 - 150 = 0$$

解得

$$U_0 = -10\text{V}$$

第 2 步：将不含待求支路的电路中的电压源短路，求此时从 dc 两端看进去的等效电阻。如图 2.16(c)所示，此时所有电阻都被短接了，所以

$$R_0 = 0\Omega$$

第 3 步：不含待求支路的电路可以用电压源 U_0 与电阻 R_0 串联支路代替，并将待求支路还原，如图 2.16(d)所示。

$$I = \frac{U_0}{R_0 + 10} = \frac{-10}{10}\text{A} = -1\text{A}$$

可见，本题用戴维宁定理求解比用支路电流法或叠加定理求解简单。

【例 2-9】 已知：$R_1 = R_2 = 1\Omega$，$R_3 = 2\Omega$，$I_{S1} = 6\text{A}$，$U_S = 10\text{V}$，$I_{S2} = 3\text{A}$。用戴维宁定理求图 2-17(a)所示电路中电流源 I_{S2} 的两端电压 U。

【解】 将待求支路取出，如图 2.17(b)所示。

第 1 步：求取出待求支路后的开路电压 U_0。

$$U_0 = -I_{S1}R_3 - U_S = (-6 \times 2 - 10)\text{V} = -22\text{V}$$

第 2 步：将不含待求支路的电路中的电压源短路，电流源开路，求此时从端口看进去的等效电阻，如图 2.17(c)所示。电阻 R_1 和 R_2 被短路。

$$R_0 = R_3 = 2\Omega$$

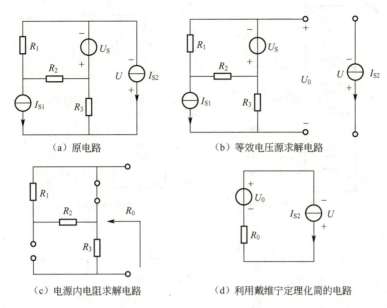

(a) 原电路　　(b) 等效电压源求解电路

(c) 电源内电阻求解电路　　(d) 利用戴维宁定理化简的电路

图 2.17　例 2-9 图

第 3 步：不含待求支路的电路可以用电压源 U_0 与电阻 R_0 串联支路代替，并将待求支路还原，如图 2.17(d) 所示。

根据 KVL 得

$$-U+R_0 I_{S2}-U_0=0$$

即

$$U=-U_0+R_0 I_{S2}=(22+2\times 3)\text{V}=28\text{V}$$

2.4.2　诺顿定理

诺顿定理：对外部电路而言，任何一个线性有源二端网络都可以用一个理想电流源与内阻并联的电源来等效代替。其中理想电流源的电流 I_0 为原有源二端网络的短路电流；等效电源的内阻 R_0 为原有源二端网络内部除源后，在端口得到的等效电阻。

假如在一个复杂电路中，需要求解支路 ab 电阻两端的电压，如图 2.18(a) 所示。可以把支路 ab 划分出来，把电路其他部分看成是一个含有独立电源的线性两端网络（电路）A。对支路 ab 而言，可以用一个电流为 I_0 的理想电流源与内电阻 R_0 并联的有源支路来等效替代，如图 2.18(b) 所示。这条有源支路的理想电流源 I_0 是网络 A 的 ab 两端短路时的短路电流，如图 2.18(c) 所示；内阻 R_0 的求解方法与戴维宁定理求解方法相同，如图 2.18(d) 所示。

【例 2-10】　用诺顿定理重新求解例 2-7。已知：$R_1=2\Omega$，$R_2=2\Omega$，$R_3=1\Omega$，$U_{S1}=6\text{V}$，$U_{S2}=15\text{V}$，$I_S=2\text{A}$。求图 2.19(a) 电路中流经电阻 R_3 的电流 I。

【解】　将待求支路取出，如图 2.19(b) 所示。

第 1 步：取出待求支路后，求短路电流 I_0。

在回路 bfecb 中，根据 KVL 得

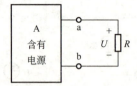 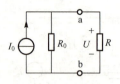

（a）原电路　　　　　　　　（b）利用诺顿定理化简的电路

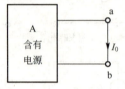 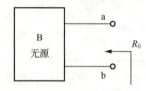

（c）等效电流源求解电路　　　（d）电源内阻求解电路

图 2.18　诺顿定理

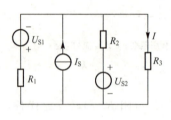 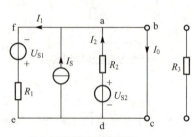

（a）原电路　　　　　　　　（b）等效电流源求解电路

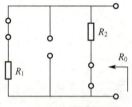 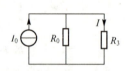

（c）电源内阻求解电路　　　（d）利用诺顿定理化简的电路

图 2.19　例 2-10 图

$$-U_{S1}+R_1 I_1=0$$

解得

$$I_1=\frac{U_{S1}}{R_1}=\frac{6}{2}\text{A}=3\text{A}$$

在回路 abcda 中，根据 KVL 得

$$I_2 R_2 - U_{S2}=0$$

解得

$$I_2=\frac{U_{S2}}{R_2}=\frac{15}{2}\text{A}=7.5\text{A}$$

对节点 a，根据 KCL 得

$$I_1+I_0-I_S-I_2=0$$

则

$$I_0 = I_S + I_2 - I_1 = (2 + 7.5 - 3)\text{A} = 6.5\text{A}$$

第 2 步：将不含待求支路电路中的电压源短路，电流源开路，求此时从端口看进去的等效电阻。此时电阻 R_1 与 R_2 并联，如图 2.19(c)所示。

$$R_0 = \frac{R_1 R_2}{R_1 + R_2} = \frac{2 \times 2}{2 + 2}\Omega = 1\Omega$$

第 3 步：不含待求支路的电路可以用电流源 I_0 与电阻 R_0 并联支路代替，并将待求支路还原，如图 2.19(d)所示。

$$I = \frac{R_0}{R_0 + R_3} I_0 = \left(\frac{1}{2} \times 6.5\right)\text{A} = 3.25\text{A}$$

用诺顿定理求得的结果与用实际电压源和实际电流源相互转换的方法求得的结果相同。

此题也可采用戴维宁定理来求解，但端口开路电压比端口短路电流的求解复杂，故采用诺顿定理来求解更好。

【例 2 - 11】 已知：$R_1 = 1\Omega$，$R_2 = 2\Omega$，$R_3 = 3\Omega$，$R_4 = 4\Omega$，$U_1 = 5\text{V}$，$U_2 = 6\text{V}$，$U_3 = 10\text{V}$，$U_4 = 20\text{V}$，$I_S = 5\text{A}$，$R = 1\Omega$。用诺顿定理求解图 2.20(a) 中电阻 R 两端的电压 U。

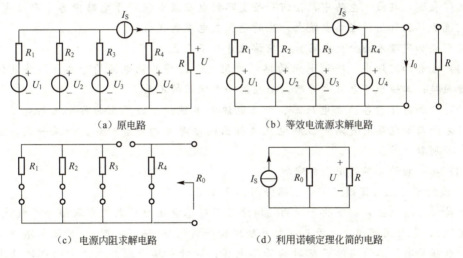

图 2.20　例 2 - 11 图

【解】 将待求支路取出，如图 2.20(b)所示。

第 1 步：取出待求支路后，求短路电流 I_0。

$$I_0 = I_S + \frac{U_4}{R_4} = \left(5 + \frac{20}{4}\right)\text{A} = 10\text{A}$$

第 2 步：将不含待求支路的电路中的电压源短路，电流源开路，求此时从端口看进去的等效电阻，如图 2.20(c)所示。

$$R_0 = R_4 = 4\Omega$$

第 3 步：不含待求支路的电路可以用电流源 I_0 与电阻 R_0 并联支路代替，并将待求支路还原，如图 2.20(d)所示。

$$U = R \frac{R_0}{R + R_0} I_S = \left(1 \times \frac{4}{1 + 4} \times 10\right)\text{V} = 8\text{V}$$

本题若用支路电流法或叠加定理求解都比较麻烦，因为支路数多、电源数目多，但用诺顿定理求解则相当简单。当然，用戴维宁定理求解也很简单。

小　　结

1. 支路电流法

它是以电路中的支路电流为未知量，用基尔霍夫定律列写方程，通过求解方程组，从而求出各支路电流的方法。

对由 n 个节点、b 条支路组成的平面电路，用支路电流法求解电路的第1步是确定各条支路电流的参考方向；第2步是对 $(n-1)$ 个节点运用 KCL 列写电流方程；第3步是选择网孔的绕行方向；第4步是沿每个网孔的绕行方向，用 KVL 列出 $l=b-(n-1)$ 个独立方程，并求解方程组。

2. 叠加定理

文字表述：在线性电路中，任何一条支路的电压或电流等于电路中各个独立电压源、独立电流源单独作用时在该支路上产生的电压或电流的代数和。

运用叠加定理求解分析电路时，应该注意如下几点。

（1）在叠加定理中，所谓电源的单独作用是假设将其他电源均除去，即将其他理想电压源短接；其他理想电流源开路，受控源和电阻保持不动。

（2）叠加时注意各独立电压源、独立电流源单独作用时产生的各个支路电流、电压的参考方向与原电路的支路电流和电压所标出的参考方向是否一致。如果一致，前面取正号；否则取负号。

（3）功率的计算不能用叠加定理。

3. 戴维宁定理与诺顿定理是电路分析的重要定理

把待求支路取出，剩下的含源两端网络可用理想电压源与电阻串联组合等效代替（戴维宁定理），也可用理想电流源与电阻并联组合等效代替（诺顿定理）。等效电路中理想电压源的电压为有源二端网络开路时的开路电压；等效电路中理想电流源的电流为有源二端网络短路时的短路电流；电阻是将有源二端口网络中的所有独立电压源短路、所有独立电流源开路时，从端口看进去的电阻值。

戴维宁定理和诺顿定理适用于只需求解一条支路的电压或电流的情况。

4. 等效变换

实际电压源和实际电流源可以进行等效变换，但它们的等效关系是对外电路而言的，对电源内部是不等效的。

把实际电压源转换为实际电流源，电源内电阻不变，电流源的电流 I_S 等于电压源的电压 U_S 与内电阻 R_0 之比。数学表达式为

$$\left.\begin{array}{l} I_S = \dfrac{U_S}{R_0} \\ R_S = R_0 \end{array}\right\}$$

把实际电流源转换为实际电压源，电源内电阻不变，电压源的电压 U_S 为电流源的电

流 I_S 与内电阻 R_S 的乘积。数学表达式为

$$\left.\begin{aligned} U_S &= I_S R_S \\ R_0 &= R_S \end{aligned}\right\}$$

等效电路理论的由来

线性电路的一个重要理论就是等效电路理论：无论线性电路如何复杂，对任何一个两端电路来说，此两端电路对外电路的作用类似于一个电源和一个电阻组成的电路。等效电路结构主要有两种：戴维宁等效电路和诺顿等效电路。

1853年，德国人亥姆霍兹（Helmholtz）推导出电压源等效理论，并提出了它的应用。30年后，法国人戴维宁在完全不知亥姆霍兹电压源等效理论的情况下，提出了同样的理论。1926年，美国人诺顿在贝尔实验室内部技术报告上描述了用电流源模型进行电路等效的有益应用。同年，德国人迈耶（Mayer）得出了相同结论，而且论述详细。在一些欧洲国家，等效电路理论是以这4个人的名字联合命名的：如亥姆霍兹-戴维宁（Helmholtz - Thévenin）定理，亥姆霍兹-诺顿（Helmholtz - Norton）定理和迈耶-诺顿（Mayer - Norton）定理等。

亥姆霍兹是19世纪伟大的科学家之一，他重新定义了能量守恒概念，发明了检眼镜，将物理和数学引入生理声学和光学领域进行定性分析。1853年，亥姆霍兹在他出版的书里阐述了电压源等效定理。

1878年，戴维宁加入了法国国家电信公司，并作为终身职业。1882年，他为工程处的检察员进行培训，在授课过程中，他发现了新的方法解释已知的结论和新技术，等效电路理论就是其中之一。

迈耶在第一次世界大战腿部受伤后，就在德国国家技术大学学习物理和数学，然后去海德堡大学成为菲利普·莱纳德（1905年诺贝尔物理学奖获得者）的助理研究员。1920年，他获得了博士学位。1936年，他成为西门子研究实验室的主管。除了第二次世界大战期间及战后一段时间，他一直在西门子工作，直到1962年退休。1926年11月，迈耶发表的论文阐述了可以将电压源与电阻的串联等效电路转换为电流源与电阻的并联电路。他可能是第一个提出等效电路中电压源的电压和电流源的电流大小分别为端口的开路电压和短路电流。

1925年，诺顿获得哥伦比亚大学电气工程硕士学位。他一直在美国西方电气公司的贝尔实验室工作，直到1963年退休。他一生获得18项专利，撰写了92份技术报告，其中1926年11月3日的一份报告中有一段描述了电流源等效电路。

虽然本书写的是戴维宁定理和诺顿定理，但是戴维宁并不是第一个提出电压源等效理论的人，诺顿也不是唯一一个提出电流源等效理论的人。在科学工程领域经常出现有些理论定理以某人的名字命名的情况，这个人并不一定是第一个提出这个理论的人，或不是唯一提出这个理论的人。

习 题

2-1 判断题（正确的请在每小题后的圆括号内打"√"，错误的打"×"）

（1）对外电路来讲，凡与理想电压源串联的元件均可除去。　　　　　　　　　　（　　）

（2）当求解多条支路电流时，一般不应采用戴维宁定理来求解。　　　　　　　　（　　）

（3）对于线性电路，用叠加定理求解某支路电流时，可以将各个电源单独作用时求解的电流直接相加即可。　　　　　　　　　　　　　　　　　　　　　　　　　　（　　）

(4) 用支路电流法求解支路电流时,如果某个网孔中有电流源,则不要对这个网孔应用 KVL 列写电压方程,改选其他回路列写电压方程。( )

(5) 用戴维宁定理对线性有源二端口网络进行等效替换时,电压源与电阻串联电路对有源二端口网络和外电路而言都是等效的。( )

2-2 已知:$U_{S1}=3V$,$U_{S2}=6V$,$U_{S3}=10V$,$R_1=R_4=1\Omega$,$R_2=2\Omega$,$R_3=3\Omega$,$I_S=5A$。用支路电流法求解图 2.21 电路中的各个支路电流。

2-3 已知:$U_{S1}=U_{S2}=5V$,$I_{S1}=3A$,$I_{S2}=5A$,$R_1=1\Omega$,$R_2=2\Omega$,$R_3=3\Omega$,$R_4=4\Omega$。用支路电流法求解图 2.22 电路中的各个支路电流。

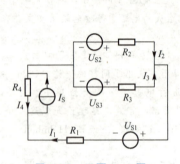

图 2.21 习题 2-2 图

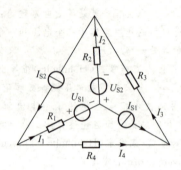

图 2.22 习题 2-3 图

2-4 如图 2.23 所示,已知:$U_{S1}=5V$,$U_{S2}=3V$,$I_S=10A$。当开关位置在"1"时,电流表的读数为 2A;当开关位置在"3"时,电流表的读数为 1A。求当开关位置在"2"时,电流表的读数为多少?

2-5 已知:$U_S=10V$,$I_S=5A$,$R_1=R_2=R_3=R_4=6\Omega$。用叠加定理求解图 2.24 所示电路中的电流 I。

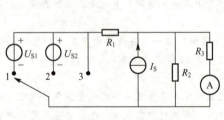

图 2.23 习题 2-4 图

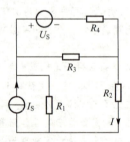

图 2.24 习题 2-5 图

2-6 求图 2.25 所示电路的戴维宁等效电路与诺顿等效电路。

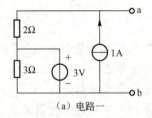

(a) 电路一

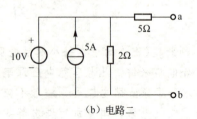

(b) 电路二

图 2.25 习题 2-6 图

2-7 已知：$U_{S1}=10V$，$U_{S2}=5V$，$I_S=2A$，$R_1=1\Omega$，$R_2=2\Omega$，$R_3=R_4=3\Omega$。用戴维宁定理求解图 2.26 所示电路中电阻 R_3 两端的电压 U_3。

2-8 已知：$U_{S1}=10V$，$U_{S2}=2V$，$I_S=5A$，$R_1=1\Omega$，$R_2=3\Omega$，$R_3=2\Omega$。用诺顿定理求解图 2.27 所示电路中的电流 I。

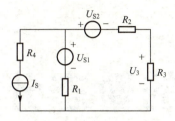
图 2.26 习题 2-7 图

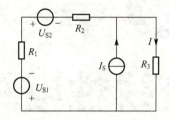
图 2.27 习题 2-8 图

2-9 用电源等效变换简化图 2.28 所示电路，并求电流 I。

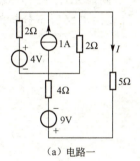

（a）电路一

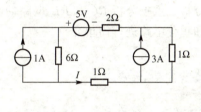

（b）电路二

图 2.28 习题 2-9 图

第 3 章
一阶线性电路的暂态分析

本章主要介绍两种储能元件和换路定律,对包含单个储能元件的一阶线性电路的暂态过程进行分析,重点分析 RC 和 RL 电路的响应及一阶线性电路暂态分析的三要素法,最后对微分和积分电路进行简单介绍。

教学目标与要求

- 了解电容和电感的基本概念及特点。
- 掌握电路的换路定律。
- 掌握电容、电感的充、放电规律。
- 了解微分电路和积分电路的基本概念。

引例

电视机或功率放大器(图 3.0)在断开电源后,上面的发光二极管还会继续亮一段时间,然后逐渐熄灭;利用一把钥匙,就能起动汽车的汽油发动机。通过本章的学习,读者将对上述例子的奥秘有大致的了解。

图 3.0 功率放大器

3.1 储能元件

第 1 章和第 2 章所讨论的内容属于直流电路的稳态分析方法。电路的结构和元件的参数一定,电压和电流不随时间的变化而变化,电路的运行状态保持恒定,此时电路所处的状态称为稳定状态,简称稳态。

电路的工作状态对应一定的工作条件，只有保持工作条件不变，才能维持工作状态稳定。当原来的工作条件发生变化时，如电路接通、断开、改接及电路参数改变等，原稳态就不能再维持，将会变化到一个新的稳态。这些引起电路工作条件发生变化的因素称为换路。而含有电容和电感的电路从原稳态到新稳态往往需要经过一定的时间，这段时间是过渡阶段，称为过渡过程。过渡过程往往是暂时的，电路在过渡过程中所对应的工作状态称为暂(瞬)态。

与稳态不同，电路的暂态过程有其特有的规律，尽管是暂时的，但也有其研究价值。例如，在电力系统过渡过程中，会出现过电压或过电流现象，必须设法避免；而在电子电路中，往往又要利用暂态的这些特点。无论是避免还是利用，都需要了解并掌握暂态的规律。

电路中出现暂态现象的外在因素是电路的工作条件发生变化，即换路。但并非所有的电路在换路时都会出现暂态现象(如纯电阻电路就无过渡过程)，也就是说存在暂态现象还有内在因素，即电路中包含储能元件——电容或电感。

通过本书1.3节的介绍，读者可知电阻是耗能元件，而电容和电感是储能元件，下面将分别对电容元件和电感元件进行介绍。

3.1.1 电容元件

电容(capacitance)元件是表征电路中储存电场能的理想元件。实际工程中使用的电容元件称为电容器。电容器是由两个相互靠近又彼此绝缘的导体(称为极板)构成的，如图3.1(a)所示。电容器的应用非常广泛，但工程中使用的电容器并不是一个完全理想的电容元件，因为它或多或少总会消耗一部分电能，而不是一个纯粹的储能元件。

当电容器两端加上电源后，极板上分别聚集起等量异号的电荷，建立起电场，储存电场能量。而电容参数就是反映电容元件容纳电荷能力的物理量。电容器所带的电量与两极板间电压的比值称为电容，用字母 C 表示。电容的单位为法(拉)(F)。由于法单位太大，工程上多采用微法(μF)或皮法(pF)。$1\mu F = 10^{-6} F$，$1pF = 10^{-12} F$。若极板间电压的参考极性与极板电荷极性一致，则有

$$C = \frac{q}{u_C} \tag{3-1}$$

式中，q 表示金属极板上聚集的电荷(C)；u_C 表示两极板间的电压(V)。

C 是常数的电容称为线性电容；C 不是常数的电容称为非线性电容。本书仅讨论线性电容。电容的图形符号如图3.1(b)所示。电容 C 既表示电容元件，又表示这个元件的参数。

虽然电容 C 的大小可以用式(3-1)求得，但电容器的电容 C 是一个与电荷 q、电压 u_C 无关的实常数，它的大小是由电容器本身的特性决定的，正如电阻的大小可以由电压与电流的比值求得，但并非由电压、电流决定一样。

当电容器两端的电压 u_C 随时间变化时，由于 C 是常数，则电容极板上的电荷也随之变化，于是该电容电路中便出现了电流。在

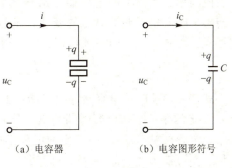

(a) 电容器   (b) 电容图形符号

图 3.1 电容

图 3.1(a)所示的关联参考方向下，电流为

$$i_C = \frac{dq}{dt} \quad (3-2)$$

将式(3-1)变换形式可得

$$q = Cu_C \quad (3-3)$$

将式(3-3)代入式(3-2)，便可以得到电容电压与电流的关系

$$i_C = C \frac{du_C}{dt} \quad (3-4)$$

特别提示

若电压和电流取非关联参考方向，则 $i_C = -C \frac{du_C}{dt}$。

由于线性电容元件的电容是实常数，则由式(3-4)可知，在任意时刻，线性电容元件的电流与该时刻电压的变化率成正比。当电容两端的电压发生剧变(即 du_C/dt 很大)时，电流也很大；当电压不随时间变化(即 du_C/dt 为 0)时，则电容电路中没有电流，此时电容元件相当于开路。由于直流电路中电压不随时间变化，故电容元件有隔断直流(简称隔直)的作用。

在前面介绍的稳态直流电路中，电压和电流保持恒定，功率即为它们的乘积，是一个固定不变的值。若电压和电流取关联参考方向，如图 3.1(b)所示，则当电压和电流随时间变化时，它们的乘积称为电容所吸收的瞬时功率，用 p 来表示，也是随时间变化而变化的，即

$$p = u_C i_C \quad (3-5)$$

将式(3-4)代入式(3-5)，可得

$$p = Cu_C \frac{du_C}{dt} \quad (3-6)$$

由式(3-6)可见，当电压正值增大时，$\frac{du_C}{dt} > 0$，$p > 0$，表示电容元件从外部吸收电功率，将电能转换为电场能；当电压正值减小时，$\frac{du_C}{dt} < 0$，$p < 0$，表示电容元件向外部输出电功率，将储存的电场能重新转换为电能。可见，电能和电场能在电容内部可以相互转换。随着电容两端电压的变化，电容储存电场能的过程就是电能与电场能相互转换的过程。对式(3-6)两端进行积分，可得电容储存的电场能量为

$$W = \int_0^t p \, dt = \int_0^{u_C} Cu_C du_C = \frac{1}{2} C u_C^2 \quad (3-7)$$

式(3-7)反映了电容储存电场能的能力，电容越大，其储存电场能的能力越强。在电容 C 一定的条件下，电容两端的电压值越高，电容储存的电场能就越多。所以在电容电路中，电容两端电压 u_C 的变化一定会伴随电场能量的变化，而通常能量的变化需要一个过程，不可能突变。故由式(3-7)可知，电容两端的电压 u_C 不能突变。

3.1.2 电感元件

电感元件也是一种储能元件。与电容元件的不同之处在于，电容元件是表征电路中储存电场能的理想元件，而电感元件是表征电路中储存磁场能的理想元件，是实际线圈的理想化模型。

图 3.2(a)所示是某电感元件，其图形符号如图 3.2(b)所示。

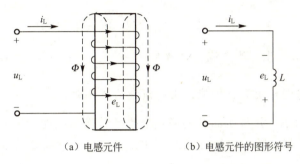

(a) 电感元件　　　　(b) 电感元件的图形符号

图 3.2　电感元件及其图形符号

用导线制成的空心或具有铁心的线圈在工程中有广泛的应用。线圈通以电流 i_L 后将产生磁通 Φ，设线圈的匝数为 N，磁通链 $\Psi = N\Phi$，电感的参数用 L 表示，若电流和磁通的参考方向符合右手螺旋定则，如图 3.2 所示，则电感的表达式为

$$L = \frac{\Psi}{i_L} \tag{3-8}$$

磁通 Φ 的单位是韦（伯）（Wb）；电感 L 的单位为亨（利）（H）或毫亨（mH）。电感 L 既表示电感元件，又表示该元件的参数。

由式(3-8)可以看出，线圈的匝数越多，其电感就越大；线圈中单位电流产生的磁通越大，电感也就越大。

若电感 L 为常数，则称为线性电感；若电感 L 不是常数，则称为非线性电感。本书仅讨论线性电感。

当电感元件中磁通 Φ 或电流 i_L 发生变化时，将会在电感元件中产生感应电动势 e_L，在电压和电流为如图 3.2 所示的关联参考方向下，有

$$e_L = -\frac{d\Psi}{dt} = -N\frac{d\Phi}{dt} = -L\frac{di_L}{dt} \tag{3-9}$$

根据基尔霍夫电压定律可知

$$u_L + e_L = 0$$

即

$$u_L = -e_L = L\frac{di_L}{dt} \tag{3-10}$$

特别提示

若电压和电流取非关联参考方向，则 $u_L = -L\dfrac{di_L}{dt}$。

由于线性电感元件的电感为一个正的实常数，则由式(3-10)可知，在任意时刻，线性电感元件的电压与该时刻电流的变化率成正比。当流过电感的电流发生剧变(即 di/dt 很大)时，电压也很大；当电流不随时间变化(即 $di/dt=0$)时，则电感两端电压为0，此时电感元件相当于短路。由于直流电路中电流不随时间变化，所以电感元件有短接直流(简称短直)的作用。

若电压和电流取关联参考方向，如图 3.2(b)所示，则电感所吸收的瞬时功率为

$$p=u_L i_L=Li_L\frac{di_L}{dt} \qquad (3-11)$$

由式(3-11)可以看出，当电流正值增大时，$i_L\frac{di_L}{dt}>0$，$p>0$，表示电感元件从外部吸收电功率，并将电能转换为磁场能；当电流正值减小时，$i_L\frac{di_L}{dt}<0$，$p<0$，表示电感元件向外部输出电功率，并将所储存的磁场能重新转换为电能。可见，电能和磁场能在电感内部可以相互转换。随着电感电流的变化，电感储存磁场能的过程就是电能与磁场能相互转换的过程。

对式(3-11)两端进行积分，可得电感储存的磁场能量

$$W=\int_0^t p\,dt=\int_0^{i_L} Li\,di=\frac{1}{2}Li_L^2 \qquad (3-12)$$

式(3-12)反映了电感储存磁场能的能力，电感越大，其储存磁场能的能力越强。在电感一定的条件下，流过电感的电流越大，电感储存的磁场能越多。所以在电感电路中，电感电流 i_L 的变化一定会伴随磁场能量的变化。由于通常能量不能突变，所以电感电流 i_L 不能突变。

3.2 换路与换路定律

如前所述，电容和电感存在许多共性，如它们都是储能元件，电容是储存电场能的元件，其储存的能量是 $\frac{1}{2}Cu_C^2$，通过充放电的过程可以实现电能与电场能的相互转换；电感是储存磁场能的元件，其储存的能量是 $\frac{1}{2}Li_L^2$，通过电流的变化可以实现电能与磁场能的相互转换。当换路(引起电路工作条件发生改变的因素，如电路接通、断开、改接、短路、电压改变及电路参数发生变化)时，会使其内部存储的能量发生变化。由于通常能量不可突变，所以电容中储存的电场能 $\frac{1}{2}Cu_C^2$ 不能突变，故电容两端的电压 u_C 不能跳变；同理，电感中储存的磁场能 $\frac{1}{2}Li_L^2$ 也不能突变，故流过电感的电流 i_L 不能突变。简言之，电容电压和电感电流在换路后的初始值等于换路前的终了值，这一规律称为电路的换路定律。

假设换路瞬间为 $t=0$，以 $t=0_-$ 表示换路前的终了时刻，以 $t=0_+$ 表示换路后的初始时刻，则换路定律可表示为

$$u_C(0_+) = u_C(0_-) \brace i_L(0_+) = i_L(0_-)} \qquad (3-13)$$

处于暂态过程中的电压和电流称为暂态量。暂态量在 $t=0_+$ 时刻的数值，称为暂态量的初始值。利用换路定律，可以由换路前（$t=0_-$ 时刻）的电路来确定换路后（$t=0_+$ 时刻）u_C 或 i_L 的初始值，然后由这两个初始值求 $t=0_+$ 时刻电路中其他暂态量的初始值。

换路后的电路在经过一定时间的暂态过程后将达到一个新的稳态，此时电压和电流的数值称为换路后的稳态值，分别用 $u(\infty)$ 和 $i(\infty)$ 表示。应根据换路后的电路形式，利用稳态分析方法来求解稳态值，与暂态过程无关。

特别提示

- 在直流稳态电路中，电容相当于开路，电感相当于短路。
- 在换路的瞬间，除电容电压 u_C 和电感电流 i_L 不能突变外，其余的电压和电流均可突变。

【例 3-1】 如图 3.3 所示。已知：$I_S=10\text{A}$，$R_1=R_2=2\Omega$，$R_3=1\Omega$，$L=1\text{H}$，$C=100\mu\text{F}$，开关 S 断开前电路已稳定。求 S 断开后电感电压的初始值。

【解】 根据换路定律，由换路前（S 闭合时）的电路求得 $t=0_-$ 时电感电流和电容电压的初始值

$$i_L(0_+) = i_L(0_-) = 0 \brace u_C(0_+) = u_C(0_-) = 0}$$

然后由换路后（S 断开时）的电路，根据 KVL 可得

$$u_L(0_+) = u_C(0_+) + R_2 i_2(0_+) - R_3 i_L(0_+) \brace u_C(0_+) + R_2 i_2(0_+) - R_1 i_1(0_+) = 0}$$

根据 KCL，有

$$I_S = i_1(0_+) + i_2(0_+) + i_L(0_+)$$

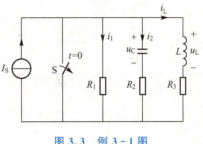

图 3.3 例 3-1 图

代入 $t=0_+$ 时刻电感电流和电容电压的初始值，联立求解，可得

$$u_L(0_+) = 10\text{V}$$

3.3 RC 电路的响应

通过换路定律可以求得暂态量的初始值，但它仅能反映过渡过程的初始状态，不能反映整个过渡过程的状态。从本节开始，我们要寻求电压和电流在整个过渡过程的变化规律。

本节以一个电阻和一个电容组成的简单 RC 电路为例，来分析电容电路在暂态过程中的变化规律。

3.3.1 RC 电路的零输入响应

所谓零输入，即指无电源激励、输入信号为零的电路。所谓响应，即指电路在外部

激励或内部储能的作用下产生的电压和电流。零输入响应就是在无电源激励、输入信号为零的条件下，仅由内部储能元件的初始储能在电路中所产生的响应。

对 RC 电路来说，零输入响应即由电容元件的初始状态 $u_C(0_+)$ 在电路中产生的响应。由于电路中无电源激励，RC 电路中的响应完全是由换路前电容储存的电场能引起的。分析 RC 电路的零输入响应，就是分析电容的放电过程。

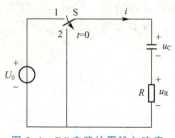

图 3.4 RC 电路的零输入响应

在图 3.4 所示的 RC 串联电路中，已知电源电压为 U_0。换路前开关 S 在位置 1，电源对电容元件充电。此时，根据 KVL，有

$$U_0 - Ri - u_C = 0 \quad (3-14)$$

直流稳态时，电容 C 相当于开路，电路中电流 $i=0$，则可以得到换路前瞬间的电容电压为

$$u_C(0_-) = U_0 \quad (3-15)$$

在 $t=0$ 时开关 S 由位置 1 变换到位置 2，将电源从电路中隔离，此时电路中无外部激励，输入信号为零。根据 KVL，可以得到换路后的回路方程式

$$Ri + u_C = 0 \quad (3-16)$$

式中，$i = C\dfrac{du_C}{dt}$。将其代入式(3-16)，可得 $t \geq 0$ 时电路的微分方程为

$$RC\dfrac{du_C}{dt} + u_C = 0 \quad (3-17)$$

式(3-17)是一个线性齐次微分方程，这类微分方程的通解均为指数函数，一般形式为

$$u_C = Ae^{pt} \quad (3-18)$$

式中，A 为积分常数，由初始值确定；e 为自然底数；p 为特征根。

将式(3-18)代入式(3-17)，可求得其特征根 $p = -\dfrac{1}{RC}$。

则式(3-17)的通解为

$$u_C = Ae^{-\frac{1}{RC}t} \quad (3-19)$$

又根据换路定律有 $u_C(0_+) = u_C(0_-) = U_0$，可以确定积分常数 $A = U_0$，代入式(3-19)得

$$u_C = U_0 e^{-\frac{t}{\tau}} \quad (3-20)$$

其中

$$\tau = RC \quad (3-21)$$

式中，电阻 R 的单位为 Ω；电容 C 的单位为 F；τ 的单位为 s，因为 τ 具有时间的量纲，所以称为 RC 电路的时间常数。时间常数的大小决定了 u_C 衰减的快慢。时间常数 τ 越大，u_C 衰减得越慢。因为在初始电压 U_0 一定的条件下，电容 C 越大，储存的电荷越多，电阻 R 越大，则放电电流越小，这都促使放电过程延长；反之，τ 越小，u_C 衰减得越快，放电过程越短。当 $t=\tau$ 时，可求得 $u_C = U_0 e^{-1} = 36.8\% U_0$，所以 τ 的物理意义就是电压 u_C 衰减到初始值的 36.8% 时所需要的时间。

由式(3-20)可以看出，换路后，u_C 的初始值为 U_0，然后按指数规律衰减而趋近于

零。u_C 随时间变化的曲线如图 3.5 所示。

理论上,电路需要经过 $\tau \to \infty$ 的时间才会到达新的稳态。但是,由于指数曲线开始变化较快,而后逐渐缓慢,工程上一般认为换路后时间经过 $(3 \sim 5)\tau$ 后,放电过程便基本结束,此时电容电压已衰减至 $(0.05 \sim 0.007)u_C(0_+)$。

另外,可求出 RC 电路中 $t \geqslant 0$ 时电容器的放电电流 i 和电阻 R 两端的电压 u_R,即

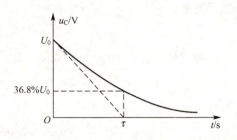

图 3.5 u_C 随时间变化的曲线

$$i = C \frac{du_C}{dt} = -\frac{U_0}{R} e^{-\frac{t}{\tau}} \quad (3-22)$$

$$u_R = Ri = -U_0 e^{-\frac{t}{\tau}} \quad (3-23)$$

式(3-22)和式(3-23)中的负号表明,电流 i 和电阻两端电压 u_R 的实际方向与图 3.4 所标明的参考方向相反。而且 i 和 u_R 在换路瞬间($t=0$),由原来的零值分别突变到 $\frac{U_0}{R}$ 和 U_0,然后再按指数规律衰减而趋于零。可见,在 RC 电路中,只有电容两端的电压在换路时不能突变,其他响应在换路瞬间均可能突变。

以上分析电容放电过程的方法称为经典法。所谓经典法,就是列写微分方程,求解微分方程,然后确定积分常数的方法。

电视机或功率放大器在断开电源后,上面的发光二极管还会继续亮一段时间,然后熄灭,原因是电视机和功率放大器内部含有用于滤波的电容器,电容器事先储存了电能,拔掉插头后电容器进行放电,为发光二极管提供电能,随着暂态过程的结束,电容两端电压逐渐衰减为零,发光二极管也随之熄灭。这就是一个现实中的 RC 电路的零输入响应。

3.3.2 RC 电路的零状态响应

所谓零状态响应,是指储能元件换路前未储存能量 $[u_C(0_-)=0]$,由外加电源激励而在电路中产生的响应,如图 3.6 所示。

【RC 放电小视频】

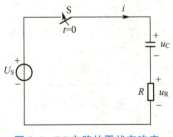

图 3.6 RC 电路的零状态响应

前面介绍的零输入响应是 RC 电路的放电过程,而零状态响应实际上是 RC 电路的充电过程。如图 3.6 所示,在 $t=0$ 时刻将开关 S 闭合,在此之前 $u_C=0$,电容无储能。开关 S 闭合后,电路与恒定电压为 U_S 的电压源接通,开始对电容元件充电。下面以 $u_C(t)$ 为待求量求解充电过程的规律。

换路后($t \geqslant 0$),根据 KVL,有

$$RC \frac{du_C}{dt} + u_C = U_S \quad (3-24)$$

式(3-24)是一个一阶常系数线性非齐次微分方程,其通解为对应的齐次方程的通解加上它的任一特解。由式(3-19)知其对应齐次方程的通解为 $u_C = Ae^{-\frac{1}{RC}t}$,特解可根据换路后的稳态电路求得

$$u_C(\infty) = U_S$$

故其通解为

$$u_C = Ae^{-\frac{1}{RC}t} + U_S \qquad (3-25)$$

将初始条件 $u_C(0_+)=0$ 代入上式，可得

$$A = -U_S$$

所以

$$u_C = -U_S e^{-\frac{t}{RC}} + U_S = U_S(1-e^{-\frac{t}{\tau}}) \qquad (3-26)$$

另外，可求得电路中的电容电流和电阻电压如下

$$i = C\frac{du_C}{dt} = \frac{U_S}{R}e^{-\frac{t}{RC}} = I_S e^{-\frac{t}{\tau}} \qquad (3-27)$$

$$u_R = Ri = U_S e^{-\frac{t}{\tau}} \qquad (3-28)$$

u_C、i 和 u_R 随时间变化的曲线如图 3.7 所示。可见，u_C 由初始值为零随时间按指数规律逐渐增大，最终趋于稳态值 U_S；充电电流 i 在 $t=0$ 时发生突变，由零突变到 I_S，然后按指数规律衰减而趋于零。电容充电的快慢取决于电路的时间常数 τ，τ 越大，充电越慢，与放电过程相似，工程上一般认为，换路后时间经过$(3\sim 5)\tau$ 后，充电过程基本结束。

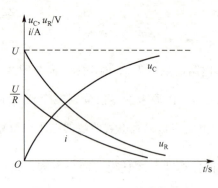

图 3.7 u_C、u_R 及 i 的变化曲线

3.3.3 RC 电路的全响应

所谓全响应，是指电源激励和储能元件的初始状态均不为零时的电路响应。对图 3.8 所示的 RC 电路而言，就是电容 C 在换路前已储存了一定的能量，即 $u_C(0_-)$ 不为零，且存在外在电源激励 U_S。根据线性电路的叠加原理，全响应可以看成是零输入响应和零状态响应的叠加。

如图 3.8 所示，开关 S 原来在位置 1，电路已稳定，此时 $u_C(0_-)=U_0$。换路后，开关 S 改合到位置 2，电源由 U_0 突变为 U_S，该电路的全响应又称阶跃全响应。因为全响应可以看成是零输入响应和零状态响应的叠加，所以利用前面介绍的知识，将式(3-20)和式(3-26)相加，可以直接求得

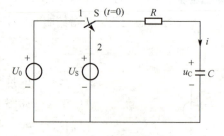

图 3.8 RC 电路的全响应

$$u_C = U_0 e^{-\frac{t}{\tau}} + U_S(1-e^{-\frac{t}{\tau}}) = U_S + (U_0 - U_S)e^{-\frac{t}{\tau}} \qquad (3-29)$$

式中，右侧第一项为稳态分量，不随时间而改变；右侧第二项为暂态分量，仅在暂态过程中出现，随时间的增加而衰减，当电路到达新的稳态后完全消失。

将式(3-22)和式(3-27)相加，电容电流为

$$i = C\frac{du}{dt} = -\frac{U_0}{R}e^{-\frac{t}{\tau}} + \frac{U_S}{R}e^{-\frac{t}{\tau}} = \frac{U_S - U_0}{R}e^{-\frac{t}{\tau}} = (I_S - I_0)e^{-\frac{t}{\tau}} \qquad (3-30)$$

可见，电路中电压和电流的变化规律与 U_S 和 U_0 的相对大小有关。若 $U_0 < U_S$，则换路后电容充电，变化规律与零状态响应相似；若 $U_0 > U_S$，则换路后电容放电，变化规律与零输入响应相似。实际上，零输入响应和零状态响应都可以看成是全响应的一种特殊情况。若 $U_S = 0$，则为零输入响应；若 $U_0 = 0$，则为零状态响应。

【充电】

【例 3-2】 在图 3.8 所示电路中，已知：$U_0 = 10\text{V}$，$U_S = 20\text{V}$，$R = 10\text{k}\Omega$，$C = 20\mu\text{F}$，开关长期处在位置 1，若在 $t = 0$ 时将开关切换到位置 2。求电容 C 上的电压 u_C 达到 15V 所需时间及此时的电容电流。

【解】 该电路的时间常数
$$\tau = RC = (10 \times 10^3 \times 20 \times 10^{-6})\text{s} = 0.2\text{s}$$

当 $u_C = 15\text{V}$ 时，根据式(3-29)，有
$$15 = 20 + (10 - 20)e^{-\frac{t}{0.2}}$$

整理后为
$$e^{-5t} = 0.5$$

求解，得
$$t = -\frac{1}{5}\ln 0.5 \approx 0.139\text{s}$$

【放电】

根据式(3-30)，此时电容电流为
$$i_C = \frac{U_S - U_0}{R}e^{-\frac{t}{\tau}} = \frac{20 - 10}{10 \times 10^3}e^{-\frac{0.139}{0.2}} = 0.5\text{mA}$$

3.4 RL 电路的响应

本节将以一个电阻和一个电感组成的简单 RL 电路为例，来分析电感电路在暂态过程中的变化规律。

3.4.1 RL 电路的零输入响应

对 RL 电路来说，其零输入响应即由电感元件的初始状态 $i_L(0_+)$ 在电路中所产生的响应。由于电路中无电源激励，RL 电路中的响应完全是由换路前电感储存的磁场能引起的。

在图 3.9 所示的 RL 串联电路中，已知电源电压为 U_0。换路前开关 S 在位置 1，电源对电感元件充电。此时，根据 KVL，有
$$U_0 - Ri_L - u_L = 0 \tag{3-31}$$

直流稳态时，电感 L 相当于短路，即 $u_L = 0$，则可以得到换路前瞬间的电感电流为
$$i_L(0_-) = \frac{U_0}{R} \tag{3-32}$$

在 $t = 0$ 时开关 S 由位置 1 变换到位置 2，将电源从电路中隔离，此时电路中无外部激励，输入信号为零。根据 KVL 可得换路后的回路方程式为
$$Ri_L + u_L = 0 \tag{3-33}$$

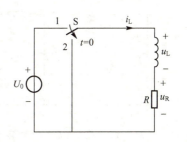

图 3.9 RL 电路的零输入响应

式中，$u_L = L\dfrac{di_L}{dt}$。将其代入上式可得 $t \geqslant 0$ 时电路的微分方程为

$$Ri_L + L\frac{di_L}{dt} = 0 \tag{3-34}$$

式(3-34)是一个线性齐次微分方程，参照式(3-17)的求解方法，可得式(3-34)的通解为

$$i_L = \frac{U_0}{R}e^{-\frac{R}{L}t} = \frac{U_0}{R}e^{-\frac{t}{\tau}} \tag{3-35}$$

其中

$$\tau = \frac{L}{R} \tag{3-36}$$

式中，τ 的单位为 s，τ 具有时间的量纲，是 RL 电路的时间常数。时间常数 τ 越大，暂态过程越慢，因为 L 越大，则储存的磁场能越多；而电阻 R 越小，则在初始电压 U_0 一定的条件下，初始电流 $\dfrac{U_0}{R}$ 越大，这都促使过渡过程延长；反之，τ 越小，i_L 衰减得越快，过渡过程越快。可见，改变电路参数的大小可以影响暂态过程的快慢。

由式(3-34)还可以求出 $t \geqslant 0$ 时电阻元件和电感元件上的电压分别为

$$u_L = L\frac{di_L}{dt} = -RI_0 e^{-\frac{t}{\tau}} = -U_0 e^{-\frac{t}{\tau}} \tag{3-37}$$

$$u_R = Ri_L = RI_0 e^{-\frac{t}{\tau}} = U_0 e^{-\frac{t}{\tau}} \tag{3-38}$$

i_L、u_L 和 u_R 的变化曲线如图 3.10 所示。

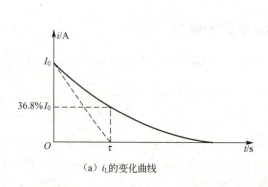

(a) i_L 的变化曲线

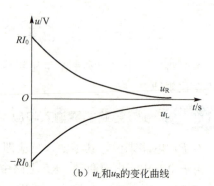

(b) u_L 和 u_R 的变化曲线

图 3.10　i_L、u_L 和 u_R 的变化曲线

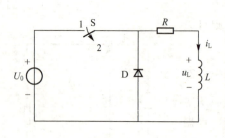

图 3.11　用二极管防止过电压

在图 3.11 所示电路中，当开关 S 由位置 1 切换到位置 2 时，由于电流变化率 $\left(\dfrac{di_L}{dt}\right)$ 较大，故电感 L 的自感电动势 $e_L\left(=-L\dfrac{di_L}{dt}\right)$ 很大，在开关 S 切换时此电动势有可能导致位置 1、2 处的触点被击穿（即绝缘被破坏，相当于短路），使触点被烧坏。为防止这种情况发生，可在电感较大的线圈两端并联一个反向连接的二极管，如图 3.11 所示。

二极管具有单向导电性,不会影响电路的正常工作,但开关S在位置1断开时,可以给电感线圈提供放电回路,避免发生过电压。另外,一般情况下,在线圈与电源断开之前,应该将与线圈并联的测量仪表与电路事先断开。

3.4.2 RL电路的零状态响应

对图3.12所示的RL电路来说,$t=0$时,开关S闭合,在此之前电感无储能,即$i_L(0_-)=0$。在此条件下,由外加电源激励产生的电路的响应,称为RL电路的零状态响应。

下面就以图3.12所示的电路为例,以$i_L(t)$为待求量求解RL电路的零状态响应。

换路后($t\geq 0$),根据KVL,有

$$Ri_L+L\frac{di_L}{dt}=U_S \quad (3-39)$$

解得

$$i_L=\frac{U_S}{R}(1-e^{-\frac{R}{L}t})=\frac{U_S}{R}(1-e^{-\frac{t}{\tau}}) \quad (3-40)$$

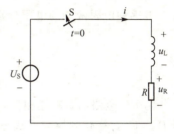

图3.12 RL电路的零状态响应

式中,时间常数τ可由式(3-36)求得。

另外,可求得电路中的电感电压和电阻电压分别为

$$u_L=L\frac{di_L}{dt}=U_S e^{-\frac{t}{\tau}} \quad (3-41)$$

$$u_R=Ri=U_S(1-e^{-\frac{t}{\tau}}) \quad (3-42)$$

i_L、u_L和u_R的变化曲线如图3.13所示。

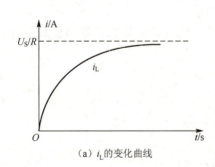
(a) i_L的变化曲线

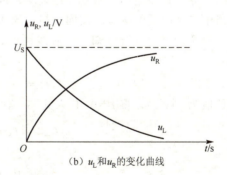
(b) u_L和u_R的变化曲线

图3.13 i_L、u_L和u_R的变化曲线

3.4.3 RL电路的全响应

如前所述,全响应就是电源激励和储能元件的初始状态均不为零时电路的响应。对图3.14所示的RL电路而言,就是电感L在换路前已储存了一定的能量,即$i_L(0_-)$不为零,且存在外在电源激励U_S。根据线性电路的叠加原理,全响应可以看成是零输入响应和零状态响应的叠加。

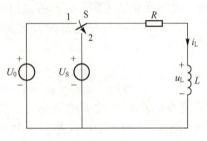

图 3.14 *RL* 电路的全响应

以图 3.14 所示的电路为例，以 $i_L(t)$ 为待求量，$t=0$ 时开关 S 由位置 1 变换到位置 2，$i_L(0_-)=I_0=\dfrac{U_0}{R}$，参照 3.3.3 所述的分析方法，可得 *RL* 电路的全响应为

$$i_L = I_0 e^{-\frac{R}{L}t} + \frac{U_S}{R}(1-e^{-\frac{R}{L}t}) = \frac{U_S}{R} + \left(I_0 - \frac{U_S}{R}\right)e^{-\frac{t}{\tau}} \tag{3-43}$$

电感和电阻两端的电压分别为

$$u_L = L\frac{di_L}{dt} = (U_S - U_0)e^{-\frac{t}{\tau}} \tag{3-44}$$

$$u_R = Ri = U_S + (U_0 - U_S)e^{-\frac{t}{\tau}} \tag{3-45}$$

与 *RC* 电路的全响应相似，*RL* 电路中各量的变化规律与 U_S 和 U_0 的相对大小有关。若 $U_0 < U_S$，变化规律与零状态响应相似；若 $U_0 > U_S$，变化规律与零输入响应相似。

3.5 一阶线性电路暂态分析的三要素法

前面介绍的 *RC* 电路和 *RL* 电路均为只含有一个储能元件的线性电路，其微分方程都是一阶常系数线性微分方程，这种只含有一个储能元件或经等效化简后含有一个储能元件的线性电路称为一阶线性电路。由前面的分析可知，只要是一阶线性电路，无论繁简，换路后电路在外部激励和内部储能的共同作用下所产生的响应 $f(t)$，都是从各自的初始值 $f(0_+)$ 开始，按一定的指数规律逐渐增长或衰减，直至新的稳态值 $f(\infty)$ 终止，并且在同一电路中各种电量的响应均按同一指数规律变化。

通过对全响应的分析可知，一阶线性电路的全响应是由稳态分量和暂态分量叠加而成的，即

$$f(t) = f(\infty) + Ae^{-\frac{t}{\tau}} \tag{3-46}$$

初始值为 $f(0_+)$，将 $t=0_+$ 代入式(3-46)得

$$f(0_+) = f(\infty) + Ae^{-\frac{0_+}{\tau}}$$

即

$$A = f(0_+) - f(\infty)$$

所以，式(3-46)可改写成

$$f(t) = f(\infty) + [f(0_+) - f(\infty)]e^{-\frac{t}{\tau}} \tag{3-47}$$

式(3-47)就是分析一阶线性电路暂态过程中任意变量的一般公式。只要确定了电路中的初始值 $f(0_+)$、稳态值 $f(\infty)$ 和时间常数 τ，那么一阶线性电路的暂态过程就完全确定了。所以将初始值 $f(0_+)$、稳态值 $f(\infty)$ 和时间常数 τ 称为一阶线性电路暂态分析的三要素，称式(3-47)为一阶线性电路暂态分析的三要素公式。

利用三要素法不但可以求解 u_C 和 i_L，而且可以对一阶线性电路中的其他任何待求响应进行直接求解。

对于 $f(0_+)$ 和 $f(\infty)$，如前所述，可以利用换路定律和稳态分析方法进行求解。对于时间常数 τ，关键是求等效电阻 R，常用的求解方法为除源等效法。具体方法：先将换路后的有源网络转换成无源网络（恒压源短路，恒流源开路，电路结构不变）；然后从储能元件两端向里看，求出等效电阻 R 后，再由式(3-21)或式(3-36)求出时间常数 τ。

特别提示

- 一阶线性电路只能含有一个储能元件或等效成一个储能元件。
- 由于电容电压和电感电流的初始值可以根据换路定律方便地求得，故在求解电路的响应时，可先求出电容电压和电感电流，然后再根据电路的分析方法求出其他响应，这样处理往往可以简化求解过程。

【例3-3】 已知：$U_S=18\text{V}$，$R_1=180\Omega$，$R_2=90\Omega$，$R_3=50\Omega$，$C_1=4\mu\text{F}$，$C_2=C_3=2\mu\text{F}$。试求如图3.15所示电路的时间常数 τ。

【解】 用除源等效法进行求解，将有源网络转换为如图3.16所示的无源网络。

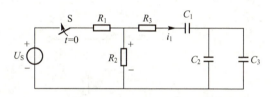 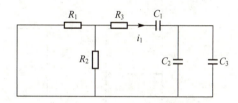

图3.15 例3-3图　　　　图3.16 例3-3图转换后的无源网络

因待求量为 i_1，可将电阻部分和电容部分用串/并联方法化简，其等效电阻、等效电容和时间常数分别为

$$R = R_1 // R_2 + R_3 = (180 // 90 + 50)\Omega = 110\Omega$$

$$C = \frac{C_1(C_2+C_3)}{C_1+C_2+C_3} = \frac{4\times 4}{4+4}\mu\text{F} = 2\mu\text{F}$$

$$\tau = RC = 220\mu\text{s}$$

【例3-4】 在图3.17所示电路中，换路前电路已处于稳态，在 $t=0$ 时将开关S闭合。求换路后的 $u_C(t)$。

【解】 (1) 确定初始值。由换路前的电路求得

$$u_C(0_+) = (2\times 1)\text{V} = 2\text{V}$$

(2) 确定稳态值。由换路后的电路求得

$$u_C(\infty) = \left(\frac{2}{2+1}\times 1\right)\text{V} \approx 0.667\text{V}$$

(3) 确定时间常数。

$$\tau = RC = \left(\frac{2}{3}\times 3\right)\text{s} = 2\text{s}$$

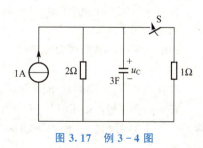

图3.17 例3-4图

(4) 求出待求响应。

$$u_C(t) = u_C(\infty) + [u_C(0_+) - u_C(\infty)]e^{-\frac{t}{\tau}}$$
$$= [0.667 + (2-0.667)e^{-\frac{t}{2}}]\text{V}$$
$$= (0.667 + 1.33e^{-0.5t})\text{V} \quad (t \geqslant 0)$$

*3.6 微分电路与积分电路

3.6.1 矩形脉冲激励

在实际生产中，经常会见到如图3.18所示的波形，此波形称为矩形脉冲信号，而发出此波形的激励为矩形脉冲激励。其中 U_S 为脉冲幅度，t_d 为脉冲宽度，T 为脉冲周期。当用矩形脉冲激励作为 RC 串联电路的激励源时，选取不同的电路时间常数，可以得到不同的输出波形，输入电压与输出电压之间也可以构成积分或微分的特定关系。

3.6.2 微分电路

在图3.19所示电路中，u_1 是矩形脉冲激励源，响应是电阻两端的电压，即 $u_2 = u_R$，$u_2(0_-) = 0$，电路时间常数 τ 远远小于脉冲信号的脉宽 t_d。

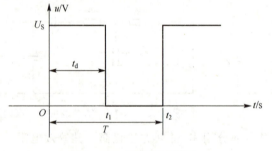

图3.18 矩形脉冲信号

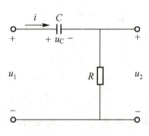

图3.19 微分电路

根据图3.18所示的激励脉冲信号的特性，在 $t<0$ 时，$u_1 = 0$，电路中无电流，故 $u_C(0_-) = 0$；在 $t=0$ 时，u_1 突变到 U_S；在 $0<t<t_1$ 期间，$u_1 = U_S$，相当于在 RC 串联回路上增加了一个恒压源，不难看出，这相当于前面介绍的 RC 电路零状态响应，有

$$u_C(t) = U_S(1 - e^{-\frac{t}{\tau}})$$

根据KVL，在图3.19所示电路中有

$$u_C(t) + u_2(t) = u_1(t)$$

将 $u_C(0_+) = 0$，$u_1(0_+) = U_S$ 代入，可知 $u_2(0_+) = U_S$，即电阻两端输出电压发生了突变，从0突变到 U_S。

由于 $\tau \ll t_d$，故电容充电极快。当 $t = 3\tau$ 时，可认为暂态过程结束，此时有

$$u_C(3\tau) \approx U_S, \quad u_2(3\tau) \approx 0$$

故在 $0<t<t_1$ 期间，电阻两端输出一个正的尖脉冲，如图3.20所示。

在 $t=t_1$ 时刻，u_1 由 U_S 突变为0；在 $t_1<t<t_2$ 期间，有 $u_1 = 0$，相当于将 RC 串联电路短接，不难看出，这相当于前面介绍的 RC 串联电路的零输入响应，即

$$u_C(t) = u_C(t_1)e^{-\frac{t-t_1}{\tau}}$$

当 $t=t_1$ 时，有 $u_C(t_1)=U_S$，根据 KVL，可得
$$u_2(t_1)=-u_C(t_1)=-U_S$$

又由于 $\tau \ll t_d$，故电容放电极快，可认为再经历 3τ 后，暂态过程结束，此时 $u_2 \approx 0$。

故在 $t_1<t<t_2$ 期间，电阻两端输出一个负的尖脉冲，如图 3.20 所示。

由于 u_1 是一个周期性的矩形脉冲激励源，故 u_2 输出即为同一周期的正负尖脉冲。这种尖脉冲反映了输入矩形脉冲的突变部分，是对矩形脉冲微分的结果，因此称这种电路为微分电路。

综上所述，RC 微分电路应满足三个条件：①激励为周期性矩形脉冲；②电路时间常数远小于脉冲宽度，即 $\tau \ll t_d$，一般 $\tau<0.2t_d$；③响应是电阻两端的电压。

微分电路的应用十分广泛，常用于数字电路中把矩形脉冲变为尖脉冲，作为触发信号。

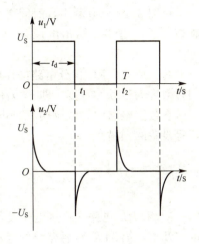

图 3.20 微分电路的输入电压和输出电压的波形

3.6.3 积分电路

与微分电路相对应的是积分电路。如图 3.21 所示，同样是 RC 串联电路，但当条件不同时，所得结果完全不同。

在图 3.21 所示电路中，激励源 u_1 仍为矩形脉冲激励，但响应是电容两端的电压，即 $u_2=u_C$，且电路积分常数 $\tau \gg t_d$。

仿照微分电路的分析方法，在 $t<0$ 时，$u_C(0_-)=0$；在 $t=0$ 时，u_1 突变到 U_S；在 $0<t<t_1$ 期间，$u_1=U_S$，相当于 RC 电路零状态响应，有
$$u_C(t)=U_S(1-e^{-\frac{t}{\tau}})$$

由于 $\tau \gg t_d$，故电容充电极慢。当 $t=t_1$ 时，暂态过程尚未结束，此时 $u_C(t_1)<U_S$，电容电压尚未增长到稳定值时，输入信号已发生突变，从 U_S 突变为 0。

在 $t_1<t<t_2$ 期间，有 $u_1=0$，相当于 RC 串联电路的零输入响应，即
$$u_C(t)=u_C(t_1)e^{-\frac{t-t_1}{\tau}}$$

电容将从 $u_C(t_1)$ 开始放电，又因为 $\tau \gg t_d$，电容放电极慢。当 $t=t_2$ 时，暂态过程尚未结束，即电容电压尚未衰减到零，此时 u_1 又发生突变，由零突变为 U_S，并周而复始地进行。故在输出端得到一个锯齿波信号，如图 3.22 所示。

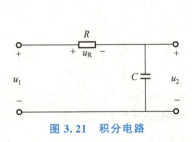

图 3.21 积分电路

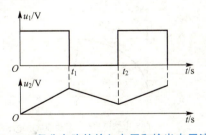

图 3.22 积分电路的输入电压和输出电压波形

由图 3.22 可以看出，时间常数 τ 越大，充放电过程越缓慢，所得锯齿波电压的线性越好。还可看出，输出电压 u_2 是对输入电压 u_1 积分的结果，因此称这种电路为积分电路。

综上所述，RC 积分电路同样应满足三个条件：①激励为周期性矩形脉冲；②电路时间常数远大于脉冲宽度，即 $\tau \gg t_d$；③响应是电容两端的电压。

在数字电路中，常应用积分电路把矩形脉冲转换为锯齿波电压，用于示波器、显示器等设备的扫描。

3.7 应用实例

RC 和 RL 电路在许多电子设备中都很常用，如微分器、积分器、延时电路、继电器电路及本书第 11 章将要介绍的滤波器等，都是利用了 RC 和 RL 电路在换路瞬间能量不能突变及时间常数可控的特点。本节介绍两个相关例子。

3.7.1 闪光灯

闪光灯是 RC 电路应用的一个例子，它利用了换路瞬间电容器的电压不能突变及时间常数小的特点，瞬间产生强电流，使闪光灯产生动作。

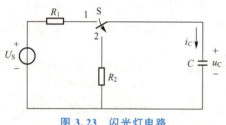

图 3.23 闪光灯电路

图 3.23 所示为一个简化电路，由一个直流高压源 U_S、一个限流大电阻 R_1 和一个与闪光灯并联的电容器 C 组成，闪光灯由电阻 R_2 表示，开关 S 处于位置 1 时，时间常数 τ_1 很大，电容器充电较慢。

如图 3.24(a)所示，电容器的端电压由 0 逐渐增加到 U_S，而其电流逐渐由 $I_1 = \dfrac{U_S}{R_1}$ 下降到 0。充电时间近似地需要 $t_1 = 5\tau_1 = 5R_1C$。当开关 S 由位置 1 切换到位置 2 时，电容器的电压不能突变，通过电阻 R_2 放电，放电时间常数 $\tau_2 = R_2C$，由于闪光灯低电阻 R_2 的存在，放电时间常数很小，电容器的电压通过电阻 R_2 很快放电完毕，在很短的时间里产生很大的放电电流，使闪光灯闪亮，其峰值电流 $I_2 = \dfrac{U_S}{R_2}$，如图 3.24(b)所示，放电时间近似为 $t_2 = 5\tau_2 = 5R_2C$。

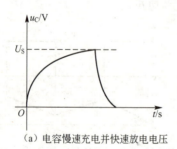

(a) 电容慢速充电并快速放电电压　　(b) 电容慢速充电并快速放电电流

图 3.24 闪光灯电路的 u_C 和 i_C 变化曲线

因此，图 3.23 所示的简单 RC 电路能产生短时间的大电流脉冲。这一类电路还可用于电子枪和雷达发射管等装置中，其工作原理是相同的。

3.7.2 汽车点火电路

汽车点火电路是 RL 电路应用的一个例子。汽车的汽油发动机起动时，要求气缸中的燃料空气混合体在适当时候被点燃，该装置为点火塞，如图 3.25(a)所示。点火塞基本是一对电极，间隔一定的空气隙。若在两个电极间出现一个高压（几千伏），则空气隙中会产生火花而点燃发动机。汽车电池只有 12V，为获得高压，可以利用换路瞬间电感电流不能突变的特点，在很短的时间内产生很大的感应电动势加在两个电极间，产生火花，从而点燃发动机内的燃料。

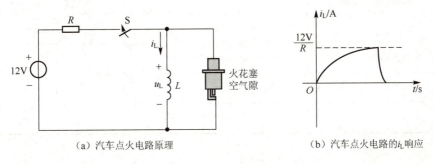

(a) 汽车点火电路原理　　　　　(b) 汽车点火电路的 i_L 响应

图 3.25　汽车点火电路

图 3.25(a)中电感 L 为点火线圈，R 为限流电阻，S 为点火开关。当点火开关闭合时，流过电感线圈的电流逐渐增大，电能转换成磁场能储存在电感线圈中。达到稳态时，电感相当于短路，充电的时间常数 $\tau = \dfrac{L}{R}$，此时达到稳态的时间约为 $t = 5\tau = 5\dfrac{L}{R}$。若开关突然断开，电感中的电流在很短的时间内过渡到零，如图 3.25(b)所示，同时在电感两端产生一个很高的电压 $u = L\dfrac{di}{dt}$ 加在空气隙两端，产生电火花或电弧，直到放电过程中电感的能量被消耗完为止，此时已点燃发动机内的燃料。在实验室中进行电感电路实验或研究时，产生的电火花会使人有电击的感觉。

小　　结

本章主要介绍了储能元件的元件特性，换路定律，以及一阶线性电路的零状态响应、零输入响应、全响应的分析，从而归纳出一阶线性电路暂态分析的三要素法。

1. 储能元件及其电路响应

储能元件包括电容和电感，两者有很多相似之处，而它们组成的 RC 电路和 RL 电路也有很多相似的地方，可利用表 3-1 对比记忆。

2. 一阶线性电路暂态分析的三要素法及其求解

任何一阶线性电路的响应都可以归纳成如下公式

表 3-1 电容和电感对比

类别	电容	电感
储存能量类型	电场能	磁场能
参数	$C=\dfrac{q}{u}$	$L=\dfrac{\Psi}{i}$
单位	F，μF，pF	H，mH
储存能量大小	$\dfrac{1}{2}Cu_C^2$	$\dfrac{1}{2}Li_L^2$
电压与电流的关系	$i_C=C\dfrac{du_C}{dt}$	$u_L=L\dfrac{di_L}{dt}$
在直流电路中的作用	隔直，$i_C=0$	短直，$u_L=0$
换路定律	$u_C(0_+)=u_C(0_-)$	$i_L(0_+)=i_L(0_-)$
时间常数	$\tau=RC$	$\tau=\dfrac{L}{R}$
零输入响应	$u_C=U_0 e^{-\frac{t}{\tau}}$	$i_L=I_0 e^{-\frac{t}{\tau}}$
零状态响应	$u_C=U_S(1-e^{-\frac{t}{\tau}})$	$i_L=I_S(1-e^{-\frac{t}{\tau}})$
全响应	$u_C=U_S+(U_0-U_S)e^{-\frac{t}{\tau}}$	$i_L=I_S+(I_0-I_S)e^{-\frac{t}{\tau}}$

$$f(t)=f(\infty)+[f(0_+)-f(\infty)]e^{-\frac{t}{\tau}}$$

式中，初始值 $f(0_+)$、稳态值 $f(\infty)$ 和时间常数 τ 是确定任何一阶电路阶跃响应的三要素。其中，对初始值 $f(0_+)$ 的求解是利用换路定律，先根据换路前的电路求出电容两端电压或电感电流，然后根据换路后的电路求出其他响应的初始值；对稳态值 $f(\infty)$ 的求解是根据换路后的电路用稳态法进行求解；对时间常数 τ，对于简单电路可直接套用公式求解，对于较复杂的电路可利用除源等效法进行求解。

动态电路的瞬态分析方法

分析动态电路的瞬态响应可以采用两种方法。一种是时域分析法，即根据电路基本定律列写关于电压和电流的微分方程，然后求解该微分方程。这种方法必须根据电压和电流及各阶导数的初始值确定积分常数，而对于含有多个动态元件的电路，确定这些初始值的工作量相当大。另一种是复频域分析法，即先利用拉普拉斯变换将时域内复杂的微分方程变换为复频域内简单的代数方程，从而求出待求响应的象函数，再用拉普拉斯反变换求出待求响应的时域函数。这种方法特别适合分析高阶动态电路过渡过程。

习　题

3-1 填空题

(1) 电路中从电源输入的信号统称为（　　）。

(2) 按照产生响应原因的不同，响应可以分为（　　）、（　　）和（　　）。
(3) 暂态过程产生的外因是（　　），内因是（　　）。
(4) 电容元件是表征电路中（　　）储存的理想元件，电感元件是表征电路中（　　）储存的理想元件。
(5) 一阶电路暂态分析中的三要素是指待求响应的（　　）、（　　）和（　　）。
(6) 三要素公式的数学表达式为（　　）。

3-2　多项选择题

(1) 下列说法正确的是（　　）。
A. 电感两端的电压不会突变　　　　　B. 电容两端的电压不会突变
C. 流过电感的电流不会突变　　　　　D. 流过电容的电流不会突变

(2) RC 电路的充电过程可能是（　　）。
A. 零输入响应　　　B. 零状态响应　　　C. 全响应

(3) 在求解时间常数 τ 时，下列公式正确的是（　　）。
A. $\tau=\dfrac{L}{R}$　　　B. $\tau=\dfrac{R}{L}$　　　C. $\tau=RC$　　　D. $\tau=\dfrac{1}{RC}$

(4) 在利用除源等效法求解一阶电路的时间常数时，电压源和电流源的处理方式是（　　）。
A. 电压源短路，电流源开路　　　　　B. 电压源开路，电流源短路
C. 电压源短路，电流源短路　　　　　D. 电压源开路，电流源开路

(5) 已知一个电感电流的变化规律为 $i_{L1}=20(1-e^{-t})$，下列电流比 i_{L1} 变化更快的是（　　）。
A. $10e^{-\frac{t}{2}}$　　　B. $30(1-e^{-3t})$　　　C. $5(1-e^{-\frac{t}{5}})$　　　D. $2e^{-2t}$

3-3　简答题

(1) 什么是电路的稳态？
(2) 什么是电路的暂态？
(3) 为什么电容在直流电路中有隔直作用，而电感在直流电路中有短直作用？
(4) 什么是换路？
(5) 什么是电路的换路定律？

3-4　在图 3.26 所示电路中，已知：$U_S=10V$，$R_1=5\Omega$，$R_2=10\Omega$，$C_1=C_2=50\mu F$，开关 S 闭合前已处于稳态。求换路后 i_1 的初始值和稳态值。

3-5　在图 3.27 所示电路中，开关 S 闭合前已处于稳态。试求开关 S 闭合后的电感电流 i_L。

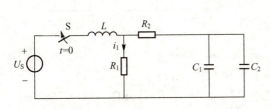

图 3.26　习题 3-4 图

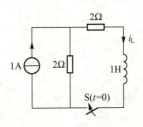

图 3.27　习题 3-5 图

3-6　如图3.28所示的电路中，开关S在$t=0$时闭合，开关闭合前电路已处于稳态，$U_S=10V$，$I_S=2A$，$R=2\Omega$，$L=4H$。试求S闭合后的电流i_L和i。

3-7　如图3.29所示的电路中，在$t=0$时将开关S打开，之前电路已达稳态。已知：$U_{S1}=U_{S2}=50V$，$R_1=R_2=50\Omega$，$L=1H$。试用三要素法求u_L。

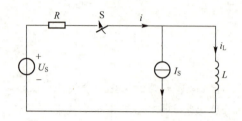

图3.28　习题3-6图　　　　　图3.29　习题3-7图

3-8　如图3.30所示的电路中，$t=0$时将S打开，$t=0.1s$时测得电路的电流为$i(0.1)=0.5A$。求理想电流源的电流I_S。

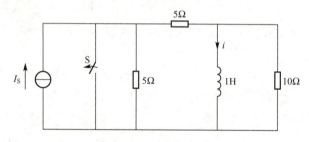

图3.30　习题3-8图

3-9　如图3.31所示的电路中，已知：$I_S=12A$，$R_1=2k\Omega$，$R_2=6k\Omega$，$C=400\mu F$，开关S闭合前已处于稳态。试求开关S闭合后的电容电压u_C。

3-10　如图3.32所示的电路中，已知：$R_1=25k\Omega$，$R_2=100k\Omega$，$R_3=100k\Omega$，$C=10\mu F$，$U_S=5V$，开关S长时间闭合在位置1，如果$t=0$时将开关S切换到位置2。试求u_C和i。

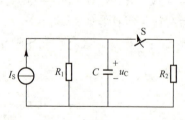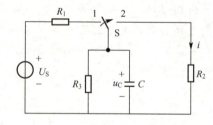

图3.31　习题3-9图　　　　　图3.32　习题3-10图

3-11　如图3.33(a)所示的电路中，已知：$R=4\Omega$，$C=0.5F$，$u_C(0_-)=0$，$u_S(t)$为如图3.33(b)所示的矩形脉冲。试求换路后的$u_C(t)$、$i(t)$。

3-12　如图3.34所示的电路中，已知：$U_S=20V$，$R=10k\Omega$，$C_1=C_2=10\mu F$，电路原已稳定。试求换路后的$u_C(t)$。换路后会造成什么后果？

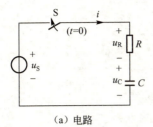
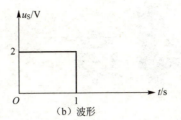

(a) 电路   (b) 波形

图 3.33 习题 3-11 图

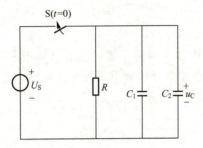

图 3.34 习题 3-12 图

第4章 正弦交流电路

本章主要介绍正弦量的相量表示法、单一参数交流电路分析、功率因数的概念和谐振电路的特点等，重点内容是用相量法分析正弦交流电路。

教学目标与要求

- 理解正弦量的特征及其各种表示方法。
- 理解电路基本定律的相量形式及阻抗的概念，熟练掌握用相量计算正弦交流电路，会画相量图。
- 掌握有功功率和功率因数的计算方法，了解瞬时功率、无功功率和视在功率的概念。
- 了解正弦交流电路的频率特性，串、并联谐振的条件及特点。
- 了解提高功率因数的意义和方法。

引例

绝大多数在日常生活中使用的电都是交流电，如用示波器（图4.0）观察交流电波形，就能看到一条漂亮的正弦波。在分析正弦交流电路时需要对正弦交流电进行计算，为了计算方便引入了"相量"这个概念。

人们经常会听收音机，那么收音机是怎样选择电台的呢？学完本章内容就会明白这些原理。

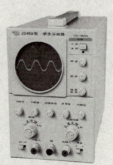

图4.0 示波器

第4章 正弦交流电路

4.1 正弦交流电路的基本概念

【正弦交流电的产生】

大小和方向随时间无变化的电流、电压和电动势统称为直流电。大小和方向随时间周期性变化,并且在一个周期内平均值为零的电流、电压和电动势统称为交流电。我们见到的交流电绝大多数都是正弦交流电。

正弦交流电流表达式为

$$i = I_m \sin(\omega t + \varphi_i) \quad (4-1)$$

式中,i 为瞬时值(A);I_m 为最大值(A);ω 为角频率(rad/s);φ_i 为初相位或初相角(°)。其波形图如图 4.1 所示。

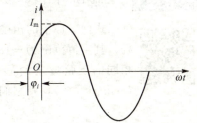

图 4.1 正弦交流电流波形

从式(4-1)可以看出,最大值、角频率和初相位确保了正弦交流电的唯一性,因此最大值、角频率和初相位称为正弦量的三要素。

4.1.1 交流电的周期、频率和角频率

【正弦交流电三要素】

交流电完成一次全变化所需要的时间称为周期,用 T 表示,单位为秒(s)。每秒内完成的周期数(即每秒经过的周波数)称为频率,用 f 表示,单位为赫兹(Hz)。频率与周期互为倒数关系,即

$$f = \frac{1}{T} \quad (4-2)$$

角频率 ω 与 T、f 之间的关系为

$$\omega = \frac{2\pi}{T} = 2\pi f \quad (4-3)$$

【正弦交流电波形】

式中,ω 的单位为弧度每秒(rad/s)。

工业用电的标准频率简称工频,我国的工频为 50Hz。

4.1.2 交流电的瞬时值、最大值和有效值

交流电每一瞬间大小称为瞬时值,用小写字母表示,如 i、u 等,随时间变化。交流电的最大瞬时值称为最大值,又称幅值,用下角标为 m 的大写字母表示,如 I_m、U_m 等。由于瞬时值是随时间变化的,最大值是一个特定瞬间的数值,都不能用来计量交流电。因此规定了一个用来计量交流电大小的量,即有效值。其定义:如果交流电流通过一个电阻在一个周期内消耗的能量与某一直流电流通过同一电阻在相同时间内消耗的电能相等,就把该直流电的数值定义为交流电的有效值。可用公式表示为

$$\int_0^T R i^2 \mathrm{d}t = R I^2 T \quad (4-4)$$

可以得出正弦交流电的有效值与最大值之间的关系为

$$I = \frac{I_m}{\sqrt{2}} \quad (4-5)$$

同理，可以得出正弦交流电压和电动势的有效值与最大值之间的关系分别为

$$U=\frac{U_m}{\sqrt{2}}, \quad E=\frac{E_m}{\sqrt{2}} \tag{4-6}$$

通常所说的电压、电流的大小指的都是有效值，例如 220V 交流电指的是该交流电压的有效值为 220V。电器铭牌上标注的电压和电流也是指该电器额定电压和电流的有效值。

4.1.3　交流电的相位、初相位和相位差

【相位差】

式(4-1)中的角度($\omega t+\varphi_i$)称为相位或相位角，表示正弦交流电的变化过程，其主值范围为 $-180°\sim+180°$。$t=0$ 时的相位即为初相位。任何两个频率相同的正弦量之间的相位之差称为相位差。例如：$u=U_m\sin(\omega t+\varphi_u)$，$i=I_m\sin(\omega t+\varphi_i)$，则它们的相位差为

$$\varphi=(\omega t+\varphi_u)-(\omega t+\varphi_i)=\varphi_u-\varphi_i \tag{4-7}$$

其主值范围为 $-180°\sim+180°$，所以两个频率相同的正弦量之间的相位差就是其初相位之差。根据相位差的不同，又有下面 4 种情况：如图 4.2(a)所示，$0°<\varphi<180°$，u 总要比 i 先达到最大值，称为在相位上 u 超前于 i 或者 i 滞后于 u；如图 4.2(b)所示，$-180°<\varphi<0°$，u 总要比 i 后达到最大值，称为在相位上 u 滞后于 i 或者 i 超前于 u；如图 4.2(c)所示，$\varphi=0°$，称为 u 和 i 同相；如图 4.2(d)所示，$\varphi=\pm180°$，称为 u 和 i 反相。

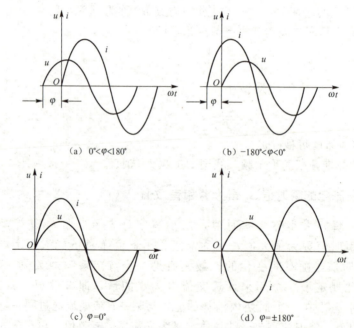

图 4.2　同频率正弦量的相位关系

4.2　正弦量的相量表示法

在分析计算正弦交流电路时，免不了要对正弦量进行加、减、乘、除等运算。例如 $i_1=20\sin(\omega t+20°)$A，$i_2=10\sin(\omega t+50°)$A，现要求计算 $i=i_1+i_2$，如果运用以前所学

的知识进行分析，则比较复杂，需要用到三角函数变换。如果把三角函数转换成复数形式进行运算就相对简单。

4.2.1 相量的由来

【正弦量的相量表示】

在复坐标系中，有一条有向线段，长度等于正弦量的最大值，以原点为圆心，以匀角速度 ω 沿逆时针方向旋转，初始角为 φ，则此有向线段在虚轴上的投影正好等于正弦量该时刻的值。如图 4.3(a)所示，有向线段的长度为 c，旋转角速度为 ω，起始位置与正实轴的夹角为 φ，此时就可以用旋转有向线段表示的复数表示正弦量。

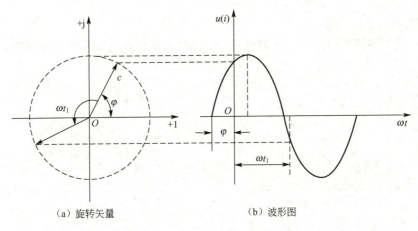

(a) 旋转矢量　　　　　　　(b) 波形图

图 4.3　复平面中的旋转矢量

4.2.2 复数

在复平面上用一条从原点指向某坐标点的有向线段来表示复数，如图 4.4 所示。其代数形式定义为

$$P = a + jb \quad (4-8)$$

式中，a 为复数的实部；b 为复数的虚部；j 为虚数单位，$j = \sqrt{-1}$。

数学中的复数虚数单位用 i 表示，但为了与电工学中的电流 i 区别开，用 j 表示虚数单位。

一个复数的表示形式有多种，根据图 4.4 可以得到复数的三角函数形式为

图 4.4　复数的表示

$$P = |P|(\cos\theta + j\sin\theta) = c(\cos\theta + j\sin\theta) \quad (4-9)$$

式(4-9)中，c 为复数的模；θ 为复数的辐角（°）。c 和 θ 与 a 和 b 之间的关系为

$$a = c\cos\theta, \quad b = c\sin\theta$$

或

$$c = \sqrt{a^2 + b^2}, \quad \theta = \arctan\left(\frac{b}{a}\right)$$

根据欧拉公式

$$e^{j\theta} = \cos\theta + j\sin\theta$$

可以得到复数的指数形式

$$P = ce^{j\theta} \tag{4-10}$$

式(4-10)极坐标形式为

$$P = c\underline{/\theta} \tag{4-11}$$

复数的加、减运算用代数形式比较方便。设 $P_1 = a_1 + jb_1$，$P_2 = a_2 + jb_2$，则

$$P_1 \pm P_2 = (a_1 + jb_1) \pm (a_2 + jb_2)$$
$$= (a_1 \pm a_2) + j(b_1 \pm b_2)$$

在复平面上利用平行四边形法则或多边形法则也可以进行复数的加减运算，如图 4.5 所示。

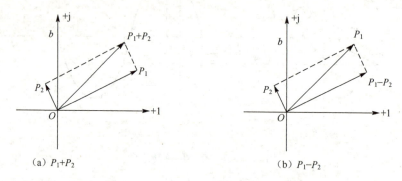

图 4.5　复数的加减运算

复数的乘除运算则用指数形式或者极坐标形式比较方便，即

$$P_1 P_2 = |P_1| e^{j\theta_1} |P_2| e^{j\theta_2} = |P_1||P_2| e^{j(\theta_1+\theta_2)} \tag{4-12}$$

$$\frac{P_1}{P_2} = \frac{|P_1| e^{j\theta_1}}{|P_2| e^{j\theta_2}} = \frac{|P_1|\underline{/\theta_1}}{|P_2|\underline{/\theta_2}} = \frac{|P_1|}{|P_2|}\underline{/\theta_1 - \theta_2} \tag{4-13}$$

复数乘积的模等于各复数模的乘积，其辐角等于各复数辐角之和；两复数相除的模等于两复数模相除，其辐角等于两复数辐角之差。

【例 4-1】　设 $P_1 = 3 + j4$，$P_2 = 10\underline{/45°}$。求 $P_1 + P_2$ 和 $P_1 P_2$。

【解】　求复数的代数和，用代数形式表示为

$$P_2 = 10\underline{/45°} = 10(\cos 45° + j\sin 45°)$$
$$\approx 7.07 + j7.07$$

$$P_1 + P_2 = (3 + j4) + (7.07 + j7.07) = 10.07 + j11.07$$

转化为极坐标形式为

$$\theta = \arctan\left(\frac{11.07}{10.07}\right) \approx 47.7°$$

$$|P_1+P_2|=\sqrt{(10.07)^2+(11.07)^2}\approx 14.95$$

即
$$P_1+P_2=14.95\underline{/47.7°}$$
$$P_1P_2=(3+\mathrm{j}4)\times 10\underline{/45°}\approx 5\underline{/53.1°}\times 10\underline{/45°}=50\underline{/98.1°}$$

4.2.3　正弦量的相量表示法

若复数 $P=c\mathrm{e}^{\mathrm{j}\theta}$ 中的辐角 $\theta=\omega t+\varphi$，则 P 是一个复指数函数，根据欧拉公式可以展开为

$$P=c\mathrm{e}^{\mathrm{j}(\omega t+\varphi)}=c\cos(\omega t+\varphi)+\mathrm{j}c\sin(\omega t+\varphi) \tag{4-14}$$

根据以上所述，用复数表示矢量 $\overline{OP}$ 的形式有 4 种：代数式、三角函数式、指数式和极坐标式。

$$\overline{OP}=a+\mathrm{j}b=c(\cos\theta+\mathrm{j}\sin\theta)=c\mathrm{e}^{\mathrm{j}\theta}=c\underline{/\theta} \tag{4-15}$$

表示正弦量的复数称为相量。相量又分为有效值相量和最大值相量，在分析正弦交流电时大多使用有效值相量，所以以后若无特别声明，相量均为有效值相量。为了与一般复数区别开，相量的表示方法为在代表交流电有效值符号的顶部加一个圆点。

有效值相量

$$\dot{I}=I\underline{/\varphi_i} \quad \dot{U}=U\underline{/\varphi_u}$$

最大值相量

$$\dot{I}_\mathrm{m}=I_\mathrm{m}\underline{/\varphi_i} \quad \dot{U}_\mathrm{m}=U_\mathrm{m}\underline{/\varphi_u}$$

在进行相量分析计算时，通常需要找一个参考量，此参考量的相量称为参考相量。通常采用辐角为零（即正弦量的初相位为零）的相量作为参考相量。

【例 4-2】　已知 $i_1=20\sin(\omega t+60°)\mathrm{A}$，试写出其相量形式。

【解】　其有效值相量为

$$\dot{I}_1=\frac{20}{\sqrt{2}}\underline{/60°}\mathrm{A}$$

其最大值相量为

$$\dot{I}_{1\mathrm{m}}=20\underline{/60°}\mathrm{A}$$

在复平面上表示正弦量相量的图形称为相量图。以电流 $i=\sqrt{2}I\sin(\omega t+\varphi_i)$ 和电压 $u=\sqrt{2}U\sin(\omega t+\varphi_u)$ 为例（设 $\varphi_u>\varphi_i$），其相量图如图 4.6(a)所示。在相量图上可以清晰地看出两者间的大小和相位关系。从图中可知，电压相量超前于电流相量 φ 角，也就是正弦电压超前于正弦电流 φ 角。画相量图时，常省略坐标轴，如图 4.6(b)所示。

虚数单位 j 的物理意义说明如下：由于 $\pm\mathrm{j}=\cos 90°\pm\mathrm{j}\sin 90°=\mathrm{e}^{\pm\mathrm{j}90°}$，故 $+\mathrm{j}\dot{I}$ 相当于将相量 $\dot{I}$ 逆时针旋转 $90°$，$-\mathrm{j}\dot{I}$ 相当于将相量 $\dot{I}$ 顺时针旋转 $90°$，如图 4.7 所示。因此，常将 j 称为旋转 $90°$ 的因子。

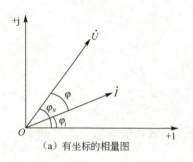 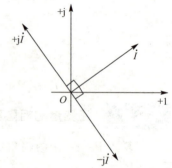

（a）有坐标的相量图　　　　　　　（b）省略坐标的相量图

图 4.6　相量图　　　　　　　　　　　　图 4.7　$\dot{I}$ 乘上 j 或 −j

> **特别提示**
>
> ● 正弦量的相量只是表示正弦量，而不是等于正弦量。因为相量只是表示正弦量的复数，而正弦量是随时间变化的正弦函数。
> ● 正弦量的相量一般指其有效值相量，在大写字母上面加"·"来表示；有时也用其最大值相量表示，例如 $\dot{I}_m$。
> ● 只有频率相同的正弦量才能在同一个相量图中表示，也只有频率相同的正弦量之间才能进行比较或计算。

【例 4-3】 已知 $i_1 = 10\sqrt{2}\sin(\omega t + 60°)$ A，$i_2 = 3\sqrt{2}\sin(\omega t + 30°)$ A。求：(1) $i = i_1 + i_2$；(2) $i = i_1 - i_2$。

【解】 采用相量运算，用有效值表示，即

$$\dot{I}_1 = 10\underline{/60°}\text{A}, \quad \dot{I}_2 = 3\underline{/30°}\text{A}$$

(1) $\dot{I} = \dot{I}_1 + \dot{I}_2 = 10\underline{/60°} + 3\underline{/30°} = 5 + \text{j}8.66 + 2.6 + \text{j}1.5 = 7.6 + \text{j}10.16 \approx 12.7\underline{/53.2°}$ A，可得

$$i = i_1 + i_2 = 12.7\sqrt{2}\sin(\omega t + 53.2°)\text{A}$$

(2) $\dot{I} = \dot{I}_1 - \dot{I}_2 = 10\underline{/60°} - 3\underline{/30°} = 5 + \text{j}8.66 - 2.6 - \text{j}1.5 = 2.4 + \text{j}7.16 \approx 7.55\underline{/71.5°}$ A，可得

$$i = i_1 - i_2 = 7.55\sqrt{2}\sin(\omega t + 71.5°)\text{A}$$

4.3　单一参数的交流电路

正弦交流电路大多是由电阻、电感和电容组成，因此本章首先分析这三种元件各自组成的电路。

4.3.1　纯电阻电路

图 4.8(a) 所示是一个纯电阻交流电路，电压和电流取关联参考方向。现取电流为参

考正弦量,即

$$i = I_\mathrm{m}\sin\omega t \tag{4-16}$$

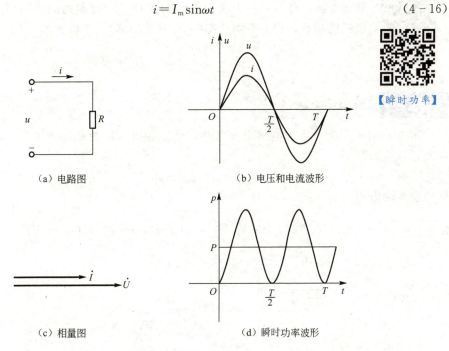

图 4.8 纯电阻电路

根据欧姆定律得

$$u = Ri = RI_\mathrm{m}\sin\omega t = U_\mathrm{m}\sin\omega t \tag{4-17}$$

比较式(4-16)和式(4-17)可以看出,在纯电阻电路中,电流和电压关系如下。
(1) 电压和电流的频率相同。
(2) 电压和电流的相位相同。
(3) 电压和电流的最大值与有效值之间的关系为

$$\left.\begin{array}{l} U_\mathrm{m} = RI_\mathrm{m} \\ U = RI \end{array}\right\} \tag{4-18}$$

电压和电流的相量形式为

$$\left.\begin{array}{l} \dot{U}_\mathrm{m} = R\dot{I}_\mathrm{m} \\ \dot{U} = R\dot{I} \end{array}\right\} \tag{4-19}$$

式(4-19)是纯电阻交流电路欧姆定律的相量形式。电压和电流的波形图与相量图分别如图 4.8(b)和图 4.8(c)所示,其中 T 为正弦量的周期。

在任意瞬间,电压瞬时值与电流瞬时值的乘积称为瞬时功率,用 p 表示,则电阻吸收的瞬时功率为

$$p = ui = U_\mathrm{m}I_\mathrm{m}\sin^2\omega t \tag{4-20}$$

瞬时功率 p 的波形图如图 4.8(d)所示。

从式(4-20)可以看出，瞬时功率总是非负值，即 $p \geqslant 0$，表明电阻是纯消耗电能元件。工程上常取瞬时功率在一个周期内的平均值来表示电路所消耗的功率，称为平均功率（又称有功功率），单位为 W，用 P 表示，即

$$P = \frac{1}{T}\int_0^T p\,\mathrm{d}t = UI = RI^2 = \frac{U^2}{R} \qquad (4-21)$$

【平均功率】

4.3.2 纯电感电路

图 4.9(a)所示为一个纯电感交流电路，电压和电流取关联参考方向。若选电流作为参考正弦量，即

$$i = I_m \sin\omega t \qquad (4-22)$$

则电感两端电压

$$u = L\frac{\mathrm{d}i}{\mathrm{d}t} = L\frac{\mathrm{d}(I_m \sin\omega t)}{\mathrm{d}t} = \omega L I_m \cos\omega t = U_m \sin(\omega t + 90°) \qquad (4-23)$$

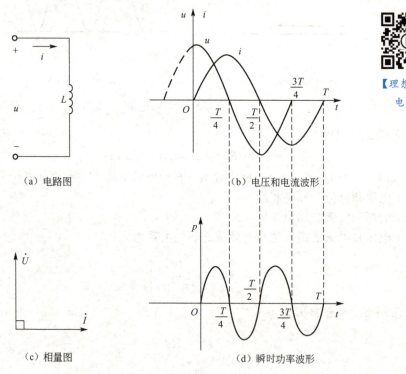

【理想电感电路】

图 4.9 纯电感电路

电压和电流的波形图如图 4.9(b)所示，其中 T 为正弦量的周期。比较式(4-22)和式(4-23)可以看出，电感元件上电压与电流的关系如下。

(1) 电压与电流的频率相同。
(2) 电压相位超前电流相位 90°。
(3) 电压与电流最大值和有效值之间的关系为

$$U_{\mathrm{m}}=\omega L I_{\mathrm{m}} \brace U=\omega L I} \tag{4-24}$$

或

$$U_{\mathrm{m}}=X_{\mathrm{L}} I_{\mathrm{m}} \brace U=X_{\mathrm{L}} I} \tag{4-25}$$

式中，X_{L} 为电感的电抗（Ω），简称感抗，$X_{\mathrm{L}}=\omega L=2\pi f L$。

从 $X_{\mathrm{L}}=\omega L=2\pi f L$ 可以看出，其大小与电感 L 和频率 f 成正比；频率越高，感抗越大。在直流电路中，$f=0$，$X_{\mathrm{L}}=0$，故电感在直流电路中视为短路，因此电感具有通直阻交的作用。

用相量表示上述关系为

$$\dot{U}=\mathrm{j}X_{\mathrm{L}}\dot{I}=\mathrm{j}\omega L\dot{I} \tag{4-26}$$

其相量图如图 4.9(c)所示。

电感瞬时功率为

$$p=ui=U_{\mathrm{m}}I_{\mathrm{m}}\sin\omega t\sin(\omega t+90°)=U_{\mathrm{m}}I_{\mathrm{m}}\sin\omega t\cos\omega t=UI\sin2\omega t \tag{4-27}$$

瞬时功率波形如图 4.9(d)所示。可以看出，电感瞬时功率随时间变化。当 $p>0$ 时，电感从电源取用电能转换为磁场能；当 $p<0$ 时，电感将储存的磁场能转换为电能，电感将吸收的能量返还给电源。从波形图中可以看出，在一个周期内，电感储存的能量与释放的能量相等，即电感并不消耗电能，只是一种储能元件。电感的平均功率（即有功功率）为

$$P=\frac{1}{T}\int_{0}^{T}p\mathrm{d}t=\frac{1}{T}\int_{0}^{T}UI\sin2\omega t\mathrm{d}t=0 \tag{4-28}$$

综上所述，纯电感元件在交流电路中没有消耗能量，只是与电源之间进行能量交换，电感与电源之间能量交换的规模用无功功率 Q 来表示，等于瞬时功率的幅值，即

$$Q=UI=X_{\mathrm{L}}I^{2}=\frac{U^{2}}{X_{\mathrm{L}}} \tag{4-29}$$

无功功率的单位用乏（var）表示。

【**例 4-4**】 电感值为 1H 的电感接在 220V 的正弦交流电源上。试分析：

(1) 电感的感抗是多少？

(2) 电感消耗的有功功率是多少？

(3) 电感消耗的无功功率是多少？

【**解**】 (1) $X_{\mathrm{L}}=2\pi f L=(2\times3.14\times50\times1)\Omega=314\Omega$

(2) 由于电感是非耗能元件，所以电感消耗的有功功率为 0W。

(3) 电感消耗的无功功率为

$$Q=\frac{U^{2}}{X_{\mathrm{L}}}=\frac{220^{2}}{314}\mathrm{var}\approx154\mathrm{var}$$

4.3.3　纯电容电路

图 4.10(a)所示是一个只有电容的交流电路，电压和电流取关联参考方向。若选电压为参考正弦量，即

$$u = U_m \sin\omega t \quad (4-30)$$

则电路中的电流

$$i = C\frac{du}{dt} = C\frac{d(U_m\sin\omega t)}{dt} = \omega C U_m \cos\omega t$$
$$= \omega C U_m \sin(\omega t + 90°) = I_m \sin(\omega t + 90°) \quad (4-31)$$

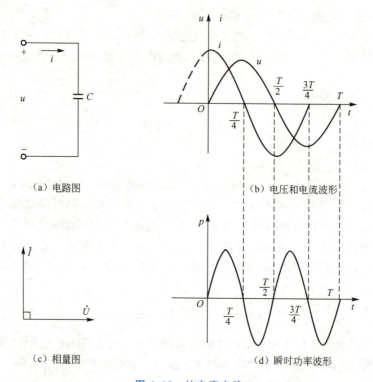

（a）电路图　　（b）电压和电流波形
（c）相量图　　（d）瞬时功率波形

图 4.10　纯电容电路

比较式(4-30)和式(4-31)可以看出，电容元件上电压与电流的关系如下。

（1）电压与电流的频率相同。

（2）电压相位滞后于电流相位 90°，如图 4.10(b)所示，其中 T 为正弦量的周期。

（3）电压与电流最大值和有效值之间的关系为

$$\left.\begin{array}{l} I_m = \omega C U_m \\ I = \omega C U \end{array}\right\} \quad (4-32)$$

或

$$\left.\begin{array}{l} U_m = X_C I_m \\ U = X_C I \end{array}\right\} \quad (4-33)$$

式中，X_C 为电容的电抗（Ω），简称容抗，$X_C = \dfrac{1}{\omega C} = \dfrac{1}{2\pi f C}$。

容抗 X_C 大小与电容 C 和频率 f 呈反比，频率越高，容抗越小；在直流电路中，$f=0$，$X_C \to \infty$，电容视为开路，故电容具有隔直通交的作用。

用相量表示上述关系式为

$$\dot{U} = -jX_C \dot{I} = -j\frac{1}{\omega C}\dot{I} \tag{4-34}$$

其相量图如图 4.10(c)所示。

电容的瞬时功率为

$$p = ui = U_m I_m \sin\omega t \sin(\omega t + 90°) = U_m I_m \sin\omega t \cos\omega t = UI\sin 2\omega t \tag{4-35}$$

瞬时功率波形如图 4.10(d)所示。可以看出，瞬时功率随时间时正时负。当 $p>0$ 时，电容从电源取用电能并转换为电场能；当 $p<0$ 时，电容将所储存的电场能转换为电能，电容把能量返还给电源。从功率波形图可以看出，在一个周期内电容储存的能量与释放的能量相等，即电容不消耗电能。电容的平均功率（即有功功率）为

$$P = \frac{1}{T}\int_0^T p\,dt = \frac{1}{T}\int_0^T UI\sin 2\omega t\,dt = 0 \tag{4-36}$$

综上所述，纯电容并不消耗有功功率，但与电源之间有能量交换，电容与电源之间能量交换的规模同样用无功功率 Q 来表示，它等于瞬时功率的幅值。为了同电感元件电路的无功功率相比较，也设电流为参考正弦量，即

$$i = I_m \sin\omega t$$

则

$$u = U_m \sin(\omega t - 90°)$$

瞬时功率为

$$p = ui = -UI\sin 2\omega t$$

由此可见，纯电容电路的无功功率为

$$Q = -UI = -X_C I^2 = -\frac{U^2}{X_C} \tag{4-37}$$

● 工程上通常认为电感吸收无功功率，电容发出无功功率，所以电感的无功功率取正，而电容的无功功率取负。

【例 4-5】 把一个大小为 $47\mu F$ 的电容接到电压为 $20V$ 的正弦交流电源上，试计算：
(1) 容抗的大小；
(2) 电容发出的无功功率。

【解】 (1) 容抗为

$$X_C = \frac{1}{2\pi fC} = \frac{1}{2\times 3.14\times 50\times 47\times 10^{-6}}\Omega \approx 67.8\Omega$$

(2) 电容的无功功率为

$$Q = -\frac{U^2}{X_C} = -\frac{20^2}{67.8}\text{var} \approx -5.9\text{var}$$

4.4 电阻、电感和电容串联的交流电路

【RLC 串联电路】

如前所述，电阻、电容和电感在交流电路中电路的电压和电流频率相同，

因此以后不再讨论频率关系，只分析其大小、相位和功率问题。

串联交流电路如图 4.11(a) 所示，当电路两端加上正弦交流电压 u 时，电路中将产生正弦交流电流 i，并且在各元件上分别产生电压 u_R、u_L、u_C，各电压与电流取关联参考方向，串联交流电路的相量模型如图 4.11（b）所示。根据基尔霍夫电压定律得

$$u = u_R + u_L + u_C \tag{4-38}$$

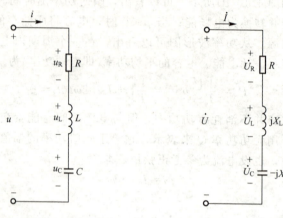

(a) 串联交流电路的电路图　　　　(b) 串联交流电路的相量模型图

图 4.11　串联交流电路

若用相量形式来表示，有

$$\begin{aligned}\dot{U} &= \dot{U}_R + \dot{U}_L + \dot{U}_C = R\dot{I} + jX_L\dot{I} - jX_C\dot{I} \\ &= R\dot{I} + j(X_L - X_C)\dot{I} = (R + jX)\dot{I}\end{aligned} \tag{4-39}$$

式中，X 为电抗（Ω），$X = X_L - X_C$。

令

$$Z = R + jX \tag{4-40}$$

式中，Z 为阻抗（Ω）。

阻抗也可以写出 4 种表示形式

$$\begin{aligned}Z &= R + j(X_L - X_C) = |Z|(\cos\varphi + j\sin\varphi) \\ &= |Z|e^{j\varphi} = |Z|\underline{/\varphi}\end{aligned} \tag{4-41}$$

式中，$|Z|$ 是阻抗 Z 的模（Ω），称为阻抗模，

$$|Z| = \sqrt{R^2 + (X_L - X_C)^2} \tag{4-42}$$

φ 是阻抗 Z 的辐角（°），称为阻抗角。R、X 和 $|Z|$ 正好构成了一个直角三角形，称为阻抗三角形，如图 4.12 所示。

$$\varphi = \arctan\frac{X_L - X_C}{R} \tag{4-43}$$

综上所述，可以得到串联交流电路相量形式的欧姆定律，即

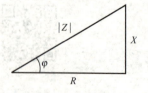

图 4.12　阻抗三角形

$$\dot{U} = Z\dot{I} \tag{4-44}$$

整理，得

$$Z = \frac{\dot{U}}{\dot{I}} = \frac{U\angle\varphi_u}{I\angle\varphi_i} = \frac{U}{I}\angle\varphi_u - \varphi_i \tag{4-45}$$

对照式(4-41)可得串联交流电路中电压与电流有效值之间及相位之间的关系

$$\frac{U}{I} = |Z| \tag{4-46}$$

$$\varphi_u - \varphi_i = \varphi \tag{4-47}$$

即电压与电流有效值的比等于阻抗模，电压与电流的相位差等于阻抗角。上述电压与电流关系可以用相量图表示，如图 4.13 所示。画串联交流电路相量图时，一般取电流作为参考相量，把它画在水平方向(即实轴方向)上(画并联交流电路的相量图时，一般取电压作为参考相量)。从相量图中可以得到总电压与各部分电压有效值之间的关系式为

$$U = \sqrt{U_R^2 + (U_L - U_C)^2} \tag{4-48}$$

式(4-48)中总电压与各部分电压有效值的关系同样可以用一个直角三角形表示，如图 4.13 所示，该三角形称为电压三角形。显然，阻抗三角形与电压三角形相似。

交流电路中包含电阻、电感、电容三种性质不同的元件，所以电路也会出现下列三种性质。

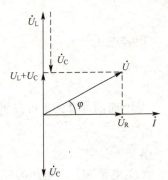

图 4.13 串联电路电压与电流相量图

(1) 电感性电路：在交流电路中，若电压超前电流($0°<\varphi\leqslant 90°$)则称此电路为电感性电路，或者说此电路呈电感性。

(2) 电容性电路：在交流电路中，若电流超前电压($-90°\leqslant\varphi<0°$)，则称此电路为电容性电路，或者说此电路呈电容性。

(3) 电阻性电路：在交流电路中，若电压和电流同相($\varphi=0°$)，则电路呈电阻性。

【例 4-6】 在图 4.11(a)所示的 R、L、C 串联交流电路中，已知：$R=30\Omega$，$L=127\text{mH}$，$C=40\mu\text{F}$，电源电压 $u=220\sqrt{2}\sin(314t+30°)\text{V}$。

(1) 求电流 i 及各部分电压 u_R、u_L 和 u_C；

(2) 作相量图。

【解】 (1) 首先画出如图 4.11(b)所示的相量模型图，然后确定图中对应的感抗和容抗。

$$X_L = \omega L = (314 \times 127 \times 10^{-3})\Omega \approx 40\Omega$$

$$X_C = \frac{1}{\omega C} = \frac{1}{314 \times 40 \times 10^{-6}}\Omega \approx 80\Omega$$

$$Z = R + j(X_L - X_C) = 30 + j(40-80)$$
$$= (30-j40)\Omega \approx 50\angle -53°$$

电源电压为

$$\dot{U} = 220\angle 30°\text{V}$$

电流为

$$\dot{I} = \frac{\dot{U}}{Z} = \frac{220\underline{/30°}}{50\underline{/-53°}}\text{A} \approx 4.4\underline{/83°}\text{ A}$$

$$i = 4.4\sqrt{2}\sin(314t + 83°)\text{A}$$

电阻电压为

$$\dot{U}_R = R\dot{I} = (30 \times 4.4\underline{/83°})\text{ V} = 132\underline{/83°}\text{V}$$

$$u_R = 132\sqrt{2}\sin(314t + 83°)\text{V}$$

电感电压为

$$\dot{U}_L = jX_L\dot{I} = (j40 \times 4.4\underline{/83°})\text{ V} = 176\underline{/173°}\text{V}$$

$$u_L = 176\sqrt{2}\sin(314t + 173°)\text{V}$$

电容电压为

$$\dot{U}_C = -jX_C\dot{I} = (-j80 \times 4.4\underline{/83°})\text{ V} = 352\underline{/-7°}\text{V}$$

$$u_C = 352\sqrt{2}\sin(314t - 7°)\text{V}$$

从上面的计算结果可以更直观地看出

$$\dot{U} = \dot{U}_R + \dot{U}_L + \dot{U}_C$$

$$U \neq U_R + U_L + U_C$$

(2) 电流和各个电压的相量图如图 4.14 所示。

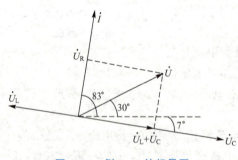

图 4.14 例 4-6 的相量图

在例 4-6 中，计算结束后再画出相量图可以更形象直观地看出电路中电压与电流的关系，并且能更清晰地判断该串联电路的性质。相量图在正弦电路中更多的是作为一种辅助分析工具，如果使用得当，可以根据相量图的几何关系进行简单运算，简化电路的求解过程。

【例 4-7】 在如图 4.15 所示的电路中，若 $\dot{U}_S = 20\underline{/0°}\text{V}$，电流表 A 的读数为 40A，电流表 A_2 的读数为 28.28A，则电流表 A_1 的读数为多少？

【解】 现用相量图进行求解。

相量图如图 4.16 所示，以电阻和电感两端的电压为参考相量，能很容易求出电流表 A_1 的读数为 28.28A。

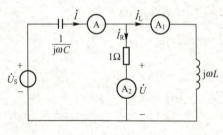

图 4.15 例 4-7 图

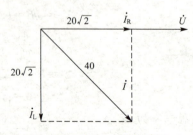

图 4.16 例 4-7 的相量图

4.5 阻抗的串联与并联

4.5.1 阻抗的串联

两个阻抗 Z_1（$=R_1+jX_1$）和 Z_2（$=R_2+jX_2$）构成如图 4.17(a)所示的串联电路。由 KVL 得

$$\dot{U}=\dot{U}_1+\dot{U}_2=Z_1\dot{I}+Z_2\dot{I}=(Z_1+Z_2)\dot{I}=Z\dot{I}$$

两个阻抗串联可以用一个等效阻抗 Z 表示，即

$$Z=Z_1+Z_2$$

其等效电路如图 4.17(b)所示。

同理可知，若有 n 个阻抗串联，其等效阻抗为

$$Z=\sum_{k=1}^{n}Z_k$$

阻抗串联与电阻串联原理相同，同时也具有分压作用，即

$$\dot{U}_k=\frac{Z_k}{\sum\limits_{k=1}^{n}Z_k}\dot{U}$$

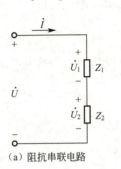
(a) 阻抗串联电路

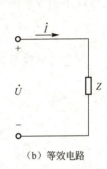
(b) 等效电路

图 4.17 阻抗串联电路

特别提示

多数情况下，阻抗串联电路中，$|Z|\neq\sum\limits_{k=1}^{n}|Z_k|$。

4.5.2 阻抗的并联

如图 4.18(a)所示，两个阻抗 Z_1 和 Z_2 组成并联电路，由 KCL 得

$$\dot{I}=\dot{I}_1+\dot{I}_2=\frac{\dot{U}}{Z_1}+\frac{\dot{U}}{Z_2}=\left(\frac{1}{Z_1}+\frac{1}{Z_2}\right)\dot{U}=\frac{\dot{U}}{Z} \quad (4-49)$$

即

$$\frac{1}{Z}=\frac{1}{Z_1}+\frac{1}{Z_2} \quad (4-50)$$

则两个阻抗并联的等效阻抗为

$$Z=\frac{1}{\frac{1}{Z_1}+\frac{1}{Z_2}}=\frac{Z_1Z_2}{Z_1+Z_2} \quad (4-51)$$

等效电路如图 4.18(b)所示。阻抗的倒数称为导纳，用 Y 表示，单位为西门子(S)，即

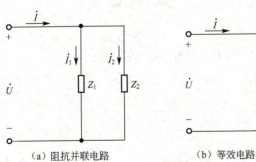

图 4.18 阻抗并联电路

$$Y = \frac{1}{Z} = G + jB$$

式中，G 为电导（S）；B 为电纳（S）。式（4-50）可以写成

$$Y = Y_1 + Y_2$$

若有 n 个阻抗并联，可以推导出其等效阻抗为

$$Z = \frac{1}{\sum_{k=1}^{n} \frac{1}{Z_k}}$$

也可以用等效导纳来表示，即

$$Y = \sum_{k=1}^{n} Y_k$$

与电阻并联分流原理相同，阻抗并联也具有分流作用，两个阻抗并联分流公式为

$$\dot{I}_1 = \frac{Z_2}{Z_1 + Z_2} \dot{I}$$

$$\dot{I}_2 = \frac{Z_1}{Z_1 + Z_2} \dot{I}$$

多数情况下，阻抗并联电路中，$|Z| \neq \dfrac{1}{\sum_{k=1}^{n} \dfrac{1}{|Z_k|}}$，$|Y| \neq \sum_{k=1}^{n} |Y_k|$。

【例 4-8】 在如图 4.19（a）所示电路中，电源电压 $\dot{U} = 220\underline{/0°}$ V，$R_1 = 10\Omega$，$L = 0.5$H，$R_2 = 1$kΩ，$C = 10\mu$F，$\omega = 314$rad/s。

试求：（1）电路的等效阻抗 Z；（2）各支路电流 $\dot{I}$、$\dot{I}_1$、$\dot{I}_2$；（3）画出电路的相量图。

【解】 （1）各元件的等效阻抗为

$$Z_{R_1} = 10\Omega, \quad Z_{R_2} = 1000\Omega, \quad Z_L = j\omega L = j157\Omega, \quad Z_C = -j\frac{1}{\omega C} = -j318.47\Omega$$

R_2 与 $\dfrac{1}{j\omega C}$ 并联，等效阻抗为

$$Z_{12} = \frac{Z_{R_2} Z_C}{Z_{R_2} + Z_C} = \frac{1000(-j318.47)}{1000 - j318.47} \approx 303.45\underline{/-72.3°}\Omega \approx (92.11 - j289.13)\Omega$$

总的等效阻抗为

$$Z_{eq} = Z_{12} + Z_{R_1} + Z_L = (102.11 - j132.13)\Omega \approx 166.99\underline{/-52.3°}\Omega$$

（2）由总的等效阻抗求总电流

$$\dot{I} = \frac{\dot{U}}{Z_{eq}} = \frac{220\underline{/0°}}{166.99\underline{/-52.3°}}\text{A} \approx 0.6\underline{/52.3°}\text{A}$$

利用并联阻抗的分流公式求各支路电流

$$\dot{I}_1 = \frac{Z_{R_2}}{Z_{R_2} + Z_C} \dot{I} \approx 0.57\underline{/69.9°}\text{A}$$

$$\dot{I}_2 = \frac{Z_C}{Z_{R_2}+Z_C}\dot{I} \approx 0.18\underline{/-20°}\text{ A}$$

(3) 相量图如图 4.19(b)所示。

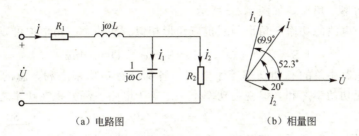

图 4.19　例 4-8 图

电路总的阻抗角（即总电压与电流的相位差）为

$$\varphi = 0° - 52.3° = -52.3° < 0$$

故电路呈电容性。

【交流电功率和功率因数】

4.6　交流电路的功率及功率因数

在纯电阻电路中，电阻只消耗有功功率，不消耗无功功率；在纯电感电路和纯电容电路中，电感或电容不消耗有功功率，只有无功功率的交换。通常情况下的交流电路不是单纯由一种元件组成的，而是由多种元件组成的，既消耗有功功率又存在无功功率交换。

在交流电路中，电压和电流的瞬时值随时间变化，它们的乘积（即瞬时功率）也随时间变化。令 $i = I_m \sin\omega t$，$u = U_m \sin(\omega t + \varphi)$，则电路的瞬时功率为

$$\begin{aligned}p = ui &= U_m I_m \sin\omega t \sin(\omega t + \varphi)\\ &= UI\cos\varphi - UI\cos(2\omega t + \varphi)\end{aligned} \quad (4-52)$$

其中 U_m 和 I_m 分别是电压和电流的有效值。由于瞬时功率实际意义不大，而且不便于测量，通常用平均功率（即有功功率）P 表示，即

$$\begin{aligned}P &= \frac{1}{T}\int_0^T p\,dt = \frac{1}{T}\int_0^T [UI\cos\varphi - UI\cos(2\omega t + \varphi)]dt\\ &= UI\cos\varphi\end{aligned} \quad (4-53)$$

根据前面的分析可知，电路中只有电阻消耗电能，故有功功率也可以表示为

$$P = UI\cos\varphi = U_R I = I^2 R = \frac{U^2}{R} \quad (4-54)$$

无功功率用 Q 表示为

$$Q = UI\sin\varphi \quad (4-55)$$

由于电感和电容与电源之间存在能量互换，且电感与电容之间也存在能量交换，相应的无功功率可以用电容和电感的无功功率表示，即

$$Q = U_L I - U_C I = I^2 X_L - I^2 X_C = I^2(X_L - X_C) = UI\sin\varphi$$

许多电气设备的容量是由其额定电压和额定电流的乘积决定的，为此引入了视在功

率的概念，用大写字母 S 表示，单位是伏·安（V·A）。即

$$S = UI \tag{4-56}$$

有功功率 P、无功功率 Q 和视在功率 S 之间的关系可用一个直角三角形表示，此直角三角形称为功率三角形，如图 4.20 所示。

显然，同一电路的功率三角形与阻抗三角形相似。从功率三角形中可以得出

$$S = \sqrt{P^2 + Q^2}, \quad P = S\cos\varphi, \quad Q = S\sin\varphi$$

正弦交流电路中总的有功功率等于电路中各部分有功功率之和，总的无功功率等于电路中各部分无功功率之和，但视在功率不一定等于电路各部分视在功率之和。

【例 4-9】 已知 $\dot{U} = 220\underline{/0°}$ V，$\dot{I} = 0.86\underline{/39.6°}$ A，$\dot{I}_1 = 1.9\underline{/80°}$ A，$\dot{I}_2 = 1.36\underline{/-75.7°}$ A。求图 4.21 所示电路的有功功率、无功功率和视在功率。

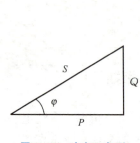

图 4.20　功率三角形

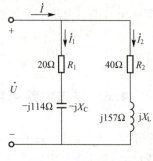

图 4.21　例 4-9 图

【解】 本题可采用如下两种方法求解。

方法 1：由总电压、总电流求功率。

$$P = UI\cos\varphi = [220 \times 0.86 \times \cos(-39.6°)] \text{ W} \approx 146 \text{ W}$$

$$Q = UI\sin\varphi = [220 \times 0.86 \times \sin(-39.6°)] \text{ var} \approx -121 \text{ var}$$

$$S = UI = (220 \times 0.86) \text{ V·A} = 189.2 \text{ V·A} \approx 190 \text{ V·A}$$

方法 2：由元件功率求总功率。

$$P = R_1 I_1^2 + R_2 I_2^2 = (20 \times 1.9^2 + 40 \times 1.36^2) \text{ W} \approx 146 \text{ W}$$

$$Q = -X_C I_1^2 + X_L I_2^2 = (-114 \times 1.9^2 + 157 \times 1.36^2) \text{ var} \approx -121 \text{ var}$$

$$S = \sqrt{P^2 + Q^2} = [\sqrt{146^2 + (-121)^2}] \text{ V·A} \approx 190 \text{ V·A}$$

可以看出，有功功率不仅与电压、电流的有效值有关，还与电压与电流的相位差 φ（即阻抗角）有关。把有功功率与视在功率的比值称为电路的功率因数，用 λ 表示，即

$$\lambda = \frac{P}{S} = \cos\varphi$$

因此，电压与电流的相位差 φ 又称功率因数角。

功率因数是电力系统中一项重要的经济性能指标。功率因数过小，会引起如下问题。

（1）降低电源设备的利用率。当电源设备输出容量 S_N 一定时，其有功功率为

$$P = S_N \cos\varphi$$

$\cos\varphi$ 越小，P 越小，电源设备的容量就得不到充分利用。

(2) 增加供电设备和输电线路的功率损耗。负载从电源取用的电流为

$$I = \frac{P}{U\cos\varphi}$$

在 P 和 U 一定的情况下，$\cos\varphi$ 越小，I 就越大，而线路损耗 $\Delta P = RI^2$ 就越多。同时，供、配电设备本身消耗的功率也就越大。

因此，提高功率因数可提高经济效益。目前，在各种用电设备中电感性负载较多，而它们的功率因数往往较小，而感性负载功率因数小是因为其与电源之间的无功功率交换多。由于感性无功功率可以由容性无功功率来补偿，所以可以采用与感性负载并联电容的方法来提高功率因数。

【例 4 - 10】 如图 4.22(a)所示电路，将感性负载接到 50Hz、220V 的交流电源上，其有功功率为 10kW，功率因数为 0.6。试问应并联多大的电容才能将电路的功率因数提高到 0.9？

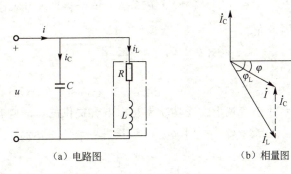

图 4.22　例 4 - 10 图

【解】 本题可用如下两种方法求解。

方法 1：通过电流的变化求电容 C。

并联电容前，电路的总电流就是负载电流 $\dot{I}_L$，电路的功率因数是负载的功率因数 $\cos\varphi_L$；并联电容后，电路总电流 $\dot{I} = \dot{I}_L + \dot{I}_C$，电路的功率因数变为 $\cos\varphi$。由图 4.22(b) 可以看出，$\varphi < \varphi_L$，所以 $\cos\varphi > \cos\varphi_L$。并联电容前后负载电流和电路的有功功率都没有发生变化，因此可以利用电流的变化求电容。

并联电容前的功率因数角

$$\cos\varphi_L = 0.6, \quad \varphi_L = 53.1°$$

并联电容后的功率因数角

$$\cos\varphi = 0.9, \quad \varphi = 25.8°$$

并联电容前的负载电流

$$I_L = \frac{P}{U\cos\varphi_L} = \frac{10 \times 10^3}{220 \times 0.6}\text{A} \approx 75.8\text{A}$$

并联电容后的电路总电流

$$I=\frac{P}{U\cos\varphi}=\frac{10\times10^3}{220\times0.9}\text{A}\approx750.5\text{A}$$

电容电流由图 4.22(b)可以得到

$$I_C=I_L\sin\varphi_L-I\sin\varphi$$
$$=(75.8\times\sin53.1°-50.5\times\sin25.8°)\text{ A}\approx738.6\text{A}$$

电容为

$$C=\frac{I_C}{2\pi fU}=\frac{38.6}{2\times3.14\times50\times220}\mu\text{F}\approx7557\mu\text{F}$$

方法 2：通过无功功率的变化求电容 C。

并联电容前的功率因数角

$$\cos\varphi_L=0.6, \quad \varphi_L=53.1°$$

并联电容前的无功功率

$$Q_L=P\tan\varphi_L=(10\times10^3\times\tan53.1°)\text{ kvar}\approx13.32\text{kvar}$$

并联电容后的功率因数角

$$\cos\varphi=0.9, \quad \varphi=25.8°$$

并联电容后的无功功率

$$Q=P\tan\varphi=(10\times10^3\times\tan25.8°)\text{ kvar}\approx4.83\text{kvar}$$

并联电容后无功功率减小，减小的无功功率是由电容提供的，故电容无功功率为

$$|Q_C|=|Q-Q_L|=|4.83-13.32|\text{ kvar}\approx8.49\text{kvar}$$

由于

$$|Q_C|=\frac{U^2}{X_C}=2\pi fCU^2$$

得出

$$C=\frac{|Q_C|}{2\pi fU^2}=\frac{8.49\times10^3}{2\times3.14\times50\times220^2}\mu\text{F}\approx557\mu\text{F}$$

通过上述两种方法可以推导出并联电容的公式为

$$C=\frac{P}{2\pi fU^2}(\tan\varphi_L-\tan\varphi) \tag{4-57}$$

【例 4-11】 将例 4-10 中的功率因数从 0.9 提高到 0.95，试问需要再并联多大的电容？

【解】 直接利用式(4-57)来求解电容。其中 $\varphi_L=25.8°$，$\varphi=\arccos0.95=18.2°$，故

$$C=\frac{P}{2\pi fU^2}(\tan\varphi_L-\tan\varphi)=\left[\frac{10\times10^3}{2\times3.14\times50\times220^2}(\tan25.8°-\tan18.2°)\right]\mu\text{F}\approx103\mu\text{F}$$

此时，总电流为

$$I=\frac{P}{U\cos\varphi}=\frac{10\times10^3}{220\times0.95}\text{A}\approx47.8\text{A}$$

显然，功率因数提高后，电流减小，但继续提高功率因数需要更多电容，成本较高，且电流减小得并不明显。一般情况下，高压用户的功率因数不能低于0.95，低压用户的功率因数不能低于0.9，但无须提高到1。

为了便于学习和记忆，现将交流电路的主要结论整理于表4-1中。

表4-1 交流电路的重要关系总结

项目	阻抗	电压与电流关系			功率	
		相位	有效值	相量式	有功功率	无功功率
电阻	R	同相	$U=RI$	$\dot{U}=R\dot{I}$	$P=UI=I^2R=\dfrac{U^2}{R}$	0
电感	jX_L	电压超前电流90°	$U=X_L I$	$\dot{U}=jX_L\dot{I}$	0	$Q=UI=X_L I^2=\dfrac{U^2}{X_L}$
电容	$-jX_C$	电压滞后电流90°	$U=X_C I$	$\dot{U}=-jX_C\dot{I}$	0	$Q=-UI=-X_C I^2=-\dfrac{U^2}{X_C}$

4.7 交流电路的频率特性

在交流电路中，电容的容抗和电感的感抗都与频率有关，当电源频率一定时，容抗和感抗为固定值；当电源（激励）频率变化时，容抗和感抗也随之变化，感抗和容抗的变化又会引起电路中各部分电压和电流（响应）的变化。电压和电流与频率的关系称为电路的频率特性或者频率响应。在电力系统中，电源频率一般是固定不变的，但是在电子、通信及控制领域中，经常要研究在不同频率下电路的工作状况。本节将在频域内分析电路，分析电压和电流随频率变化的规律。因为容抗和感抗都具有随频率变化的特点，进而对不同频率的输入信号产生不同的响应。

4.7.1 RC电路的选频特性

所谓选频特性，是指在RC电路中利用容抗随频率变化的特点，对不同频率的输入信号产生不同的响应，允许某些频率的信号到达输出端，而拒绝输出端不需要的其他频率的信号，即RC电路起到了一定的滤波作用。为此，由RC构成的电路又称RC滤波电路。根据允许通过的信号频率范围，可以将滤波电路分为低通滤波电路、高通滤波电路、带通滤波电路等。

1. 低通滤波电路

如图4.23所示的电路，用相量法分析输出电压与输入电压的关系。因两者都可以写成频率的函数，故电路输出电压与输入电压的比值称为电路的转移函数，它是一个关于角频率ω的复函数，用$H(j\omega)$表示。

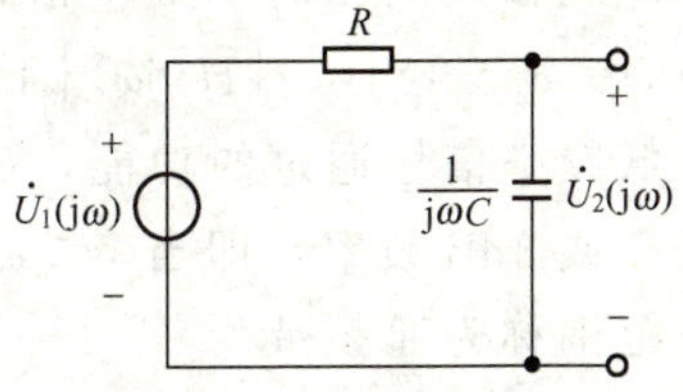

图4.23 RC低通滤波电路

由图 4.23 可得

$$H(j\omega) = \frac{\dot{U}_2(j\omega)}{\dot{U}_1(j\omega)} = \frac{\frac{1}{j\omega C}}{R + \frac{1}{j\omega C}} = \frac{1}{1+j\omega RC}$$

$$= \frac{1}{\sqrt{1+(\omega RC)^2}} \angle -\arctan(\omega RC) = |H(j\omega)| \angle \varphi(\omega) \quad (4-58)$$

其中

$$|H(j\omega)| = \frac{U_2(j\omega)}{U_1(j\omega)} = \frac{1}{\sqrt{1+(\omega RC)^2}} \quad (4-59)$$

式中，$|H(j\omega)|$ 是转移函数 $H(j\omega)$ 的模（Ω），是角频率 ω 的函数。$|H(j\omega)|$ 随 ω 变化的特性称为幅频特性。

$$\varphi(\omega) = -\arctan(\omega RC) \quad (4-60)$$

式中，$\varphi(\omega)$ 是 $H(j\omega)$ 的辐角（°），即输出电压与输入电压的相位差，也是 ω 的函数。$\varphi(\omega)$ 随 ω 变化的特性称为相频特性。幅频特性和相频特性统称为转移函数的频率特性。

由式（4-59）和式（4-60）分析 ω 变化时的频率特性，见表 4-2。

表 4-2 低通滤波电路的频率特性

项目 ω值	0	$\omega_0 = \frac{1}{RC}$	∞
$|H(j\omega)|$	1	$\frac{1}{\sqrt{2}} = 0.707$	0
$\varphi(\omega)$	0	$-\frac{\pi}{4}$	$-\frac{\pi}{2}$

由表 4-2 可以看出，在频率为零（即为直流）时，输出电压等于输入电压，幅值和相位都与输入的相同；随着频率增大，幅值减小，即输出电压减小；当 ω 趋于无穷大时，输出电压幅值为零，即该电路完全抑制高频信号。其幅频特性和相频特性曲线如图 4.24 所示。由图 4.24 可以看出，当 $\omega = \omega_0 = \frac{1}{RC}$ 时，输出电压下降到输入电压的 0.707 倍；在 $\omega = 0 \sim \omega_0$ 时，$|H(j\omega)|$ 的变化不大，接近于 1；而当 $\omega = \omega_0 \sim \infty$ 时，$|H(j\omega)|$ 下降明显。表明该滤波电路具有抑制较高频率信号而允许低频率信号通过的功能，故称为低通滤波电路。而 ω_0 称为低通滤波电路的截止频率或 3dB 频率，即当 $\omega < \omega_0$ 时，信号通过；当 $\omega > \omega_0$ 时，信号被抑制。$0 \sim \omega_0$ 的频率范围称为通频带。

2. 高通滤波电路

图 4.25 所示的电路与图 4.24 的电路结构相似，不同的是输出从电阻 R 两端取出。

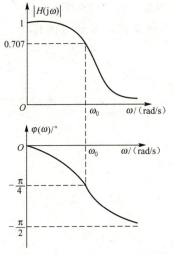

图 4.24 低频滤波电路的频率特性曲线

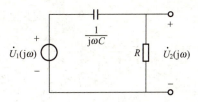

图 4.25 RC 高通滤波电路

电路的传递函数为

$$H(j\omega)=\frac{\dot{U}_2(j\omega)}{\dot{U}_1(j\omega)}=\frac{R}{R+\dfrac{1}{j\omega C}}=\frac{j\omega RC}{1+j\omega RC}$$

$$=\frac{1}{\sqrt{1+\left(\dfrac{1}{\omega RC}\right)^2}}\underline{/\arctan\left(\dfrac{1}{\omega RC}\right)}=|H(j\omega)|\underline{/\varphi(\omega)} \tag{4-61}$$

其中

$$|H(j\omega)|=\frac{U_2(j\omega)}{U_1(j\omega)}=\frac{1}{\sqrt{1+\left(\dfrac{1}{\omega RC}\right)^2}} \tag{4-62}$$

$$\varphi(\omega)=\arctan\left(\dfrac{1}{\omega RC}\right) \tag{4-63}$$

由式(4-62)和式(4-63)分析 ω 变化时传递函数的频率特性，见表 4-3 和图 4.26。

表 4-3 高通滤波的频率特性

项目 \ ω 值	0	$\omega_0=\dfrac{1}{RC}$	∞
$|H(j\omega)|$	0	$\dfrac{1}{\sqrt{2}}=0.707$	1
$\varphi(\omega)$	$\dfrac{\pi}{2}$	$\dfrac{\pi}{4}$	0

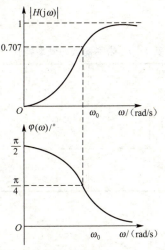

图 4.26 高频滤波电路的频率特性曲线

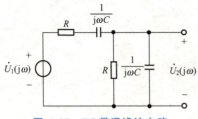

图 4.27　RC 带通滤波电路

由图 4.26 可知，图 4.25 所示的滤波电路具有抑制低频信号而使高频信号通过的作用，故称为高通滤波电路。

3. 带通滤波电路

图 4.27 所示电路是 RC 带通滤波电路。电路的传递函数为

$$H(j\omega) = \frac{\dot{U}_2(j\omega)}{\dot{U}_1(j\omega)} = \frac{\dfrac{R}{j\omega C}}{\dfrac{R + \dfrac{1}{j\omega C}}{R + \dfrac{1}{j\omega C} + \dfrac{R}{R + \dfrac{1}{j\omega C}}}}$$

$$= \frac{1}{\sqrt{3^2 + \left(\omega RC - \dfrac{1}{\omega RC}\right)^2}} \angle -\arctan\left(\dfrac{\omega RC - \dfrac{1}{\omega RC}}{3}\right) = |H(j\omega)| \angle \varphi(\omega) \quad (4-64)$$

其中

$$|H(j\omega)| = \frac{U_2(j\omega)}{U_1(j\omega)} = \frac{1}{\sqrt{3^2 + \left(\omega RC - \dfrac{1}{\omega RC}\right)^2}} \quad (4-65)$$

$$\varphi(\omega) = -\arctan\left(\dfrac{\omega RC - \dfrac{1}{\omega RC}}{3}\right) \quad (4-66)$$

由式(4-65)和式(4-66)可得电路随频率变化的频率特性，见表 4-4 和图 4.28。

表 4-4　带通滤波的频率特性

ω 值　　　项目	0	$\omega_0 = \dfrac{1}{RC}$	∞
$|H(j\omega)|$	0	$\dfrac{1}{3}$	0
$\varphi(\omega)$	$\dfrac{\pi}{2}$	0	$-\dfrac{\pi}{2}$

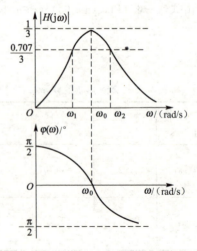

图 4.28　RC 带通滤波电路的频率特性曲线

当$|H(j\omega)|$等于最大值的$1/\sqrt{2}$（即 0.707 倍）处所对应上下限之间的频率范围时，称为通频带宽度（简称带宽），用 BW 表示，BW$=\omega_2-\omega_1$。

4.7.2 谐振电路

谐振是交流电路中产生的一种特殊现象，对谐振现象的研究具有重要的意义。一方面，谐振现象在工作生产中有广泛的应用，如可以用于高频加热、收音机或电视机的接收电路中；另一方面，谐振的发生会在电路中某些元件上产生过大的电压或电流，致使元件或者电路受损，在这种情况下又要避免发生谐振。无论是利用谐振还是避免谐振，都必须先认识谐振并掌握其工作特征。

在含有电容元件和电感元件的交流电路中，当电路总电压与总电流相位相同时，整个电路呈电阻性，这种现象称为谐振。根据产生谐振的电路结构不同，谐振又可分为串联谐振和并联谐振两种。

1. 串联谐振电路

在图 4.29 所示的 RLC 串联电路中，总电压 u 与总电流 i 的相位差为

$$\varphi=\arctan\frac{X_L-X_C}{R}$$

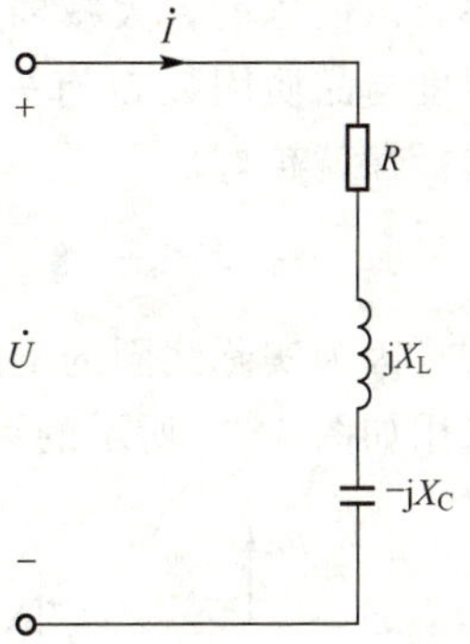

由谐振定义，总电压 u 与总电流 i 同相（即 $\varphi=0°$）时，电路发生谐振。故产生谐振的条件是

$$X_L=X_C \quad 或 \quad \omega L=\frac{1}{\omega C} \qquad (4-67)$$

由式(4-67)可以得到串联谐振时的角频率和频率分别为

$$\omega=\omega_0=\frac{1}{\sqrt{LC}}, \quad f=f_0=\frac{1}{2\pi}\frac{1}{\sqrt{LC}} \qquad (4-68)$$

图 4.29 RLC 串联电路

式中，f_0 为谐振频率（Hz）；ω_0 为谐振角频率（rad/s）。

通过改变电源频率 f 或者改变电路参数 L 或 C 满足式(4-67)时，电路发生谐振。

发生串联谐振时，电路具有下列特征。

(1) 阻抗模最小，即 $|Z|=\sqrt{R^2+(X_L-X_C)^2}=R$。在电源电压 U 一定时，电路中的电流 I 将达到最大值，即 $I=I_0=\dfrac{U}{|Z|}=\dfrac{U}{R}$。

(2) 电路的总无功功率为零，即 $Q=UI\sin\varphi=0$。电源输出的能量全被电阻消耗，电源与电路之间没有能量交换，但电感与电容之间有能量交换，即 $Q_L=|Q_C|$。

(3) 电感与电容的电压相互抵消，因 $X_L=X_C$，有 $U_L=U_C$，且两者反相，即 $\dot{U}_L+\dot{U}_C=0$，此时电路总电压 $\dot{U}=\dot{U}_R+\dot{U}_L+\dot{U}_C=\dot{U}_R$。电压相量图如图 4.30 所示。虽然 $\dot{U}_L+\dot{U}_C=0$，但是 $\dot{U}_L$ 和 $\dot{U}_C$ 的作用不容忽视，因为

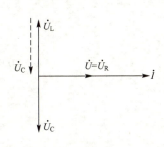

图 4.30 电压相量图

$$U_L = X_L I = \frac{\omega_0 L}{R} U$$

$$U_C = X_C I = \frac{1}{\omega_0 CR} U$$

当 $X_L = X_C \gg R$ 时，U_L 和 U_C 都大于电源电压 U，为此串联谐振又称电压谐振。如果 U_L 和 U_C 过高，将会击穿线圈和电容器的绝缘层。因此，在电力工程中，一般应避免发生串联谐振。而在通信工程中恰好相反，由于其工作信号比较微弱，往往利用串联谐振来获得较强的电压信号。

U_L 和 U_C 与电源电压的比值通常用 Q 来表示

$$Q = \frac{U_L}{U} = \frac{U_C}{U} = \frac{1}{\omega_0 CR} = \frac{\omega_0 L}{R} \quad (4-69)$$

式中，Q 为电路的品质因数，无量纲，其意义电路发生串联谐振时电容或电感元件上的电压有效值是电源电压有效值的 Q 倍。Q 还有另外一个物理意义：Q 会影响电路对信号频率的选择性。如图 4.31 所示，当谐振曲线比较尖锐时，一旦信号频率偏离谐振频率，该信号就大大减弱，即谐振曲线越尖锐，电路的频率选择性就越强。而曲线的尖锐程度与品质因数 Q 有关。设 L、C 不变，只改变 R，则 R 越小，Q 就越大，曲线越尖锐，选择性就越好。

2. 并联谐振电路

因为实际线圈的电路通常用电阻和电感元件串联模型来表示，所以分析并联电路时采用如图 4.32 所示的混联电路。

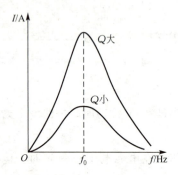

图 4.31 Q 对频率曲线的影响

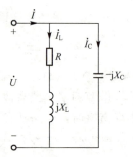

图 4.32 线圈与电容的混联电路

电路的等效阻抗为

$$Z = \frac{(R + j\omega L)\left(-j\dfrac{1}{\omega C}\right)}{R + j\omega L - j\dfrac{1}{\omega C}} \quad (4-70)$$

设谐振时，$\omega_0 L \gg R$，则式(4-70)化简为

$$Z = \frac{j\omega L\left(-j\dfrac{1}{\omega C}\right)}{R + j\omega L - j\dfrac{1}{\omega C}} = \frac{\dfrac{L}{C}}{R + j\left(\omega L - \dfrac{1}{\omega C}\right)}$$

当 $\omega L = \dfrac{1}{\omega C}$ 时,电路呈电阻性,发生并联谐振,即并联谐振时的角频率和频率分别为

$$\omega = \omega_0 = \dfrac{1}{\sqrt{LC}}, \quad f = f_0 = \dfrac{1}{2\pi\sqrt{LC}}$$

发生并联谐振时,电路具有下列特征。

(1) 阻抗模最大,即 $|Z| = \dfrac{L}{RC}$;电源电压不变,电流将达到最小值,即 $I = I_0 = \dfrac{U}{|Z|}$。

(2) 电源与电路之间没有能量交换,电路的总无功功率为零,即 $Q = UI\sin\varphi = 0$。但电感与电容之间有能量交换,而且两者之间进行的是完全的能量补偿,即 $Q_L = |Q_C|$。

(3) 谐振时,电流 $\dot I_L$ 和 $\dot I_C$ 相互抵消。因 $I_L = \dfrac{U}{\sqrt{R^2 + (\omega_0 L)^2}} \approx \dfrac{U}{\omega_0 L}$,$I_C = U\omega_0 C$,又 $\omega_0 L = \dfrac{1}{\omega_0 C}$,则可以认为 $I_L = I_C \gg I$。由于 I_L 与 I_C 相等且可能远远大于总电流 I,故并联谐振又称电流谐振。电流相量图如图 4.33 所示。

I_L 或 I_C 与总电流 I 的比值又称品质因数 Q,即

$$Q = \dfrac{I_L}{I} = \dfrac{I_C}{I} = \dfrac{1}{\omega_0 RC} = \dfrac{\omega_0 L}{R}$$

并联谐振在通信工程中也有广泛的应用。

【例 4-12】 在如图 4.34 所示电路中,电源电压含有 800Hz 和 2kHz 两种频率的信号,如果要过滤掉 2kHz 的信号,使电阻上只有 800Hz 的信号输出,且 $L = 12\text{mH}$。求电容 C 应该为多少?

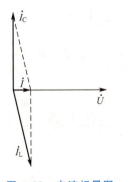

图 4.33 电流相量图

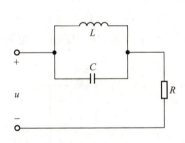

图 4.34 例 4-12 图

【解】 只要使 2kHz 的信号在 LC 并联电路中产生并联谐振,等效阻抗 $Z_{LC} \to \infty$,2kHz 的信号便无法通过,从而使电阻上只有 800Hz 的信号。由并联谐振频率公式 $f_0 = \dfrac{1}{2\pi\sqrt{LC}}$ 求得

$$C = \dfrac{1}{4\pi^2 f_0^2 L} = \dfrac{1}{4 \times 3.14^2 \times 2\,000^2 \times 12 \times 10^{-3}}\text{F}$$
$$\approx 0.53 \times 10^{-6}\text{F}$$
$$= 0.53\mu\text{F}$$

4.8 交流电路应用实例

交流电路在实际工程中有非常广泛的应用,本节将介绍荧光灯电路的结构和工作原理及收音机的调谐电路。

4.8.1 荧光灯电路

【日光灯】

1. 电路结构

荧光灯电路主要由荧光灯管、镇流器和辉光起动器(简称启辉器)三部分构成,如图 4.35 所示。镇流器是一个带铁心的线圈,实际上相当于一个电感和等效电阻的串联。镇流器在电路中与荧光灯管串联。启辉器是一个充有氖气的小玻璃泡,内装一个固定电极触片和 U 型可动双金属电极触片。U 型电极触片受热膨胀弯曲后,其触点会与固定电极的触点闭合。启辉器与荧光灯管并联。荧光灯管是一个内壁涂有荧光粉的玻璃管,灯管两端各有一个灯丝,管内抽成真空,充有惰性气体和水银蒸气。

2. 工作原理

电源刚接通时,由于灯管尚未导通,启辉器两极因承受全部电压而产生辉光放电,启辉器的 U 型电极触片受热弯曲而与固定触片接触,电流流过镇流器、灯管两端灯丝及起辉器构成回路。同时,启辉器两极接触后,辉光放电结束,双金属片冷却收缩,启辉器两极重新断开,在两极断开瞬间镇流器产生较高的感应电动势与电源电压一起(共 400~600V)加在灯管两端,使灯管中的气体电离而放电,产生紫外线,激发管壁上的荧光粉。灯管点燃后,镇流器的限流作用使得灯管两端的电压较低(约为 90V),而启辉器与荧光灯管并联,较低的电压不能使启辉器再次起动。此时,启辉器处于断开状态,即使将它拿掉也不影响灯管正常工作。

荧光灯电路导通时,其灯管相当于一个纯电阻 R,镇流器是具有一定内阻 R_0 的电感线圈,所以整个电路为 RL 串联交流电路,如图 4.36 所示。

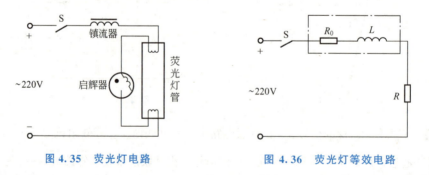

图 4.35　荧光灯电路　　　　图 4.36　荧光灯等效电路

4.8.2 收音机的调谐电路

在无线电技术中,常运用串联谐振电路的选择性来选择信号,如收音机调谐。接收机通过接收天线,接收到各种频率的电磁波信号,每种频率的电磁波信号都要在天线回路中产生相应微弱的感应电流。为了达到选择各个频率信号的目的,通常在收音机中采用如图 4.37(a)所示的输入电路作为接收机的调谐电路。调谐电路的作用是将需要收听的信号从天线所收到的许多不同频率的信号中选出来,尽量抑制其他不需要的信号。

输入调谐回路的主要部分是线圈 L_2 与可变电容器 C 组成的串联谐振电路。由于天线回路 L_1 与调谐回路 L_2C 之间有感应作用,于是在 L_2C 回路中便感应出与天线接收到的各种频率的电磁波信号相对应的电压 u_{s1}、u_{s2}、u_{s3} 等,如图 4.36(b)所示,图中电阻 R 为线圈 L_2 的电阻。由图 4.37(b)可知,各种频率的电压 u_{s1}、u_{s2}、u_{s3} 等与 RLC 电路串联,构成回路。把调谐电路中的电容 C 调节到某个值,恰好使该值对应的固有频率 f_0 等于天线接收到的某电台的电磁波信号频率 f_1(或 $f_2\cdots$),则电路发生谐振。因此在 L_2C 回路中频率为 $f_1(=f_0)$ 的信号电流达到最大值,电容 C 上的频率为 $f_1(=f_0)$ 的电压也很大,并送到下一级进行放大,就能收听到该电台的广播节目。虽然其他频率的信号也出现在电路中,但其频率偏离了固有频率,不能发生谐振,电流很小,被调谐电路抑制掉。收音机的调谐电路就像守门员,让需要的信号进入大门,将不需要的信号拒之门外。当再改变电容器的电容值时,电路和其他某频率的信号发生谐振,该频率的电流又达到最大值,信号最强,其他频率的信号被抑制掉,这样就达到了选择信号及抑制干扰的作用,即实现了选择电台的目的。

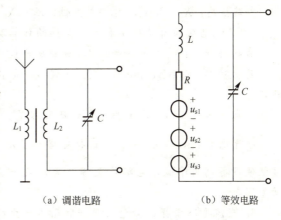

图 4.37 收音机的输入调谐电路

【**例 4 - 13**】 收音机的输入调谐电路如图 4.37 所示,线圈 L 的电感参数 $L=0.3\mathrm{mH}$,电容 C 在 $30\sim300\mathrm{pF}$ 之间可调。试求该收音机可以收听的频率范围。

【**解**】 当 $C=30\mathrm{pF}$ 时

$$f=\frac{1}{2\pi\sqrt{LC}}=\frac{1}{2\times 3.14\times\sqrt{0.3\times 10^{-3}\times 30\times 10^{-12}}}\mathrm{Hz}\approx 1678\mathrm{kHz}$$

当 $C=300\mathrm{pF}$ 时

$$f=\frac{1}{2\pi\sqrt{LC}}=\frac{1}{2\times 3.14\times\sqrt{0.3\times 10^{-3}\times 300\times 10^{-12}}}\mathrm{Hz}\approx 530\mathrm{kHz}$$

故该收音机的收听频率范围为 $530\sim 1678\mathrm{kHz}$。

小 结

1. 正弦量的瞬时值与相量表达式

正弦电压的瞬时值表达式:$u=\sqrt{2}U\sin(\omega t+\varphi_u)$,其中包含有效值 U、角频率 ω 和初相位 φ_u 三个要素。

正弦电压的相量表达式:$\dot{U}=U\underline{/\varphi_u}$,其中只包含正弦量的两个要素,即有效值和角频率。说明相量是表示正弦量,而不能等于正弦量。

2. 电阻、电感和电容的电压电流关系的相量表达式

电阻:$\dot{U}=R\dot{I}$,电阻的电压与电流同频同相。

电感:$\dot{U}=jX_L\dot{I}$,电感的电压与电流同频,电压超前电流90°。

电容:$\dot{U}=-jX_C\dot{I}$,电容的电压与电流同频,电压滞后电流90°。

3. RLC串联交流电路的阻抗、电压关系、电压电流关系及电路性质分析

阻抗:$Z=R+j(X_L-X_C)$。

电压关系:$\dot{U}=\dot{U}_R+\dot{U}_L+\dot{U}_C$。

电压电流关系:$\dot{U}=Z\dot{I}$。

电路性质:$X_L>X_C$时,电路呈感性;$X_L<X_C$时,电路呈容性;$X_L=X_C$时,电路呈阻性。

4. 交流电路的有功功率和无功功率的计算及功率因数的提高

有功功率:$P=UI\cos\varphi=I^2R$,有功功率仅为电阻上消耗的功率。

无功功率:$Q=UI\sin\varphi=I^2(X_L-X_C)$,是指电源与电路之间进行的能量交换的最大规模。

视在功率:$S=UI$,是指电气设备的容量。

功率因数:$\lambda=\cos\varphi=\dfrac{P}{S}$,是指电路实际消耗功率与电源发出功率的比值;功率因数过低使设备利用率低,电路能量损耗大,故一般在感性负载两端并联电容来提高电路的功率因数。

5. 交流电路谐振的概念及串并联谐振产生的条件和电路特征

谐振产生的条件:$X_L=X_C$ 或 $\omega L=\dfrac{1}{\omega C}$。

谐振频率:$f_0=\dfrac{1}{2\pi\sqrt{LC}}$。

串联谐振电路的特征:阻抗最小;电源电压一定时,电流有效值最大;电源与电路之间无能量交换,电感与电容之间进行完全的能量补偿。

并联谐振电路的特征:阻抗最大;电源电压一定时,电流有效值最小;电源与电路之间无能量交换,电感与电容之间进行完全的能量补偿。

知识链接

非正弦周期信号电路的谐波分析

正弦信号是周期信号中最基本、最简单的信号,可以用相量表示和分析,而其他周期信号不能用相量表示。只要非正弦周期信号满足狄里赫利条件①,都可以展开成傅里叶级数,即把非正弦周期信号展

---

① 所谓狄里赫利条件,就是周期函数在一个周期内包含有限个最大值、最小值及有限个第一类间断点。电工技术中涉及的非正弦周期信号都能满足这个条件。

开成许多不同频率的正弦信号,这种分析方法称为谐波分析。设某非正弦周期函数为 $f(t)$,其角频率为 ω,则可以将其分解为下列傅里叶级数:

$$f(t) = A_0 + A_{1m}\sin(\omega t + \varphi_1) + A_{2m}\sin(2\omega t + \varphi_2) + \cdots$$
$$= A_0 + \sum_{k=1}^{\infty} A_{km}(k\omega t + \varphi_k)$$

式中,A_0 为直流分量;第二项的频率与周期函数的频率相同,称为基波分量或一次谐波分量;其余各项的频率分别为周期函数频率的整数倍,称为高次谐波分量,如 $k=2$、3、$\cdots$ 的各项分别称为二次谐波、三次谐波等。

非正弦周期电压和电流信号也都可以进行傅里叶级数展开。非正弦周期电压和电流信号的有效值(即均方根值)与其直流分量和各次谐波分量有如下关系:

$$U = \sqrt{U_0^2 + U_1^2 + U_2^2 + \cdots}$$
$$I = \sqrt{I_0^2 + I_1^2 + I_2^2 + \cdots}$$

当作用于电路的电源为非正弦周期信号电源时,电路中的电压和电流都是非正弦周期量。这种线性电路可以利用谐波分析和叠加定理共同分析。

首先,对非正弦周期信号电源进行谐波分析,求出电源信号的直流分量和各次谐波分量;然后,求出非正弦周期信号电源的直流分量和各次谐波分量分别单独作用时,电路中产生的电压和电流;最后,将属于同一支路的分量进行叠加,得到实际的电压和电流。

在计算过程中,可用直流电路的计算方法计算直流分量,即电容相当于开路,电感相当于短路;可用交流电路的相量分析法计算各次谐波分量,注意容抗与频率成反比,感抗与频率成正比。在最后进行叠加时,不是相量相加,而是瞬时值相加,因为直流分量和各次谐波分量的频率不同。

非正弦周期信号电路的总有功功率等于直流分量的功率与各次谐波分量的有功功率之和,即

$$P = P_0 + P_1 + P_2 + \cdots = U_0 I_0 + U_1 I_1 \cos\varphi_1 + U_2 I_2 \cos\varphi_2 + \cdots$$

习　题

4-1　单项选择题

(1) 下列正弦量表达式正确的是(　　)。

A. $i = 5\sin(\omega t - 30°) = 5e^{-j30°}$ 　　　　B. $U = 100\sqrt{2}\sin(\omega t + 45°)$

C. $I = 10\underline{/30°}$ 　　　　　　　　　　　D. $i = 10\sin t$

(2) 正弦电流通过电感时,下列关系式正确的是(　　)。

A. $U = L\dfrac{di}{dt}$ 　　B. $\dot{I} = -j\dfrac{\dot{U}}{\omega L}$ 　　C. $u = \omega L i$ 　　D. $\dot{I} = j\omega L \dot{U}$

(3) RLC 串联电路中,下列表达式错误的是(　　)。

A. $u = u_R + u_L + u_C$ 　　　　　　　　B. $I = \dfrac{U}{Z}$

C. $\dot{I} = \dfrac{\dot{U}}{R + j\omega L + \dfrac{1}{j\omega C}}$ 　　　　D. $Z = R + j\omega L + \dfrac{1}{j\omega C}$

(4) 当 RLC 串联电路的频率低于谐振频率时,电路呈(　　)。

A. 电容性　　　　B. 电感性　　　　C. 电阻性　　　　D. 不确定

(5) 当 RLC 串联电路的频率高于谐振频率时,电路呈(　　)。

A. 电容性　　　　B. 电感性　　　　C. 电阻性　　　　D. 不确定

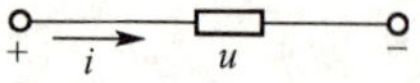

(6) 如图 4.38 所示的电路元件可能是一个电阻、一个电感或者一个电容，若两端加以正弦电压 $u=20\sin(10^3 t+30°)$ V，电流 $i=5\sin(10^3 t-60°)$ A，则该电路元件为（　　）。

图 4.38　习题 4-1(6)图

A. 电感元件，$L=4$mH　　　　　　B. 电阻元件，$R=4\Omega$
C. 电容元件，$C=250\mu$F　　　　　D. 电阻元件，$R=-4\Omega$

(7) 若电压 $u=u_1+u_2$，且 $u_1=10\sin\omega t$V，$u_2=10\sin\omega t$V，则 u 的有效值为（　　）。

A. 20V　　　　B. $\dfrac{20}{\sqrt{2}}$V　　　　C. 10V　　　　D. $\dfrac{10}{\sqrt{2}}$V

(8) 已知正弦电流 $i_1=10\cos(\omega t+30°)$A，$i_2=10\sin(\omega t-15°)$A，则 i_1 超前于 i_2（　　）。

A. 45°　　　　B. $-45°$　　　　C. 105°　　　　D. 135°

(9) 如图 4.39 所示电路，电压 $u=4\sqrt{2}\cos\omega t$V，$u_1=3\sqrt{2}\sin\omega t$V，则电压表读数为（　　）。

A. 1V　　　　B. 7V　　　　C. 5V　　　　D. $4\sqrt{2}$V

(10) 如图 4.40 所示电路，$i_1=3\sqrt{2}\cos(\omega t+45°)$A，$i_2=3\sqrt{2}\sin(\omega t-45°)$A，则电流表读数为（　　）。

A. 6A　　　　B. $3\sqrt{2}$A　　　　C. 3A　　　　D. 0

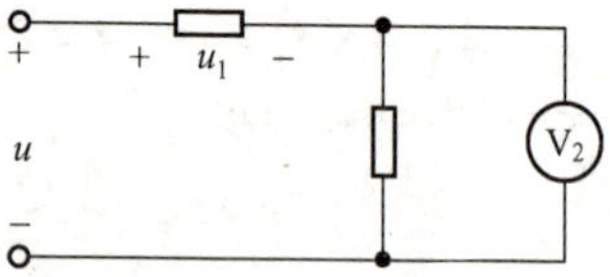

图 4.39　题 4-1(9)图 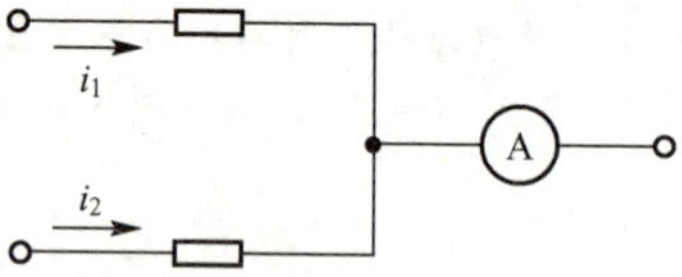　　　　　图 4.40　题 4-1(10)图

4-2　判断题（正确的请在每小题后的圆括号内打"√"，错误的打"×"）

(1) 两个同频的正弦电流在某瞬时值都是 5A，则两者同相同幅值。　　　　　（　　）
(2) $i_1=15\sin(100\pi t+45°)$A，$i_2=10\sin(100\pi t-30°)$A，两者的相位差为 75°。　（　　）
(3) 电阻元件的电压有效值与电流有效值的比值是电阻 R。　　　　　　　　（　　）
(4) 电感元件的电压有效值与电流有效值的比值是电感 L。　　　　　　　　（　　）
(5) 电感元件在相位上，电流超前于电压 90°。　　　　　　　　　　　　　　（　　）
(6) 电容元件在相位上，电流超前于电压 90°。　　　　　　　　　　　　　　（　　）
(7) 在电压有效值一定时，频率越高，通过电感元件的电流有效值越小。　　（　　）
(8) 在 RLC 串联电路中，串联电压 $U=U_R+U_L+U_C$。　　　　　　　　　　（　　）
(9) RLC 串联电路的功率因数一定小于 1。　　　　　　　　　　　　　　　　（　　）
(10) RLC 串联电路发生谐振时，由于 $X_L=X_C$，所以 $\dot{U}_L=\dot{U}_C$。　　　　（　　）

4-3　已知正弦电压 $u=311\sin(314t+30°)$V，求：
(1) 有效值、初相位、频率和周期。
(2) 画出该电压的波形图。
(3) $t=0$ 和 $t=0.015$s 时的电压瞬时值。

4-4　正弦交流电路电流的有效值为 20A，频率为 50Hz，时间起点取在其正向最大值处。试写出此正弦电流的瞬时值表达式。

4-5　已知两个同频正弦电流的相量分别为 $\dot{I}_1 = 5\underline{/30°}$ A，$\dot{I}_2 = -10\underline{/-150°}$ A，频率 $f = 50$ Hz。求：①两电流的瞬时值表达式；②两电流的相位差。

4-6　已知某支路的电压和电流分别为

$$u = 10\sin(10^3 t - 30°) \text{V}$$
$$i = 50\cos(10^3 t - 50°) \text{A}$$

（1）画出它们的波形图，求出它们的有效值、频率和周期。

（2）写出它们的相量表达式，求出相位差并画出相量图。

4-7　已知某支路中两串联元件的电压分别为 $u_1 = 8\sqrt{2}\sin(\omega t + 60°)$ V，$u_2 = 6\sqrt{2}\sin(\omega t - 30°)$ V。试求支路电压 $u = u_1 + u_2$，并画出相量图。

4-8　已知两支路并联，总电流 $i = 10\sqrt{2}\sin(\omega t + 60°)$ A，支路 1 的电流 $i_1 = 8\sqrt{2}\sin(\omega t + 30°)$ A。试求支路 2 的电流 i_2，并画出相量图。

4-9　已知线性电阻 $R = 10\Omega$，其上加正弦电压 $u = \sqrt{2}U\sin\omega t$ V，电压与电流取关联参考方向，此时测得电阻消耗的功率为 1kW。求此正弦电压的有效值。

4-10　已知电感线圈 $L = 20$ mH，电阻忽略不计，电压与电流取关联参考方向。

（1）当通以正弦电流 $i = 2\sqrt{2}\sin 314t$ A 时，求线圈两端的电压 u。

（2）当在电感两端加电压 $\dot{U} = 127\underline{/30°}$ V，$f = 50$ Hz 时，求其电流 $\dot{I}$ 并画出相量图。

4-11　已知电容 $C = 10\mu$F，电阻忽略不计，电压与电流取关联参考方向。

（1）当在电容上加正弦电压 $u = 220\sqrt{2}\sin 314t$ V 时，求电流 i。

（2）若电容上通过 $f = 50$ Hz 的正弦电流 $\dot{I} = 0.1\underline{/-30°}$ A，求电压 $\dot{U}$，并画出相量图。

4-12　某元件的电压和电流取关联的参考方向时，若分别为下列 4 种情况，则它可能是什么元件？

（1）$\begin{cases} u = 10\cos(10t + 45°) \text{V} \\ i = 5\sin(10t + 135°) \text{A} \end{cases}$　（2）$\begin{cases} u = 10\cos t \text{V} \\ i = 5\sin t \text{A} \end{cases}$

（3）$\begin{cases} u = 10\sin 314t \text{V} \\ i = 5\cos 314t \text{A} \end{cases}$　（4）$\begin{cases} u = 10\sin(314t + 45°) \text{V} \\ i = 5\sin 314t \text{A} \end{cases}$

4-13　将一个电感线圈接到 20V 的直流电源时，通过的电流为 1A；将该线圈改接到 2kHz、20V 的交流电源时，电流为 0.8A。求该线圈的电阻 R 和电感 L。

4-14　已知电阻 $R = 4\Omega$，电容 $C = 354\mu$F，电感 $L = 19$ mH，将三者串联后分别接在 220V、50Hz 和 220V、100Hz 的交流电源上。求上述两种情况下，串联电路的电流 $\dot{I}$，并分析电路性质。

4-15　如图 4.41 所示 RLC 并联电路中，电流表 A 和 A_1 的读数均为 5A，A_2 的读数为 3A。求电流表 A_3 的读数。

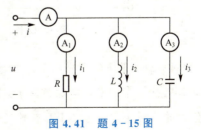

图 4.41　题 4-15 图

4-16 如图4.42所示电路为用三电流表测线圈参数的实验电路。已知电源频率 $f=50\text{Hz}$，图中电流表 A_1 和 A_2 的读数均为10A，A的读数为17.32A。求线圈电阻 R 和电感 L。

4-17 如图4.43所示正弦交流电路中，已知电压表 V、V_1 和 V_2 的读数分别为10V、6V和3V。求电压表 V_3 的读数，并画出相量图。

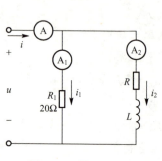

图4.42　题4-16图

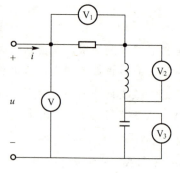

图4.43　题4-17图

4-18 如图4.44所示电路中，已知 $f=50\text{Hz}$，$R=4\Omega$，$L=12.75\text{mH}$，$C=796\mu\text{F}$，$I_L=10\text{A}$。求 U 和 I 的值，并画出相量图。

4-19 RLC 串联交流电路中，已知 $R=1.5\Omega$，$L=2\text{mH}$，$C=2\,000\mu\text{F}$。试求：

(1) ω 为多少时，$\dot{I}$ 比 $\dot{U}$ 超前 $\dfrac{\pi}{4}$？

(2) ω 为多少时，$\dot{I}$ 与 $\dot{U}$ 同相？

(3) ω 为多少时，$\dot{U}$ 比 $\dot{I}$ 超前 $\dfrac{\pi}{4}$？

4-20 如图4.45所示电路中，$U=220\text{V}$，$R_1=10\Omega$，$X_1=10\sqrt{3}\Omega$，$R_2=20\Omega$，$X_2=20\sqrt{3}\Omega$。试求：①各支路电流；②有功功率和无功功率；③功率因数，并判断电路性质。

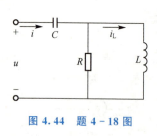

图4.44　题4-18图

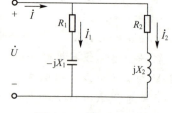

图4.45　题4-20图

4-21 某 RC 串联电路，电源电压为 $\dot{U}$，电阻和电容上的电压分别为 $\dot{U}_R$ 和 $\dot{U}_C$。已知电路阻抗模为2kΩ，电源频率 $f=1\text{kHz}$，并设 $\dot{U}$ 与 $\dot{U}_C$ 之间的相位差为30°。试求 R 和 C 的值，并说明在相位上 $\dot{U}_C$ 比 $\dot{U}$ 超前还是滞后。

4-22 某感性负载（可视为 RL 串联）接在220V、50Hz的电源上，通过负载的电流 $I=10\text{A}$，消耗有功功率1500W。求负载的功率因数以及电阻 R 和电感 L。

4-23 某 RLC 串联的交流电路，$R=30\Omega$，$X_L=40\Omega$，$X_C=80\Omega$，接在 220V 的交流电源上。求电路的总有功功率、无功功率和视在功率。

4-24 某感应电动机，在额定工作状态下其从电网上取用的功率为 1.1kW。当在 220V 的额定电压下工作时，电流 $I=10A$。求：

(1) 感应电动机的功率因数。

(2) 若要将功率因数提高到 0.9，应在电动机两端并联多大的电容？

4-25 图 4.46 所示荧光灯电路接在 220V、50Hz 的交流电源上，工作时测得灯管电压为 100V，电流为 0.4A，镇流器的功率为 7W。求：

(1) 灯管电阻 R、镇流器电阻 R_L 和电感 L。

(2) 灯管消耗的有功功率、电路总的有功功率及电路的功率因数。

(3) 要将电路的功率因数提高到 0.9，需并联多大的电容？

4-26 如图 4.47 所示电路中，已知：$R_1=30\Omega$，$R_2=50\Omega$，$R_3=100\Omega$，$X_{C1}=20\Omega$，$X_{C2}=100\Omega$，$X_L=50\Omega$。求输入端总阻抗 Z；若 $U=200V$，求 I_1、I_2 和 I。

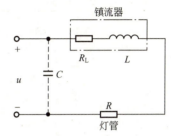

图 4.46 题 4-25 图

4-27 如图 4.48 所示电路中，已知：$Z_1=(30+j40)\Omega$，$Z_2=(50-j20)\Omega$，$Z_3=(10+j20)\Omega$，$U=100V$。求各支路电流 I_1、I_2 和 I，并求电路的总有功功率。

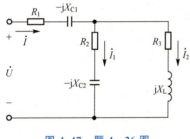

图 4.47 题 4-26 图

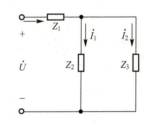

图 4.48 题 4-47 图

4-28 在 RLC 串联电路中，$R=50\Omega$，$L=400mH$，谐振角频率 $\omega_0=5000rad/s$，电源电压 $U_S=1V$。求电容 C 及各元件电压的瞬时值表达式。

4-29 某收音机接收电路的电感约为 40mH，可调电容器的调节范围为 30～375pF。试问能否收听 45～145kHz 波段？

4-30 某 RLC 串联电路，接在 100V、50Hz 的交流电源上，$R=4\Omega$，$X_L=6\Omega$，电容 C 可调。试求：

(1) 当电路电流为 20A 时，电容 C 是多少？

(2) 电容 C 调节到何值时，电路电流最大？此时电流是多少？

4-31 如图 4.49 所示电路中，电源包含两种频率的信号，$\omega_1=1000rad/s$，$\omega_2=3000rad/s$，$C_2=0.125\mu F$，若使电阻上的输出电压 u_R 只含有 ω_1 的信号。试问 C_1 和 L_1 分别应是多少？

4-32 如图 4.50 所示电路中，已知电容 C 固定，要使电路在角频率 ω_1 时发生并联谐振，而在角频率 ω_2 时发生串联谐振。求 L_1、L_2 的值。

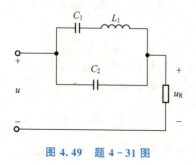

图 4.49　题 4-31 图

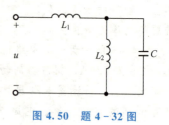

图 4.50　题 4-32 图

第5章
三相交流电路及安全用电

本章主要介绍三相对称电源的产生，三相电源和三相负载的连接方式，对称三相电路的计算，电力系统的有关知识等。重点为对称三相电路的分析和计算方法以及三相电路中电压、电流线值与相值的换算，了解安全用电和触电防护等内容。

教学目标与要求

- 了解三相对称电源的特点。
- 了解三相四线制及中性线的作用。
- 熟练掌握对称三相电路的分析和计算方法。
- 了解安全用电的基本常识。

引例

在家庭中通常采用的是单相交流电源，但在工厂中普遍采用来自变电站的三相交流电源，图5.0所示为某220kV变电站。正弦交流电路中，中性线与接地线有什么区别？相电压、相电流与线电压、线电流之间如何换算？其接线方式又是怎样的？在使用用电设备时，可能会出现漏电、触电等情况，可以采取什么措施防止发生触电事故？有的用电设备在使用过程中本身并未出现漏电等情况，人触摸设备外壳时却触电了，这是为什么？通过学习本章内容可以解疑释惑。

图5.0　某220kV变电站

5.1　三相对称电源

在生产建设中，三相交流电得到了广泛的应用。绝大多数用户采用三相对称的正弦交流电，简称三相对称电源。所谓三相对称电源，就是由三个频率相同、幅值相同、相位互差 120°的三相电动势组成的电源系统。当任一条件不满足要求时，称为不对称电源系统。工业企业中通常采用的是三相对称电源。

5.1.1 三相对称电源的产生

【发电机的工作原理】

众所周知，三相电能是由三相发电机提供的，具有三个对称电动势的发电机称为三相发电机。图 5.1(a)所示中，三相发电机的定子上分布着三个对称绕组（三个绕组的匝数相等，几何形状和尺寸相同），彼此放置位置相差 120°，发电机的转子通上直流电则产生磁场。当发电机的转子由原动机（如汽轮机、水轮机等）拖动，以角频率 ω 顺时针匀速旋转时，产生旋转磁场。此时相当于定子绕组逆时针旋转作切割磁感线运动，在三相绕组中产生感应电动势 e_1、e_2 和 e_3，电动势的参考方向由负端（一）指向正端（+）。绕组两端的电压用 u_1、u_2 和 u_3 表示，参考方向如图 5.1(b)所示。由于三相绕组在空间上互差 120°，故三相电动势在相位上也互差 120°，因此产生了三相对称电源。若忽略电源的内阻抗，则电动势与绕组的外端电压相等。

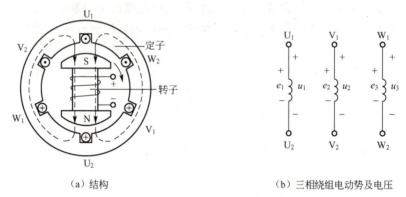

(a) 结构　　　　　　　　　　(b) 三相绕组电动势及电压

图 5.1　三相发电机的原理

以 u_1 为参考相量，三相绕组两端电压的瞬时值可表示为

$$\left.\begin{aligned} u_1 &= U_m \sin\omega t \\ u_2 &= U_m (\sin\omega t - 120°) \\ u_3 &= U_m (\sin\omega t - 240°) = U_m (\sin\omega t + 120°) \end{aligned}\right\} \quad (5-1)$$

由于三相电压为同频率的正弦量，故用相量形式可表示为

$$\left.\begin{aligned} \dot{U}_1 &= U\angle 0° = U \\ \dot{U}_2 &= U\angle -120° = U\left(-\frac{1}{2} - j\frac{\sqrt{3}}{2}\right) \\ \dot{U}_3 &= U\angle +120° = U\left(-\frac{1}{2} + j\frac{\sqrt{3}}{2}\right) \end{aligned}\right\} \quad (5-2)$$

实际上，发电机的定子有许多槽，每个槽中的导线具有多匝，所有定子槽中的导线共分成三组，每组导线首尾连接，称为定子中的一相绕组，共三相绕组。每个绕组都有始端和末端，通常设 U_1、V_1 和 W_1 为绕组的始端，U_2、V_2 和 W_2 为绕组的末端，如图 5.1(b)所示。

三相对称电源的电压波形图和相量图如图 5.2 所示。三相交流电在相位上的先后顺序称为相序,即三相电压 u_1、u_2 和 u_3 先后达到正最大值的顺序。显然,式(5-2)中三相电压 u_1、u_2 和 u_3 达到正最大值的顺序为 $u_1 \to u_2 \to u_3$,称为正序(或顺序);否则称为负序(或逆序)。电力系统多采用正序。在三相电源中,每相绕组的电动势称为相电动势,每相绕组两端的电压称为相电压。在任何瞬时,三相对称电动势之和都等于零。

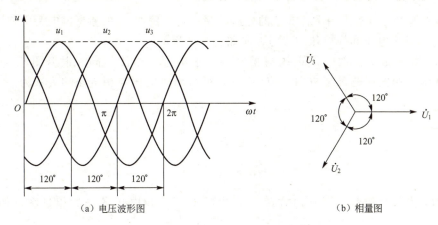

图 5.2 三相对称电源的电压波形图和相量图

对相色的规定如下:u 相为黄色;v 相为绿色;w 相为红色;中性线(即零线)为浅蓝色;保护中性线(即地线)为黄绿相间的颜色。

5.1.2 电源的星形连接

三相电源有两种连接方式:星形(Y)连接和三角形(△)连接。通常大型发电机采用星形连接,星形连接能降低定子绕组的绝缘要求,还能防止因内部环流引起发电机定子绕组烧毁。小型发电机既有星形连接也有三角形连接,但以星形连接居多。

电源的星形连接:将三相绕组的末端 U_2、V_2 和 W_2 连在一起,作为中性点,用 N 表示。由中性点引出的线称为中性线。若中性点接地,由中性点引出的线称为保护中性线,用 PEN 表示,通常用于低压线路。由三相绕组的始端 U_1、V_1 和 W_1 分别引出的线称为相线,俗称火线,用 L_1、L_2 和 L_3 表示,接线方式如图 5.3 所示。图中有中性线引出的称为三相四线制,无中性线引出的称为三相三线制。

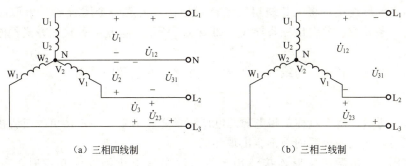

图 5.3 三相电源的星形连接

三相电源相线之间的电压称为线电压，分别记作 $\dot{U}_{12}$、$\dot{U}_{23}$ 和 $\dot{U}_{31}$，有效值用 U_{12}、U_{23} 和 U_{31} 或 U_L 表示。

电源相线与中性线之间的电压称为相电压，用相量表示时，分别记作 $\dot{U}_1$、$\dot{U}_2$ 和 $\dot{U}_3$，参考方向规定为三相绕组的始端指向末端，有效值用 U_1、U_2 和 U_3 或 U_P 表示。

线电压的参考方向为由下标文字的先后次序规定，例如 $\dot{U}_{12}$ 的参考方向为由相线 L_1 指向相线 L_2。各相电压和线电压的参考方向如图 5.3 所示。

三相电源接成星形时，线电压与相电压大小不等、相位不同。根据图 5.3 中规定的各线电压和相电压的参考方向，应用 KVL 可得出线电压与相电压的关系为

$$\left.\begin{array}{l}\dot{U}_{12}=\dot{U}_1-\dot{U}_2\\\dot{U}_{23}=\dot{U}_2-\dot{U}_3\\\dot{U}_{31}=\dot{U}_3-\dot{U}_1\end{array}\right\} \quad (5-3)$$

若以 $\dot{U}_1$ 为参考相量，可画出式(5-3)中线电压与相电压各量的相量图，如图 5.4 所示。

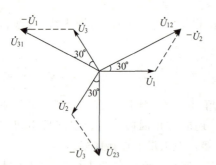

图 5.4 三相对称电源星形连接时的电压相量图

由图可看出，线电压、相电压三相对称，线电压 $\dot{U}_{12}$、$\dot{U}_{23}$ 和 $\dot{U}_{31}$ 分别比相电压 $\dot{U}_1$、$\dot{U}_2$ 和 $\dot{U}_3$ 超前 $30°$。若用相量表示线电压与相电压之间的关系，则有

$$\left.\begin{array}{l}\dot{U}_{12}=\sqrt{3}\dot{U}_1\underline{/30°}\\\dot{U}_{23}=\sqrt{3}\dot{U}_2\underline{/30°}\\\dot{U}_{31}=\sqrt{3}\dot{U}_3\underline{/30°}\end{array}\right\} \quad (5-4)$$

例如在低压三相四线制中，三相交流电的线电压 $U_L=380\text{V}$，相电压 $U_P=220\text{V}$（380V 近似等于 220V 的 $\sqrt{3}$ 倍）。

5.1.3 电源的三角形连接

电源的三角形连接：将三相绕组彼此首尾相接，形成一个闭合的三角形回路。每个连接端引出一条导线，共引出三条导线，如图 5.5 所示。但是此种接线方式不能引出中性点和中性线。

由图 5.6 可见，相电压与线电压之间大小相等，相位相同。则

$$\dot{U}_{12}+\dot{U}_{23}+\dot{U}_{31}=0 \quad (5-5)$$

如图 5.6 所示，由于对称三相电源的电压相量之和为零，当不接负载或所接三相负载对称时，三角形接线的电源内部不会出现环流。

实际使用中，电源三角形连接使用较少。汽车发电机需要大功率时，采用三角形连接。

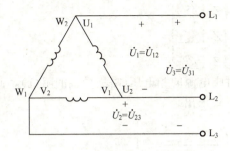

图 5.5 三相电源的三角形连接

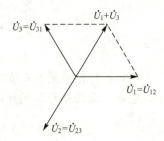

图 5.6 三相对称电源三角形
连接时的电压相量图

5.2 三相负载

用电设备又称电力负载，简称负载。负载主要分两类，一类是单相负载，单相负载按照一定的方式接在三相电源的一相或两相上，如单相电动机、电冰箱、洗衣机、空调和照明灯具等。另一类是三相负载。在工厂中，三相负载使用最普遍，如三相感应电动机。

在供配电系统中，三相负载根据连接方式的不同可分为星形(Y)连接和三角形(△)连接。如无特殊说明，以下涉及的三相电源均为三相对称电源。

5.2.1 负载的星形连接

三相负载的星形连接如图 5.7 所示。三相负载的一端连接在一起，与电源的中性线相接；另一端分别与电源的相线相接，这种连接方式称为三相负载的星形连接，这种接线方式称为三相四线制接线。

若略去导线的阻抗，则负载的线电压与电源的线电压相等。同理，负载的相电压与电源的相电压相等，N 与 N' 等电位。

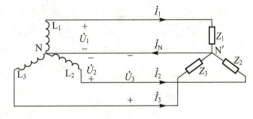

图 5.7 三相负载的星形连接

图 5.7 中，$\dot{I}_1$、$\dot{I}_2$ 和 $\dot{I}_3$ 是分别流过三根相线的电流，称为线电流，其有效值用 I_L 表示。流过各相负载的电流称为相电流，其有效值用 I_P 表示。星形连接时负载的相电流等于线电流。流过中性线的电流 $\dot{I}_N$ 称为中性线电流。线电流的参考方向规定为从电源侧指向负载侧，中性线电流的参考方向规定为从负载的中性点指向电源的中性点。

1. 三相对称负载

当三相的负载阻抗 $Z_1=Z_2=Z_3=|Z|\underline{/\varphi}$ 时，三相负载阻抗完全相等，这种负载称为三相对称负载；否则称为三相不对称负载。三相对称负载也可表示为 $|Z_1|=|Z_2|=|Z_3|=|Z|$ 及 $\varphi_1=\varphi_2=\varphi_3=\varphi$，即阻抗模相等及阻抗角相同。

以电源相电压 $\dot{U}_1$ 为参考相量，即 $\dot{U}_1=U\underline{/0°}$，设三相负载阻抗分别为

$$Z_1 = R_1 + jX_1 = |Z_1|\underline{/\varphi_1}$$
$$Z_2 = R_2 + jX_2 = |Z_2|\underline{/\varphi_2}$$
$$Z_3 = R_3 + jX_3 = |Z_3|\underline{/\varphi_3}$$
(5-6)

由图 5.7 可知，每相负载所承受的电压为对应电源的相电压（略去导线的阻抗），并且相电流等于线电流，而每相负载的相电流可用下式求出。

$$\dot{I}_1 = \frac{\dot{U}_1}{Z_1} = \frac{U\underline{/0°}}{|Z_1|\underline{/\varphi_1}} = I_1\underline{/-\varphi_1}$$
$$\dot{I}_2 = \frac{\dot{U}_2}{Z_2} = \frac{U\underline{/-120°}}{|Z_2|\underline{/\varphi_2}} = I_2\underline{/-120°-\varphi_2}$$
$$\dot{I}_3 = \frac{\dot{U}_3}{Z_3} = \frac{U\underline{/120°}}{|Z_3|\underline{/\varphi_3}} = I_3\underline{/120°-\varphi_3}$$
(5-7)

根据 KCL 可求出中性线电流，即

$$\dot{I}_N = \dot{I}_1 + \dot{I}_2 + \dot{I}_3$$
(5-8)

式(5-8)中的中性线电流($\dot{I}_N$)等于各相电流的相量和。三相负载对称时$\dot{I}_N$为零，可省去中性线，但接地保护用的 PE 线不能省去。

由式(5-7)可知，当星形连接的三相负载对称时，负载的三相电流大小相等、相位互差 120°，即负载的三相电流对称，因此在计算时，只需对一相进行分析计算即可。

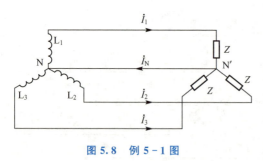

图 5.8 例 5-1 图

【例 5-1】 如图 5.8 所示，已知星形连接的三相对称电路中，电源线电压为 380V，负载为三相对称负载，每相负载阻抗 $Z=(6+j8)\Omega$。试求各相负载的相电压，相电流 $\dot{I}_1$、$\dot{I}_2$、$\dot{I}_3$，线电流及中性线电流 $\dot{I}_N$。

【解】 根据已知条件可知，各相负载的线电压和相电压与电源的线电压和相电压对应相等，线电压为相电压的 $\sqrt{3}$ 倍，即 $U_P = \frac{1}{\sqrt{3}}U_L \approx 220\text{V}$

令相电压 $\dot{U}_1 = 220\underline{/0°}$，则

$$\dot{I}_1 = \frac{\dot{U}_1}{Z} = \frac{220\underline{/0°}}{6+j8}\text{A} = \frac{220\underline{/0°}}{10\underline{/53.1°}}\text{A} \approx 22\underline{/-53°}\text{A}$$

由三相负载对称，可得

$$\dot{I}_2 \approx 22\underline{/-173°}\text{A}$$
$$\dot{I}_3 \approx 22\underline{/67°}\text{A}$$

同理，由于三相对称，各相的线电流与相电流相等。

根据图中各电流的参考方向，经计算，中性线电流为

$$\dot{I}_N = \dot{I}_1 + \dot{I}_2 + \dot{I}_3 = 0$$

2. 三相不对称负载

相电压为 220V 的低压用户中，单相设备较多，低压线路中三相负载往往不对称。由于中性线的作用，三相负载电压仍然对称，负载可以正常工作，但是负载电流不再对称，中性线电流 $\dot{I}_\text{N}$ 不为零，因此不能省去中性线。

下面简要分析不对称负载省去中性线时易造成的危险。图 5.9 所示为三相不对称负载省去中性线时的电路。

根据 KVL 和 KCL，列出方程式

$$\dot{U}_1 = \dot{I}_1 Z_1 + \dot{U}_\text{N'N}$$
$$\dot{U}_2 = \dot{I}_2 Z_2 + \dot{U}_\text{N'N}$$
$$\dot{U}_3 = \dot{I}_3 Z_3 + \dot{U}_\text{N'N} \tag{5-9}$$
$$\dot{I}_1 + \dot{I}_2 + \dot{I}_3 = 0$$

整理得

$$\dot{U}_\text{N'N} = \frac{\dfrac{\dot{U}_1}{Z_1} + \dfrac{\dot{U}_2}{Z_2} + \dfrac{\dot{U}_3}{Z_3}}{\dfrac{1}{Z_1} + \dfrac{1}{Z_2} + \dfrac{1}{Z_3}} \tag{5-10}$$

可见，当负载不对称时省去中性线，即使电源电压是对称的，但三相电流是不对称的，此时 $\dot{U}_\text{N'N} \neq 0$，负载的相电压也是不对称的。当三相负载严重不对称时，就会造成负载端有的电压过高，有的电压过低。例如居民用电设备通常为单相设备，若省去中性线，负载上三相电压将不对称，用电设备不能正常工作，极易造成家用电器烧毁的事故。

【例 5-2】 已知电源的线电压 $U_\text{L} = 380\text{V}$，每相负载的阻抗模均为 10Ω，电路如图 5.10 所示。试求各相电流和中性线电流。

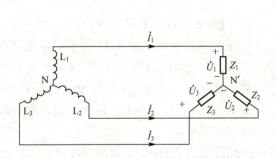

图 5.9 三相不对称负载省去中性线时的电路

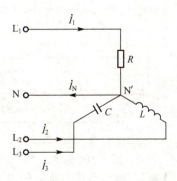

图 5.10 例 5-2 图

【解】 设以 L_1 相电源相电压为参考相量，则

$$\dot{U}_1 = \frac{380}{\sqrt{3}} \underline{/0°}\,\text{V} \approx 220\underline{/0°}\,\text{V}$$
$$\dot{U}_2 \approx 220\underline{/-120°}\,\text{V}$$
$$\dot{U}_3 \approx 220\underline{/120°}\,\text{V}$$

由于负载不对称,各相电流应分别进行计算。

L_1 相负载为电阻性负载,电流与电压同相位

$$\dot{I}_1 = \frac{\dot{U}_1}{Z_1} = \frac{220\angle 0°}{10}\text{A} = 22\angle 0°\text{A}$$

L_2 相负载为电感性负载,电流滞后于电压 90°

$$\dot{I}_2 = \frac{\dot{U}_2}{Z_2} = \frac{220\angle -120°}{jX_L} = \frac{220\angle -120°}{10\angle 90°}\text{A} = 22\angle 150°\text{A}$$

L_3 相负载为电容性负载,电流超前于电压 90°

$$\dot{I}_3 = \frac{\dot{U}_3}{Z_3} = \frac{220\angle 120°}{-jX_C} = \frac{220\angle 120°}{10\angle -90°}\text{A} = 22\angle -150°\text{A}$$

中性线电流为

$$\dot{I}_N = \dot{I}_1 + \dot{I}_2 + \dot{I}_3 = \{22 + 22(\cos 150° + j\sin 150°) + 22[\cos(-150°) + j\sin(-150°)]\}\text{A}$$
$$\approx -16\text{A}$$

中性线电流为 16A,实际方向与图示方向相反。

实际应用中,中性线电流数值较小,所以中性线截面面积比相线截面面积略小[当变压器绕组一次侧三角形连接、二次侧星形连接(即采用 D, Y_{n11} 连接方式)时,一般低压三相四线制中的中性线截面面积与相线截面面积相同]。

特别提示

● 三相电路中任一瞬间电压、电流规律符合基尔霍夫定律。若用相量计算三相电路,则基尔霍夫电压、电流定律也完全适用。

● 中性线的作用在于使不对称负载的相电压基本保持对称,还可以方便地连接单相设备。为此,供电规程中规定:在三相四线制供电系统中,中性线不得断开,不准在中性线安装开关或熔断器。

图 5.11 例 5-3 图

【例 5-3】 某星形连接的三相电路,电源电压对称。电路如图 5.11 所示,设电源线电压 $u_{12} = 380\sqrt{2}\sin(\omega t + 30°)$ V。负载为电灯组,若 $R_1 = R_2 = R_3 = 5\Omega$,求各线电流及中性线电流;若 $R_1 = 5\Omega$,$R_2 = 10\Omega$,$R_3 = 20\Omega$,求各线电流及中性线电流。

【解】 因为负载对称,所以只需计算一相即可,此处取 L_1 相为参考量。

由于 $u_{12} = 380\sqrt{2}\sin(\omega t + 30°)$V,故有 $U_1 = \frac{U_{12}}{\sqrt{3}} = \frac{380}{\sqrt{3}}\text{V} \approx 220\text{V}$($u_1$ 比 u_{12} 滞后 30°),

所以 $\dot{U}_1 = 220\angle 0°$V。

L_1 相线的线电流

$$\dot{I}_1 = \frac{\dot{U}_1}{R_1} = \frac{220\angle 0°}{5}\text{A} = 44\angle 0°\text{A}$$

由三个线电流对称可得 L_2 相线的线电流和 L_3 相线的线电流分别为

$$\dot{I}_2 = 44\underline{/-120°}\text{A}, \quad \dot{I}_3 = 44\underline{/120°}\text{A}$$

根据图中各电流的参考方向，由 KCL 得中性线电流

$$\dot{I}_N = \dot{I}_1 + \dot{I}_2 + \dot{I}_3 = 0$$

三相负载不对称（$R_1=5\Omega$、$R_2=10\Omega$、$R_3=20\Omega$），则各线电流分别为

$$\dot{I}_1 = \frac{\dot{U}_1}{R_1} = \frac{220\underline{/0°}}{5}\text{A} = 44\underline{/0°}\text{A}$$

$$\dot{I}_2 = \frac{\dot{U}_2}{R_2} = \frac{220\underline{/-120°}}{10}\text{A} = 22\underline{/-120°}\text{A}$$

$$\dot{I}_3 = \frac{\dot{U}_2}{R_3} = \frac{220\underline{/120°}}{20}\text{A} = 11\underline{/120°}\text{A}$$

中性线电流为

$$\dot{I}_N = \dot{I}_1 + \dot{I}_2 + \dot{I}_3 = 44\underline{/0°} + 22\underline{/-120°} + 11\underline{/120°}$$
$$= 44 + (-11 - j18.9) + (-5.5 + j9.45)$$
$$= (27.5 - j9.45)\text{A} \approx 29.1\underline{/-19°}\text{A}$$

【例 5-4】 在例 5-3 中，分别讨论 L_1 相发生短路和断路两种情况下，在中性线完好和中性线断开时电路的工作情况如何？

【解】 该题需分 4 种情况进行讨论。

(1) L_1 相短路。此时 L_1 相短路电流很大，将 L_1 相中的熔断器熔断，而由于存在中性线，L_2 相和 L_3 相的相电压仍为 220V，故这两相的工作状态不受影响。

(2) L_1 相短路且中性线断开。如图 5.12 所示，此时各相负载电压为

$$\dot{U}_1' = 0, \quad U_1' = 0$$
$$\dot{U}_2' = \dot{U}_{21}, \quad U_2' = 380\text{V}$$
$$\dot{U}_3' = \dot{U}_{31}, \quad U_3' = 380\text{V}$$

在这种情况下，L_2 相和 L_3 相的电灯组上加的电压都超过了电灯的额定电压（220V），这是不允许的。

(3) L_1 相断路。同(1)，L_2 相和 L_3 相不受影响。

(4) L_1 相断路且中性线断开。如图 5.13 所示，此时 L_2 相的电灯组与 L_3 相的电灯组串联，成为单相电路，且电路端电压为电源线电压 $U_{23}=380\text{V}$。

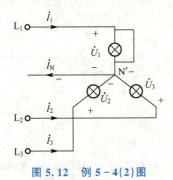

图 5.12　例 5-4(2)图

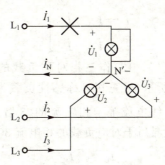

图 5.13　例 5-4(4)图

当三相负载对称时，各相负载电压为

$$U'_2 = U'_3 = \frac{380}{2}\text{V} = 190\text{V}$$

当各相负载不对称时，各相负载相电压为

$$U'_2 = \left(380 \times \frac{10}{10+20}\right)\text{V} \approx 127\text{V}$$

$$U'_3 = \left(380 \times \frac{20}{10+20}\right)\text{V} \approx 253\text{V}$$

在这种情况下，L_2 相电灯组的电压低于电灯的额定电压，而 L_3 相的电压却高于电灯的额定电压，这是不允许的。

5.2.2 负载的三角形连接

将三相负载分别接在三相电源的两根相线之间，称为三相负载的三角形连接，如图 5.14 所示。负载的三角形连接通常只应用于三相负载对称且每相负载允许接线电压的场合，此时负载的相电压与电源的线电压相等。由于负载对称，各相电流相等且对称，线电流等于相电流的 $\sqrt{3}$ 倍，并滞后于相电流 30°，线电流也三相对称。

分析如下：由图 5.14 可知，各相负载都直接接在电源的相线上，所以负载的相电压等于对应的电源线电压，即

$$U_P = U_L \tag{5-11}$$

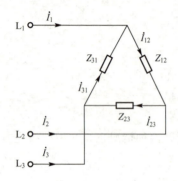

图 5.14 三相负载的三角形连接

各相电流的有效值相量分别为

$$\left.\begin{aligned}\dot{I}_{12} &= \frac{\dot{U}_{12}}{Z_{12}} = \frac{\dot{U}_{12}}{|Z_{12}|\angle\varphi_{12}} \\ \dot{I}_{23} &= \frac{\dot{U}_{23}}{Z_{23}} = \frac{\dot{U}_{23}}{|Z_{23}|\angle\varphi_{23}} \\ \dot{I}_{31} &= \frac{\dot{U}_{31}}{Z_{31}} = \frac{\dot{U}_{31}}{|Z_{31}|\angle\varphi_{31}}\end{aligned}\right\} \tag{5-12}$$

根据 KCL 计算线电流为

$$\left.\begin{aligned}\dot{I}_1 &= \dot{I}_{12} - \dot{I}_{31} \\ \dot{I}_2 &= \dot{I}_{23} - \dot{I}_{12} \\ \dot{I}_3 &= \dot{I}_{31} - \dot{I}_{23}\end{aligned}\right\} \tag{5-13}$$

根据式 (5-13) 作三相对称负载的相量图，如图 5.15 所示 (以三相对称感性负载为例)。从图中可知，线电流等于相电流的 $\sqrt{3}$ 倍。在相位上，线电流滞后于对应负载的相电流 30°，即

$$I_L = \sqrt{3} I_P \tag{5-14}$$

若用相量形式表示线电流与相电流的关系，

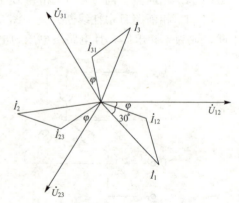

图 5.15 三相对称负载三角形连接时的电压与电流相量图

则有

$$\dot{I}_1 = \sqrt{3}\dot{I}_{12}\underline{/-30°}$$
$$\dot{I}_2 = \sqrt{3}\dot{I}_{23}\underline{/-30°}$$
$$\dot{I}_3 = \sqrt{3}\dot{I}_{31}\underline{/-30°}$$
(5-15)

在负载对称的情况下，电路的三相电流（包括相电流和线电流）和电压（包括相电压和线电压）都是对称的，只需计算出一相，其余两相可由对称性求出。

【例 5-5】 例 5-1 中负载改为三角形连接，每相的阻抗为 $Z=(6+j8)\Omega$，电源线电压为 380V。试求负载的相电流 $\dot{I}_{12}$、$\dot{I}_{23}$、$\dot{I}_{31}$ 和线电流 $\dot{I}_1$、$\dot{I}_2$、$\dot{I}_3$，如图 5.16 所示。

【解】 设 $\dot{U}_{12}=380\underline{/0°}$V，则

$$\dot{I}_{12}=\frac{\dot{U}_{12}}{Z}=\frac{380\underline{/0°}}{6+j8}=\frac{380\underline{/0°}}{10\underline{/53°}}A=38\underline{/-53°}A$$

根据对称性可得另外两相的电流分别为

$$\dot{I}_{23}=38\underline{/-173°}A, \quad \dot{I}_{31}=38\underline{/67°}A$$

由于线电流 $I_L=\sqrt{3}I_P$，且线电流滞后于对应负载的相电流 30°，因此各线电流分别为

$$\dot{I}_1=\sqrt{3}\times38\underline{/-53°-30°}A\approx66\underline{/-83°}A$$
$$\dot{I}_2=\sqrt{3}\times38\underline{/-173°-30°}A\approx66\underline{/157°}A$$
$$\dot{I}_3=\sqrt{3}\times38\underline{/67°-30°}A\approx66\underline{/37°}A$$

三相负载的连接方式应根据负载的额定相电压和电源的电压而定，须满足负载额定电压的要求。否则，若电源电压高于或低于负载额定电压较多，负载设备极易损坏。

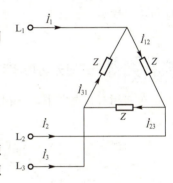

图 5.16 例 5-5 图

5.3 三相电路的功率

三相电路的总有功功率（或无功功率）等于各相有功功率（或无功功率）之和，这是计算三相电路功率的基本原则。在三相电路中，无论负载采用星形连接还是三角形连接，无论负载是否对称，计算总的有功功率和总的无功功率时，都应符合这个原则。

5.3.1 三相有功功率

各相负载有功功率分别为

$$P_1=U_1I_1\cos\varphi_1$$
$$P_2=U_2I_2\cos\varphi_2$$
$$P_3=U_3I_3\cos\varphi_3$$
(5-16)

$$P=P_1+P_2+P_3$$
$$=U_1I_1\cos\varphi_1+U_2I_2\cos\varphi_2+U_3I_3\cos\varphi_3$$
(5-17)

式中，P_1、P_2 和 P_3 分别为三相电路中各相负载的有功功率（W）；U_1、U_2 和 U_3 分别为

各相负载的电压（V）；I_1、I_2 和 I_3 为各相负载的电流（A）；$\cos\varphi_1$、$\cos\varphi_2$ 和 $\cos\varphi_3$ 为各相负载的功率因数。

三相负载对称时，三相有功功率等于一相有功功率的三倍，即

$$P = 3U_P I_P \cos\varphi_P \tag{5-18}$$

当对称负载作星形连接时，$U_L = \sqrt{3} U_P$，即 $U_P = \dfrac{U_L}{\sqrt{3}}$，$I_L = I_P$。可得

$$P = 3U_P I_P \cos\varphi_P = 3\dfrac{U_L}{\sqrt{3}} I_P \cos\varphi_P \tag{5-19}$$

$$= \sqrt{3} U_L I_L \cos\varphi_P$$

当对称负载作三角形连接时，$I_L = \sqrt{3} I_P$，即 $I_P = I_L/\sqrt{3}$，$U_L = U_P$。可得

$$P = \sqrt{3} U_L I_L \cos\varphi_P \tag{5-20}$$

式中，φ_P 是负载相电压 U_P 与相电流 I_P 之间的相位差（°），即各相负载的阻抗角。

由以上分析可知，无论负载是星形连接还是三角形连接，三相对称负载所取用的总有功功率均为

$$P = \sqrt{3} U_L I_L \cos\varphi_P \tag{5-21}$$

5.3.2 三相无功功率和视在功率

在三相对称电路中，三相无功功率（var 或 kvar）为

$$Q = \sqrt{3} U_L I_L \sin\varphi_P \tag{5-22}$$

三相视在功率（V·A 或 kV·A）为

$$S = \sqrt{3} U_L I_L = 3 U_P I_P \tag{5-23}$$

有功功率、无功功率和视在功率的关系为

$$S = \sqrt{P^2 + Q^2} \tag{5-24}$$

特别提示

● 式(5-18)至式(5-22)中 φ_P 是负载相电压与相电流之间的相位差，即阻抗角，或称功率因数角，而不是线电压与线电流之间的相位差。

● 在三相电路中，计算三相总的有功功率或总的无功功率时，各相有功功率或无功功率都可以直接代数相加。

● 通常视在功率不能代数相加，只有当三相负载对称或各相负载的功率因数相同时，才可以代数相加。

【例 5-6】 在例 5-5 中，求：(1) 电路的总有功功率 P；(2) 负载为星形连接时相电流、线电流和总有功功率 P。

【解】 (1) 负载作三角形连接时，由例 5-5 的结果可得

相电流为

$$I_P = 38\text{A}$$

线电流为

$$I_L = \sqrt{3} I_P \approx 66 \text{A}$$

总有功功率为

$$P = \sqrt{3} U_L I_L \cos\varphi_P = \sqrt{3} \times 380 \times 66 \times \frac{6}{\sqrt{6^2+8^2}} \text{W} = 26064 \text{W} \approx 26.1 \text{kW}$$

(2) 负载作星形连接时，相电压为

$$U_P = \frac{U_L}{\sqrt{3}} \approx 220 \text{V}$$

相电流为

$$I_P = \frac{U_P}{|Z|} = \frac{220}{\sqrt{6^2+8^2}} \text{A} \approx 22 \text{A}$$

线电流为

$$I_L = I_P = 22 \text{A}$$

总有功功率为

$$P = \sqrt{3} U_L I_L \cos\varphi_P = \sqrt{3} \times 380 \times 22 \times \frac{6}{\sqrt{6^2+8^2}} \text{W} = 8688 \text{W} \approx 8.7 \text{kW}$$

比较例 5-6 中的计算结果可知，在相同电源电压下，三相负载作三角形连接时的总的有功功率和线电流是作星形连接时的 3 倍。

由此可见，在相同电源电压下，负载消耗的总功率与连接方式有关。因此，在给定电源电压的情况下，要使负载能正常工作，必须采用正确的接法。若正常接法是星形连接，而错接成三角形，则三相负载会由于电流和功率过大而被烧毁；若正常接法是三角形连接，而错接成星形，则由于电流和功率过低，三相负载不能正常工作。

特别提示

● 负载的连接方式应视负载的额定电压而定。通常，在三相四线制电路中，若负载的额定电压等于电源的线电压，应采用三角形连接；若负载的额定电压等于电源的相电压，应采用星形连接。

● 三相异步电动机绕组可以连接成星形，也可以连接成三角形，依电源线电压的大小而定；而照明负载一般都连接成星形。照明负载应比较均匀地分配在各相中，以使三相负载尽量平衡。

【**例 5-7**】 某大楼照明系统发生故障，第 2 层楼和第 3 层楼所有电灯都突然暗下来但未熄灭，而第 1 层楼电灯亮度不变，这栋楼的电灯是如何连接的？产生这种情况的原因是什么？同时发现，第 3 层楼的电灯比第 2 层楼的电灯暗，原因是什么？

【**解**】(1) 在照明系统中，一般负载是不对称的，所以设备应采用星形连接，且有中性线。由于出现故障后，3 层楼的电灯情况都不同，可知每层楼的灯接于不同的相线上，该系统的供电线路如图 5.17 所示。

(2) 由于 3 层楼的灯都没有断电，所以故障不在相线上，且仅第 1 层楼不受影响，可知故障点应在图中的 P 处。

当 P 处断开时,第 2、3 层楼的灯串连接 380V 电压,所以亮度变暗,但第 1 层楼的灯仍承受 220V 电压,所以亮度不变。

(3) 因为第 3 层楼的灯多于第 2 层楼的灯,即 $R_3 < R_2$,所以第 3 层楼的灯比第 2 层楼的灯暗。

【例 5-8】 在如图 5.18 所示的三相对称电路中,电源线电压 $U_L = 380V$,星形连接负载,$Z_Y = 30\underline{/30°}\Omega$;三角形连接负载,$Z_\triangle = 60\underline{/60°}\Omega$。求:(1) 各组负载的相电流;(2) 电路的线电流;(3) 三相总有功功率和总无功功率。

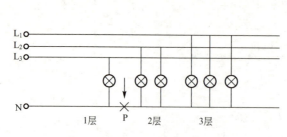

图 5.17 例 5-7 供电系统示意图　　　图 5.18 例 5-8 图

【解】 设电源线电压 $\dot{U}_{12} = 380\underline{/0°}V$,则相电压 $\dot{U}_1 = 220\underline{/-30°}V$。

(1) 由于三相负载对称,所以计算一相即可,其他两相可以根据对称性求得。
对于作星形连接的负载,其相电流即为线电流

$$\dot{I}_{1Y} = \frac{\dot{U}_1}{Z_Y} = \frac{220\underline{/-30°}}{30\underline{/30°}}A \approx 7.33\underline{/-60°}A$$

对于作三角形连接的负载,其相电流为

$$\dot{I}_{12\triangle} = \frac{\dot{U}_{12}}{Z_\triangle} = \frac{380\underline{/0°}}{60\underline{/60°}}A \approx 6.33\underline{/-60°}A$$

(2) 先求作三角形连接负载的线电流 $\dot{I}_{1\triangle}$。

$$\dot{I}_{1\triangle} = \sqrt{3}\dot{I}_{12\triangle}\underline{/-30°} = (\sqrt{3} \times 6.33\underline{/-90°})A \approx 10.96\underline{/-90°}A$$

电路线电流为

$$\dot{I}_1 = \dot{I}_{1Y} + \dot{I}_{1\triangle} = (7.33\underline{/-60°} + 10.96\underline{/-90°})A \approx 17.69\underline{/-78°}A$$

(3) 三相电路总有功功率为

$$P = P_Y + P_\triangle = \sqrt{3}U_L I_{1Y}\cos\varphi_Y + \sqrt{3}U_L I_{1\triangle}\cos\varphi_\triangle$$
$$= \sqrt{3} \times 380 \times 7.33 \times 0.866 + \sqrt{3} \times 380 \times 10.96 \times 0.5$$
$$\approx (4178 + 3607)W = 7785W$$

三相电路总无功功率为

$$Q = Q_Y + Q_\triangle = \sqrt{3}U_L I_{1Y}\sin\varphi_Y + \sqrt{3}U_L I_{1\triangle}\sin\varphi_\triangle$$
$$= \sqrt{3} \times 380 \times 7.33 \times 0.5 + \sqrt{3} \times 380 \times 10.96 \times 0.866$$
$$\approx (2412 + 6247)var = 8659var$$

【**例 5-9**】 在例 5-8 的电路中，若星形连接负载为照明负载，共接有 30 只荧光灯，分三相均匀地接入三相电源，已知每只荧光灯的额定电压为 220V，额定功率为 40W，功率因数为 0.5；三角形连接负载为电动机负载，其额定电压为 380V，输入功率为 3kW，功率因数为 0.8。求电源供给的线电流。

【**解**】 两组负载的有功功率分别为

$$P_1 = 40 \times 30 \text{W} = 1.2 \text{kW}, \quad P_2 = 3 \text{kW}$$

两组负载的阻抗角分别为

$$\varphi_1 = \arccos 0.5 = 60°$$
$$\varphi_2 = \arccos 0.8 \approx 36.9°$$

故无功功率分别为

$$Q_1 = P_1 \tan\varphi_1 = (1200 \times \tan 60°) \text{var} \approx 2078 \text{var}$$
$$Q_2 = P_2 \tan\varphi_2 = (3000 \times \tan 36.9°) \text{var} \approx 2252 \text{var}$$

可得电源输出的总有功功率、无功功率和视在功率分别为

$$P = P_1 + P_2 = (1.2 + 3) \text{kW} = 4.2 \text{kW}$$
$$Q = Q_1 + Q_2 = (2078 + 2252) \text{var} = 4330 \text{var}$$
$$S = \sqrt{P^2 + Q^2} = \sqrt{4200^2 + 4330^2} \text{V} \cdot \text{A} \approx 6032 \text{V} \cdot \text{A}$$

由此，求得电源的线电流为

$$I_L = \frac{S}{\sqrt{3} U_L} = \frac{6032}{\sqrt{3} \times 380} \text{A} \approx 9.2 \text{A}$$

5.4 电力系统

在现代社会中，电能是工业、农业、交通和国防等行业不可缺少的动力，也是人们日常生活主要依赖的能源，已成为支撑现代社会文明的物质基础之一。

5.4.1 电力系统的组成

分散于各地区的发电厂通过电力网与分散的各个电力用户连接起来的整体，称为电力系统。电力系统由发电厂、电力网和电力用户三部分组成，如图 5.19 所示。其中电力系统中各级电压的输配电线路和变电所组成的部分称为电力网。

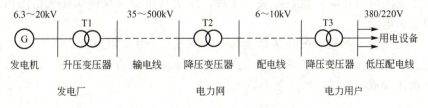

图 5.19 电力系统的组成

下面简要介绍电力系统的三个组成部分。

1. 发电厂

电能是由发电厂生产出来的,由其他能源转换而来,所以称为二次能源。根据被转换的一次能源的不同,发电厂可分为火力发电厂、水力发电厂、核电厂、太阳能发电厂、风力发电厂、地热发电厂和潮汐发电厂等。

(1) 火力发电厂。主要利用煤炭、石油和天然气来发电,把热能转换为电能,简称火电厂。迄今为止,火电厂仍是世界上生产电能的主要方式。火电厂在发电过程中存在污染环境、发电效率低的问题,其发电效率一般只有 30%~40%。

(2) 水力发电厂。水力发电厂将河水从上游(高水位)到下游(低水位)的位能转换为电能。水力发电过程相对简单、无环境污染、生产效率高、成本低;但存在建设工期长,建设过程中淹没农田、移民、破坏自然和人文景观及生态平衡等一系列问题。

(3) 核电厂。核电厂(又称核电站)是利用核能发电的工厂。核能又称原子能,因此,核电厂又称原子能发电厂。目前,用于发电的核能主要是核裂变能。

【太阳能发电】

核电厂的主要优点是节约石油和煤等能源,能量大,运输量小,经济效益高。虽然核电厂的初投资很大,但其长期的燃料费、维护费比火电厂低,核电成本比煤电低 15%~80%,且煤电需要煤矿、运输能力的综合配套,而水电在枯水期无法运行。因此,从综合效益来讲,核电的效益是最好的。

【风力发电】

(4) 其他能源的发电厂。除了上述发电厂外,利用太阳能、风能、地热能、潮汐能等可再生能源生产电能的开发研究,在世界各国也引起了广泛重视。特别是太阳能和风能,其成本低,无污染,是清洁和可再生能源,在未来能源短缺的社会中,必将得到更大的发展。

2. 电力网

电力系统中各级电压的电力线路及与之相连的各种类型的变电所,称为电力网,简称电网。

根据电压的高低和供电范围的大小,电力网可分为地方电力网、区域电力网和超高压电力网。

(1) 地方电力网是指电压等级为 35~110kV、输电距离在 50km 以内的电力网。由于它直接将电能输送给用户,故又称配电网。

(2) 区域电力网是指电压等级为 110~220kV、输电距离为 50~300km 的电力网。它可以将较大范围内的发电厂联系起来,通过长距离高压输电线路向较大范围内的各种类型的用户输送电能。

(3) 超高压电力网是指电压等级为 330~750kV、输电距离为 300~1000km 的电力网。它主要将地处远方的大型发电厂生产的电能输送到电力负荷中心,同时可以将几个区域电力网连接成跨省(区)的大电力系统。

3. 电力用户

电力系统中的电力用户是指工业、农业、企事业单位中的变、配电所。这些变、配电所通过低压配电线直接向用电设备供电。通常把通过线路输送给用户的功率或电流称为电力负荷。电力负荷按其对供电可靠性要求的不同，通常分为三级。

（1）一级负荷。突然停止供电时，将造成人身伤亡、重大设备损坏，重要产品出现大量废品，引起生活混乱，重要交通枢纽干线受阻，重要城市供水、通信、广播中断等，因此而造成重大经济损失和重大政治影响者。

（2）二级负荷。突然停止供电时，会引起严重减产、停工，生产设备局部破坏，局部地区交通阻塞，大部分城市居民的正常生活被打乱者。

（3）三级负荷。所有不属于前两级负荷的都属于三级负荷，三级负荷短时停电造成的损失较小。

一级负荷是最重要的电力用户，应有两个独立电源供电。例如，两个发电厂、一个发电厂和一个地区电网或两个地区变电所。二级负荷应尽量采用两回路供电，两回路应引自不同的变压器或母线段，确有困难时，允许由一回 6kV 及以上的专用高压线路供电。三级负荷对供电无特殊要求，一般单回线路供电。

5.4.2　高压配电系统

在电力系统中，我们习惯把 1000V 以上的电压等级统称为高压，1000V 以下的电压等级统称为低压。高压配电系统是指电压等级在 1000V 以上的配电系统。下面主要介绍工业、企业变、配电所的高压配电系统。

工业、企业的高压配电系统主要包括工厂高压配电所和高压配电设备。

1. 变、配电所的任务

变电所担负着从电力系统受电，经过变压后配电的任务。配电所担负着从电力系统受电，然后直接配电的任务。显然，变、配电所是工厂的"心脏"，起着至关重要的作用。

2. 工厂供电系统及其组成

工厂变、配电所一般分为总降压变电所、总配电所和车间变电所。图 5.20 为工厂供配电系统。

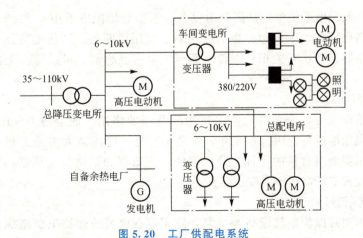

图 5.20　工厂供配电系统

(1) 总降压变电所。

一般大、中型工厂均设有总降压变电所，进线电压为35～110kV，经变压器降为6～10kV，向车间变电所的高压电动机或其他高压用电设备供电，总降压变电所内通常设有1～2台总降压变压器。

(2) 总配电所。

中、小型工厂通常仅设总配电所或车间变电所，进线电压为6～10kV，可一回或两回电源进线，经6～10kV高压配电母线重新分配电能，然后经电力线路送至各个车间变电所，或直接向高压用电设备供电。

(3) 车间变电所。

对于负荷不大的中小型工厂，可仅设车间变电所，进线电压为6～10kV，根据生产规模、用电设备的布局和用电量的大小等，可设立一个或多个车间变电所（包括配电所），也可以多个相邻且用电量不大的车间共用一个车间变电所。车间变电所内一般设置1～2台变压器（最多不超过3台），其单台容量一般为1000kV·A及以下（最大不超过1800kV·A），将6～10kV电压降为380V/220V，为低压用电设备供电。

(4) 高、低压配电线路。

工厂中高压配电线路主要为厂区输送电能，起分配电能的作用。按结构不同分为架空线路和电缆线路。高压配电线路尽可能采用架空线路，因为架空线路建设投资少且便于检修维护。在工厂厂区内，由于对建筑物距离的要求、整体布局及美观的要求、管线交叉、腐蚀性气体或严重污染、安全等因素的限制，可考虑敷设地下电缆线路。

工厂中，低压配电线路主要用于向低压用电设备输送电能。户外的低压线路也尽量采用架空线路，但现代的工业、企业和事业单位由于整体布局、安全、美观和其他方面的要求，大多采用电缆线路。根据设备的要求和实际情况，户内线路采用明敷或暗敷配电线路。照明线路一般与动力线路分别敷设，通常采用380V/220V三相四线制，由一台变压器供电。事故照明必须有可靠的独立电源供电或有应急照明设备。

3. 高压配电设备

在工业、企业配电系统中，高压配电设备一般指高压配电所中6～10kV配电母线及所连接的所有高压设备，主要包括电力变压器、高压熔断器、高压隔离开关、高压负荷开关、高压断路器、高压开关柜、电流互感器、电压互感器、母线等。下面对这些设备予以简要介绍。

(1) 电力变压器(T)。

电力变压器在工业、企业变、配电所中起降压的作用。通常将6～10kV电压降至380V/220V，供用电设备使用。在工业、企业中常见的变压器大多是三相双绕组的电力变压器。按变压器绕组材料的不同，分为铜绕组变压器和铝绕组变压器；按绝缘材料的不同，分为油浸式变压器和干式变压器。

(2) 高压熔断器(FU)。

熔断器的作用是保护电气设备和线路，防止过载电流或短路电流造成的损害。在高压系统中可用来保护电压互感器、电力线路或小容量的变压器等。熔断器是一种最简单的保护电器,它串接在电路中,常与负荷开关配合使用,在短路容量较小的网络中可以代替价格昂贵的高压断路器。在正常工作时,由负荷开关接通、断开负荷电流;在短路时,由熔断器切断短路电流。

(3) 高压隔离开关(QS)。

高压隔离开关的主要作用是隔离电源。当设备需停电检修时,用它隔离电源电压,并造成一个明显的断开点,以保证检修人员工作的安全。

隔离开关没有灭弧装置,不能用来接通或断开较大的负荷电流,通常只能在相应的断路器断开后才能进行拉合闸操作,否则容易造成事故。

(4) 高压负荷开关(QL)。

高压负荷开关的作用是在电路正常工作时,用来接通或切断负荷电流;但在电路短路时,不能用来切断巨大的短路电流。

高压负荷开关的特点是只具有简单的灭弧装置,其灭弧能力有限,仅能熄灭正常负荷电流及一定的过负荷电流产生的电弧,而不能熄灭短路时产生的电弧。在断开后,有可见的断开点。

(5) 高压断路器(QF)。

高压断路器是高压配电装置中最重要的控制和保护电器。它在电网中起两方面的作用:一是控制作用,正常工作时用以接通和切断负荷电流;二是保护作用,发生短路故障时,借助继电保护装置的作用,可自动迅速切断故障电流。高压断路器具有较强的灭弧能力。

(6) 高压开关柜。

高压开关柜属于成套配电装置,它由制造厂按一定的接线方式将同一回路的开关电器、母线、测量仪表、保护电器和辅助设备等都装配在封闭的或不封闭的金属柜中,成套供应用户。

这种成套配电装置可靠性高、运行稳定、可维护性好,而且采用高压开关可以缩短工期、减小设备占用体积,便于扩建和搬运,因此在工业及企业的变、配电所中得到了广泛使用。

目前,我国高压开关生产厂家按照国际电工技术委员会(International Electrotechnical Commission,IEC)的标准,设计生产的高压开关柜型号主要有固定式(KGN)和手车式(KYN、JYN)两类。开关柜的母线室采用全封闭或半封闭结构,可以防止上面落下金属丝或由小动物造成的短路故障,从而提高了供电的可靠性。

(7) 电流互感器(TA)和电压互感器(TV)。

仪用互感器是电力系统中供测量和保护用的重要设备。电流互感器将大电流转换为5A以下的小电流,电压互感器将高电压转换为100V的低电压。从结构原理上看,互感器与变压器相似,是一种特殊的变压器。电流互感器一次侧与高压线路串联,电压互感器一次侧与高压线路并联,电压互感器和电流互感器的二次侧接入仪表、继电器等仪器设备。

互感器的主要作用如下。

① 隔离高压电路,使测量仪表和继电器等与高压系统隔离,以保证工作人员的安全。

② 使测量仪表和继电器小型化、标准化,可简化结构、降低成本,有利于大规模生产。

③ 可以避免短路电流直接流过测量仪表及继电器线圈。

在使用中应特别注意：电流互感器二次侧严禁开路；电压互感器二次侧严禁短路。

(8) 母线(WB)。

母线的作用是汇集并重新分配电能。工业、企业供配电系统的高压母线，通常是指电压为6~10kV的配电母线；母线的材料选用铝或铜。母线的截面形状通常为矩形，中、小型工厂大多采用单根矩形母线，根据计算电流的大小选择合适的母线截面，并进行相应项目的校验(动、热稳定性校验)，才能确定母线的截面。在工业、企业配电所中，常用的母线型号有TMY和LMY两种，TMY为硬铜母线，LMY为硬铝母线。

5.4.3 低压配电系统

低压配电系统是指车间变电所的低压(380V/220V)配电母线、低压配电设备、低压配电线路及低压用电设备的配电系统。

1. 低压配电母线

低压配电母线的作用是接收电能并重新分配，减少进线回路数。母线材料的选择、截面的选择方法和原则与高压配电母线相同，只是低压电流较大，母线截面相应地也较大，在进行相应项目(动稳定性和热稳定性)校验时，往往需选择铜母线才能满足要求。

2. 低压配电设备

低压配电设备主要是指车间变电所低压侧常用的低压熔断器、低压刀开关、刀熔开关、负荷开关、低压断路器、热敏元件、接触器和低压开关柜等。其结构及工作原理详见第8章，此处不再赘述。下面主要介绍低压断路器和低压开关柜。

(1) 低压断路器(QF)。

低压断路器又称自动空气开关，其结构及工作原理参见第8章。低压断路器主要有如下两项技术性能。

① 开断能力。指开关在指定的工作条件下，在规定的电压下通断的最大电流。

② 保护特性。分为过电流保护、过载保护和欠电压保护三种。

a. 过电流保护：当被保护的低压电网发生短路时，自动空气开关能够自动跳闸，断开回路。

b. 过载保护：当负荷电流超过断路器额定电流1.1~1.45倍时，可调整自动空气开关于10s~120min内自动跳闸。

c. 欠电压保护：当电网电压小于额定电压的40%时，失电压保护立即跳闸。一般当电压大于额定电压的75%时不动作，可根据具体情况选择和调节。

(2) 低压开关柜。

低压成套配电设备主要指各种在发电厂、变电站和厂矿企业的低压配电系统中作动力、配电和照明用的成套设备，如低压开关柜、开关板、照明配电箱、动力配电箱和电动机控制中心等。

我国低压配电设备产品主要分成三类：低压开关柜(或配电屏)、动力配电箱和照明配电箱。下面简要介绍低压开关柜。

低压开关柜主要分为固定式和抽屉式。固定式中的所有电器元件是固定安装的。由于固定式比较简单经济，所以在中、小型工业、企业中应用相当广泛。固定式一般离墙安装、双面维护。抽屉式开关柜中的主要设备均装在抽屉或手车上，其特点是密封性好、可靠性高。回路故障时，可立即换上备用抽屉或手车，迅速恢复供电，提高了供电可靠性，同时又便于对故障设备检修，但价格较高。

目前低压开关柜型号很多，下面以 GCL 为例进行简要介绍。

GCL 低压抽出式开关柜适用于发电厂、变电站、冶金、轧钢、石油化工、轻纺、港口、高层楼宇等场所，在三相交流 50Hz、额定电压最高为 660V、最大工作电流为 4000A 的配电系统中使用，起到将动力配电、电动机集中控制及照明等配电设备的电能转换与分配控制的作用。

GCL 产品型号意义：G 表示金属封闭型低压开关柜；C 表示抽出式；L 表示动力中心用。详细情况请查阅有关产品样本。

3. 低压配电线路

低压配电线路是由低压开关柜引出，并连接到各台用电设备的动力线路。与高压配电线路相似，它也有三种基本的接线方式：放射式、树干式和环状式。

（1）放射式接线。低压放射式接线如图 5.21 所示。一条线路只能接一个负荷，沿线不能接其他负荷。

（2）树干式接线。低压树干式接线如图 5.22 所示。一条主干线可以引出多条分支线，接多个负荷。

（3）环状式接线。低压环状式接线如图 5.23 所示。

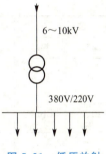

图 5.21 低压放射式接线

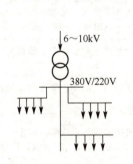

图 5.22 低压树干式接线

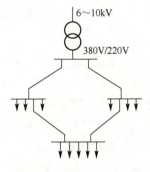

图 5.23 低压环状式接线

4. 低压配电线的选择

低压配电线分为室内配电线和室外配电线，室内通常采用绝缘导线，少数情况采用电缆。室外配电线路通常采用电缆或绝缘导线。

（1）电缆、导线型号的选择。

常用电缆和绝缘导线的型号、名称及主要用途见表 5-1 和表 5-2。

表 5-1 常用电缆的型号、名称（以聚氯乙烯绝缘聚氯乙烯护套电力电缆为例）主要用途

型号	名称	主要用途
VLV(VV)	聚氯乙烯绝缘、聚氯乙烯护套电力电缆	敷设在室内、沟管内，不能承受机械外力作用
VLV29(VV29)	聚氯乙烯绝缘、聚氯乙烯护套内钢带铠装电力电缆	敷设在地下，能承受机械外力作用，但不能承受大的拉力
VLV30(VV30)	聚氯乙烯绝缘、聚氯乙烯护套裸细钢丝铠装电力电缆	敷设在室内、隧道及矿井中，能承受一定的拉力
VLV39(VV39)	聚氯乙烯绝缘、聚氯乙烯护套内细钢丝铠装电力电缆	敷设在水中或落差较大的土壤中，能承受一定的拉力
VLV50(VV50)	聚氯乙烯绝缘、聚氯乙烯护套裸粗钢丝铠装电力电缆	敷设在室内、隧道及矿井中，能承受机械外力作用及较大拉力

表 5-2 常用绝缘导线的型号、名称及主要用途

型号		名称	主要用途
铜芯	铝芯		
BX	BLX	棉纱编织橡皮绝缘电线	用于不需要特别柔软电线的干燥或潮湿场所，作固定敷设之用，宜室内架空或穿管敷设
BBX	BBLX	玻璃丝编织橡皮绝缘电线	同上，但不宜穿管敷设
BXR	—	棉纱编织橡皮绝缘软线	敷设于干燥或潮湿厂房中，作电器设备（如仪表、开关等）活动部件的连接线之用，用于需要特软电线之处
BXG	BLXG	棉纱编织、浸渍、橡皮绝缘电线（单芯或多芯）	穿入金属管中敷设于潮湿房间，或有导体灰尘、腐蚀性瓦斯蒸气、易爆炸的房间；有坚固保护层以避免穿过地板、天棚、基础时受机械损伤之处
BV	BLV	塑料绝缘电线	用于耐油、耐燃、潮湿的房间内，作固定敷设之用
BVV	BLVV	塑料绝缘塑料护套（单芯及多芯）	用于耐油、耐燃、潮湿的房间内，作固定敷设之用
—	BLXF	氯丁橡皮绝缘电线	具有抗油性，不易霉、不延燃，制造工艺简单，具有耐日光、耐老化等优点，宜穿管及户外敷设
BVR	—	塑料绝缘软线	适用于室内及要求柔软电线之处，作仪表、开关连接之用

(2) 导线、电缆截面的选择条件。

① 满足允许正常发热条件。在通过最大负荷电流（即计算负荷）时，导线发热温度不超过线芯的最高允许温度，不会因过热而引起导线绝缘损坏或加速老化。

② 满足允许电压损失。导线和电缆在通过正常最大负荷电流时产生的电压损失应小于最大允许值，以保证供电质量。

③ 满足经济电流密度。选择导线和电缆截面时，既要降低线路的电能损耗和年运行

费用，又要不过分增加线路投资和有色金属消耗量，高压线路及特大电流的低压线路通常按此条件选择。

④ 满足机械强度条件。架空线路要经受风、雪、覆冰和气温等多种因素的影响，因此必须有足够的机械强度以保证不断线并安全运行。电缆不必校验机械强度。架空线路和绝缘导线按机械强度要求的最小允许截面面积分别见表 5-3 和表 5-4。

表 5-3 架空线路按机械强度要求的最小允许截面面积 （单位：mm²）

导线种类	6～10kV 线路		1kV 以下低压线路
	居民区	非居民区	
铝及铝合金线	35	25	16 与铁路交叉跨越时为 35

表 5-4 绝缘导线按机械强度要求的最小允许截面面积（芯线） （单位：mm²）

导线用途		导线最小截面	
		铜	铝线（铝绞线）
室内照明用导线		0.5	2.5
室外照明用导线		1.0	2.5
吊灯用照明导线		0.5	—
移动式家用电器用的双芯软电缆		0.75	—
移动式工业用电设备用的多芯软电缆		1.0	—
固定敷设在室内绝缘支持物上的绝缘导线的间距	2m 及以下	1.0	2.5
	6m 及以下	2.5	4.0
	25m 及以下	4	10.0
室内（厂房内）1kV 以下裸导线		2.5	4
穿管或木槽板配线的绝缘导线		1.0	2.5
PE 线或 PEN 线	有机械保护时	1.5	2.5
	无机械保护时	2.5	4

⑤ 满足热稳定最小允许截面面积条件。在短路情况下，导线必须保证在一定时间内，安全承受短路电流通过导线时所产生的热效应。校验公式为

$$A_{\min} = \frac{I_\infty^{(3)}}{C} \sqrt{t_{\text{ima}}} \qquad (5-25)$$

式中，$A_{\min}$ 为热稳定条件下的最小允许截面面积（mm²）；C 为热稳定系数（$A\sqrt{S}/\text{mm}^2$），可查有关手册；t_{ima} 为假想时间（s），通常取短路的实际时间。

架空线及低压线路不必校验此项，但母线和电缆需校验短路热稳定性。绝缘导线还应满足工作电压的要求。

以上选择条件对高、低压线路都适用。在选择导线电缆的截面时，为了节省设计时间，减少返工，提高效率，根据设计经验，通常使用如下方法。

① 低压动力绝缘线：按允许正常发热选择，按允许电压损失和机械强度校验(因负荷电流较大)。

② 照明线：按允许电压损失选择，按允许发热和机械强度校验(因其对电压水平的要求较高)。

对工厂的电力线路校验机械强度时，只需按最小允许截面面积(表 5-3 和表 5-4)校验即可，不需要详细计算。选择母线和电缆时需校验热稳定性。这部分内容可查阅有关设计手册，此处略。下面分别介绍按允许发热条件选择截面和按允许电压损失校验截面的具体方法。

(3) 按允许发热条件选择导线、电缆的截面。

按允许发热条件(即允许载流量)选择导线、电缆时，应满足下式

$$I_{al} K_t \geqslant I_L \qquad (5-26)$$

式中，I_{al} 为导线和电缆的允许载流量（A）；K_t 为温度校正系数；I_L 为线路的实际线电流(A)。当导线敷设地点的环境温度与导线允许载流量所采用的环境温度不同时，需进行温度校正。

$$K_t = \sqrt{\frac{t_{al} - t'_o}{t_{al} - t_o}} \qquad (5-27)$$

式中，t_{al} 为导线正常工作时的最高允许温度（℃），可查表 5-5；t'_o 为导线敷设地点实际的环境温度（℃）；t_o 为导体的允许流量所采取的环境温度（℃）；K_t 也可查有关手册。

表 5-5 导线正常工作和短路时的最高允许温度

导线的种类和材料		正常工作允许最高温度 t_{al}/℃	短路允许最高温度 $t_{k \cdot max}$/℃
母线	铜	70	300
	铝	70	200
	钢(不和电器直接连接时)	70	400
	钢(和电器直接连接时)	70	300
橡皮绝缘导线和电缆	铜芯	65	150
	铝芯	65	150
聚氯乙烯绝缘导线和电缆	铜芯	65	
	铝芯	65	130

按发热条件选择导线和电缆截面时，还应校验其与熔断器或低压断路器保护的配合是否得当，否则会发生导线或电缆已经过热甚至烧坏而保护装置不动作的情况。因此，导线电缆还应满足如下条件。

① 采用熔断器保护线路时应满足

$$I_{N.FE} \leqslant K_{al} I_{al} \qquad (5-28)$$

式中，K_{al} 为绝缘导线和电缆允许的短时过负荷系数，一般取 1.5～2.5；$I_{N.FE}$ 为熔断器熔体额定电流（A）。

② 采用自动开关保护时应满足

$$I_{OP} \leqslant K_{an} I_{al} \qquad (5-29)$$

式中，I_{OP} 为自动开关过流脱扣器的动作电流(A)。K_{an} 为对瞬时和短延时过流脱扣器，一般取 4.5；对长延时过流脱扣器，作短路保护时，取 1.1；只作过载保护时，取 1。

(4) 低压系统中性线(N 线)和保护线(PE 线)截面面积的选择。

① 中性线截面面积的选择。按规定，中性线的允许载流量不应小于三相线路中最大的不平衡负载电流，同时应考虑谐波电流的影响。中性线截面面积一般不应小于相线截面面积的 50%。

对于 3 次谐波电流相当突出的三相线路，由于各相的 3 次谐波电流都要通过中性线，中性线的电流大小可能接近相电流，这种情况下，中性线截面面积宜选为与相线截面面积相同或相近，即 $A_N \approx A_P$。

对于由三相线路分出的两相线路及单相线路中的中性线，由于其电流都与相线电流完全相等，因此中性线截面面积应与相线截面面积完全相同，即 $A_N = A_P$。

② 保护线(PE 线)截面面积的选择。按规定，保护线的电导一般不得小于相线电导的 50%，因此保护线的截面面积不得小于相线截面面积的 50%，但考虑到短路热稳定性要求，当 $A_P \leqslant 16\text{mm}^2$ 时，保护线应与相线截面面积相等，即 $A_{PE} = A_P$。

保护线还要满足单相接地故障保护的要求。在 TN 系统中，设备发生单相接地故障时，形成相线与保护线间(P - PE 间)的单相短路。按规定，单相短路电流要满足下述要求，以确保保护装置可靠动作。

a. 对熔断器保护时应满足
$$I_K^{(1)} = U_P / |Z_{P-PE}| \geqslant 4 I_{N.FE} \tag{5-30}$$

b. 对低压断路器保护时应满足
$$I_K^{(1)} = U_P / |Z_{P-PE}| \geqslant 1.5 I_{OP} \tag{5-31}$$

式(5-30)和式(5-31)中，$I_K^{(1)}$ 为单相短路电流(A)；U_P 为系统的相电压(V)；$|Z_{P-PE}|$ 为相线与保护线的回路阻抗(Ω)；$I_{N.FE}$ 为熔断器的熔体额定电流(A)；I_{OP} 为低压断路器的动作电流(A)。

相线与保护线的回路阻抗可用下式计算
$$|Z_{P-PE}| = \sqrt{(R_T + R_{P-PE})^2 + (X_T + X_{P-PE})^2} \tag{5-32}$$

式中，X_T 和 R_T 分别为变压器单相的等效电阻(Ω)和电抗(Ω)；X_{P-PE} 和 R_{P-PE} 分别为相线与保护线的回路电阻(Ω)和电抗(Ω)。

当 $I_K^{(1)}$ 不满足式(5-30)或式(5-31)的要求时，还要增大保护线的截面面积。

③ 保护中性线截面面积的选择。保护中性线(PEN 线)兼有保护线和中性线的双重功能，其截面面积选择应同时满足上述保护线和中性线的要求，取其中的最大值，所以其截面面积应视具体情况选为相线截面面积的 50%~100%，而且要按式(5-30)或式(5-31)进行单相短路保护校验。

(5) 按允许电压损失校验导线、电缆的截面面积。

由于线路中存在阻抗，当负荷电流通过时就会产生电压损失，简称压损。电气设备的端电压与额定电压相比，一般允许在 ±5% 的范围内变动，而照明灯具允许的数值更小，因此线路的压损不应太大，否则电气设备不能正常运行。如果线路压损大于允许值，则应采取措施（如增大导线截面面积）。

对于低压无电感性负载的线路（如功率因数较高、导线较细、照明线路或直流线路

等)可按下式校验

$$\Delta U\% = \frac{\sum M}{CA} \tag{5-33}$$

式中，$\sum M$ 为线路的所有功率矩之和（kW·A），$\sum M = \sum PL$；A 为导线的截面面积（mm²）；C 为计算系数，其值见表 5-6，表中 C 值为导线温度为 50℃时的值。

表 5-6 公式中的系数 C 值

额定电压/V	电源种类	系数 C 值	
		铜 线	铝 线
380/220	三相四线	77	46.3
220		12.8	7.25
110	单相或直流	3.2	1.9
36		0.34	0.21

【例 5-10】 某条采用 BLX-500 型铝芯橡皮线明敷的 220V/380V 的 TN-S 线路，负载的线电流 $I_L = 50A$，敷设地点的环境温度为 30℃。试按发热条件选择此线路的导线截面。

【解】 此 TN-S 线路为五根线的三相四线制线路，包括相线、中性线和保护线。

(1) 相线截面的选择。查表 5-7 得知环境温度为 30℃时，明敷的 BLX-500 型铝芯橡皮线为 10mm² 的 $I_{al} = 60A > I_L = 50A$，正好满足发热条件。因此相线截面面积 $A_P = 10mm^2$。

(2) 中性线截面的选择。按 $A_N \geq 0.5 A_P$，选 6 mm²。

(3) 保护线截面的选择。由于 $A_P < 16 mm^2$，故 $A_{PE} = A_P = 10mm^2$。

此保护线截面还须按式(5-30)或式(5-31)进行单相短路保护的校验，因题中未给出保护装置，故此处略。

选择结果可表示为 BLX-500-(3×10+1×6+PE10)。

表 5-7 BLX 和 BLV 型铝芯绝缘线明敷时的允许载流量(导线正常最高允许温度为 65℃)

芯线截面面积/mm²	环境温度							
	25℃	30℃	35℃	40℃	25℃	30℃	35℃	40℃
	BLX 型铝芯橡皮线/A				BLV 型铝芯塑料线/A			
2.5	27	25	23	21	25	23	21	19
4	35	32	30	27	32	29	27	25
6	45	42	38	35	42	39	36	33
10	65	60	56	51	59	55	51	46
16	85	79	73	67	80	74	69	63
25	110	102	95	87	105	98	90	83
35	138	128	110	104	130	121	112	102
50	175	163	151	138	165	154	142	130

续表

芯线截面面积/mm²	环境温度							
	25℃	30℃	35℃	40℃	25℃	30℃	35℃	40℃
	BLX型铝芯橡皮线/A				BLV型铝芯塑料线/A			
70	220	206	190	174	205	191	177	162
95	265	247	229	209	250	233	216	197
120	310	280	268	245	283	266	246	225
150	363	336	311	304	325	303	281	257
185	420	392	363	332	380	355	328	300
240	510	476	441	403	—	—	—	—

注：1. 绝缘导线全型号的表示和含义如下。

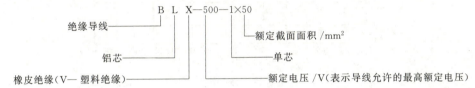

2. BX型和BV型铜芯绝缘线的允许载流量约为等截面的BLX型和BLV型铝芯绝缘线的允许载流量的1.3倍。

5.5 安 全 用 电

安全用电是指在用电过程中，应防止各种用电设备事故和人身触电事故的发生，重点应防止人身触电事故的发生。

5.5.1 电流对人体的危害及相关概念

1. 电流的影响

人触电伤亡主要是由电流造成的。电流对人体的伤害程度与通过人体的电流、持续时间、电压、频率、路径及人体的健康有关。当超过50mA的工频电流通过心脏时，心脏就会停止跳动，人会昏迷，并出现致命的电灼伤。100mA的工频电流通过心脏时，会造成心脏功能紊乱，使人大脑缺氧而迅速死亡。

电流对人体造成的伤害主要是电伤和电击。电伤是指由于电流的效应，即在电弧作用下或熔丝熔断时，造成对人体外部的伤害，如电灼伤、电烙印、皮肤金属化等。电击是指电流通过人体，影响呼吸系统、心脏和神经系统，造成人体内部组织的损伤，如呼吸中枢麻痹、肌肉痉挛、心室颤动、呼吸停止等；在人体外部不一定会留下电流造成的损伤。通常电击对人体的危害大，人触电死亡大多是由电击造成的。

2. 人体电阻

人体电阻由体内电阻和皮肤电阻组成，体内电阻约为500Ω。人体电阻的平均值为2000Ω，一般取下限值，即1700Ω。

3. 安全电流和特低电压限值

安全电流：我国一般把工频时触电时间不超过1s的30mA的电流作为安全电流的临界值，一般把50mA及以上的电流作为通过人体的危险电流。国际上，IEC于1980年提出了人体触电时间和通过人体的电流(50Hz)对人体机体反应的曲线，如图5.24所示。

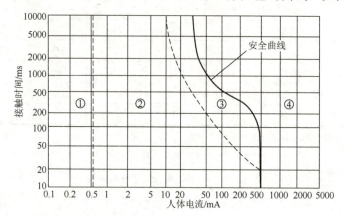

图 5.24 人体触电时间和通过人体的电流对人体机体反应的曲线
① 人体无反应区；② 人体一般无病理性反应区；③ 人体一般无心室纤维性颤动和器质性损伤区；④ 危险区

特低电压限值(Extra-Low Voltage, ELV)：在正常工作和事故两种情况下，对人体器官不构成伤害的电压限值称为特低电压限值。

GB/T 3805—2008 标准代替了 GB/T 3805—1993 标准，已不再使用"安全电压"概念。GB/T 3805—2008 标准强调"在选用电气设施或电气设备的涉及特低电压的标称值或额定值时，其值应小于本标准所规定的相应的限值，并需留有余量"。

在地面上，一般环境下成年人人体的电阻为 1000~2000Ω，发生意外时通过人体的电流按安全电流 30mA 计算，则相应的对人体器官不构成伤害的稳态电压限值见表 5-8。

表 5-8 稳态电压限值（根据 GB/T 3805—2008）

环境状况	电 压 限 值/V					
	正常（无故障）		单故障		双故障	
	交流	直流	交流	直流	交流	直流
1	0	0	0	0	16	35
2	16	35	33	70	不适用	
3	33a	70b	55a	140b	不适用	
4	特殊应用					

a：对接触面积小于 1cm² 的不可握紧部件，电压限值分别为 66V 和 80V。
b：在电池充电时，电压限值分别为 75V 和 150V。

由于人体的电阻是非线性的，触电电压越大，人体呈现的电阻越小，此时通过人体的电流就越大，就越危险。

表 5-8 中环境状况的对应说明如下：①皮肤阻抗和对地电阻均可忽略不计（如人体浸

没条件）；②皮肤阻抗和对地电阻减小（如潮湿条件）；③皮肤阻抗和对地电阻均不减小（如干燥条件）；④特殊情况。限值由相关专业标准化技术委员会规定（如电焊、电镀等）。

根据表 5-8，对于水下电焊或其他由于触电导致严重二次事故的环境，按照不引起人体痉挛的电流考虑。

4. 电流频率对人体的伤害

实验证明，电流频率为 40～60Hz 时对人体的伤害最大，频率偏离工频越远，交流电对人体的伤害越小。在直流和高频情况下，人体可以耐受更大的电流值。但高压高频对人的危害仍然较大。

5. 电流持续时间与路径对人体的伤害

电流通过人体的时间越长，伤害越大。由图 5.24 可以看出，200ms 是一个界限，触电时间超过 200ms 危险性加大。

电流通过心脏会导致人的精神失常、心跳停止、血液循环中断，危险性最大。实验证明，电流从左手到双脚的路径是最危险的。另外，电流通过头部也会损伤人脑而导致死亡。

6. 人体触电的方式

除电力人员外，人身触电事故大多发生在低压侧，即电压等级为 380V/220V 侧。如进户线绝缘层破损（未能及时进行检修）使搭衣服的铁丝器具带电、湿手拧灯泡误触金属灯口、家用电器绝缘层破损而带电等。

触电的案例多种多样，归纳起来主要有直接接触触电和间接接触触电两种。

（1）直接接触触电指电气设备正常运行时，人体直接接触或过分靠近电气设备的带电部分所造成的触电。此种触电危险性高，往往后果严重。

（2）间接接触触电指电气设备在故障情况下（如绝缘损坏使其外壳带电），人触及外露可导电的金属部分时（正常时不带电）所造成的触电。大多数触电事故属于间接接触触电。

下面具体介绍这两种触电类型。

（1）直接接触触电。

① 单相触电。当人体直接接触带电设备其中一相时，电流通过人体流入大地，称为单相触电。例如，对于 1000V 以上的高压设备，当人体距离高压设备较近，小于安全距离时，高压设备可能击穿空气隙对人体放电。根据电源中性点是否接地，单相触电有两种形式，即电源中性点直接接地系统的单相触电 [图 5.25(a)] 和电源中性点不接地系统的单相触电 [图 5.25(b)]。在我国，低压侧电源中性点通常采用直接接地方式。

在图 5.25(a)中，通过人体的电流为

$$I_\mathrm{b} = \frac{U_\varphi}{R_\mathrm{E}+R_\mathrm{P}} \approx 129\mathrm{mA} \gg 50\mathrm{mA} \tag{5-34}$$

式中，U_φ 为电源相电压，取 220V；R_E 为接地电阻，取 4Ω；R_P 为人体电阻，取 1700Ω。

由式(5-34)可看出，电源中性点接地时，通过人体的电流远远大于 50mA 的危险电流值，此种触电对人很危险。

在低压 220V/380V 的中性点不接地系统中，若绝缘良好，人单相触电时，通过人体

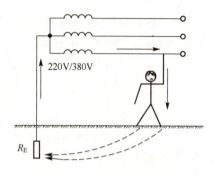
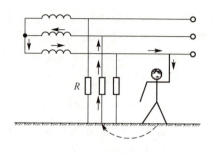

(a) 电源中性点直接接地系统的单相触电　　　　　(b) 电源中性点不接地系统的单相触电

图 5.25　单相触电

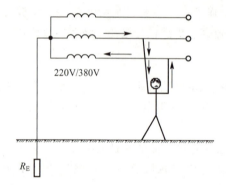

图 5.26　中性点直接接地系统的两相触电

的电流很小，仅为电容电流，一般不会对人造成伤害。但是当一相绝缘破损或绝缘电阻 R 减小时，通过人体的电流为电容电流与泄漏电流之和，电流较大，对人有危害。

在高压中性点不接地系统中，特别是具有较长的电缆线路时，由于系统对地电容电流较大、电压较高，当人单相触电时，往往导致严重的人身触电伤亡事故。

② 两相触电。人体同时接触带电设备或线路的任意两相，电流从一相导体流入人体，再从另一相导体流过，构成闭合回路，这种触电方式称为两相触电，如图 5.26 所示。

此时通过人体的电流为

$$I_b = \frac{U_L}{R_p} \approx 224 \mathrm{mA} \gg 50 \mathrm{mA} \tag{5-35}$$

式中，U_L 为电源线相电压，取 380V；R_p 为人体电阻。

由图 5.26 可以看出，此时人处于线电压下，通过人体的电流很大，两相触电的伤害要比单相触电的伤害大得多。同时可以看出，两相触电时，通过人体的电流与电源中性点接地与否无关，只与线电压的大小和人体的电阻有关。

（2）间接接触触电。

间接接触触电主要包括跨步电压触电和接触电压触电。

① 跨步电压触电。在高压输电线断线落地时，有强大的电流流入大地，在接地点周围产生电压降，当人体接近接地点时，两脚之间承受跨步电压而触电。如图 5.27 所示，U_{step} 为跨步电压。

【跨步电压触电】

跨步电压的大小与人和接地点的距离、两脚之间的跨距、接地电流的大小等因素有关。一般在 20m 之外，跨步电压降为零。如果误入接地点附近，应双脚并拢或单脚跳出危险区。

② 接触电压触电。电气设备内部绝缘层损坏而与外壳接触，使外壳带电，当人触及带电设备的外壳时，加于人体某两点之间的电压称为接触电压，由于接触电压而发生的

触电称为接触电压触电。如图 5.27 所示，U_{tou} 为接触电压。

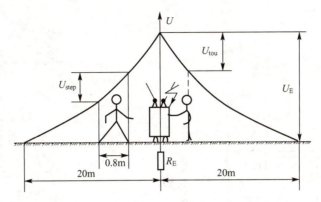

【触电急救】

图 5.27　跨步电压与接触电压

5.5.2　安全防护措施

低压触电防护的主要措施是保护接地。保护接地是指为保障人身安全、防止发生触电事故而采取的接地措施。

1. 保护接地的有关概念

（1）接地体。

接地体是埋入地下，直接与土壤接触，有一定散流电阻的金属或金属导体组（扁钢、钢管或角铁）。

（2）接地线。

接地线是连接接地体与电气设备接地部分的金属导线（扁钢、圆钢或钢线）。接地线分为接地干线和接地支线。

（3）接地装置。

接地装置是接地体与接地线的总称，如图 5.28 所示。

（4）"地"、对地电压和接地电流。

① "地"：距接地体 20m 以外的地方被认为是零电位，称为电气上的"地"。

② 对地电压：电气设备的接地部分与零电位（大地）之间的电位差，用 U_E 表示。

③ 接地电流：当电气设备发生故障时，通过接地线、接地体以半球形散流入大地的电流，用 I_E 表示，如图 5.29 所示。

（5）接地电阻。

接地电阻等于接地线电阻、接地体本身的电阻及散流电阻的总和，由于接地线电阻和接地体本身的电阻较小，可以忽略不计，一般认为接地电阻近似等于散流电阻。接地电阻的大小等于接地装置的对地电压与接地电流的比值。

（6）工作接地与保护接地。

① 工作接地。电气设备的带电部分因工作需要而接地，例如发电机、变压器的中性点接地，避雷针、避雷器的接地，电压互感器的一次侧接地等。

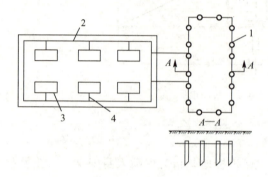

图 5.28 接地装置

1—接地体；2—接地干线；3—电气设备；4—接地支线

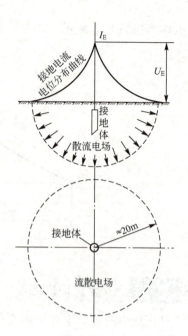

图 5.29 对地电压的电位及接地电流分布曲线

② 保护接地。为保障人身安全、防止触电事故而进行的接地。例如 TA、TV 的二次侧接地；电气设备的支架、外壳等接地，一般将电气设备正常工作时不带电的金属部分接地。

2. 保护接地的方式和原理

(1) 保护接地的方式。

低压配电系统按接地方式分为 IT 系统、TT 系统和 TN 系统。我国目前大多采用 TN 系统。

字母 I：表示电源所有带电部分不接地或通过大阻抗仅一点接地。

第 1 个字母 T：表示电源系统仅一点直接接地。

第 2 个字母 T：表示电气设备的外壳采用单独的接地装置接地，并且与电源的接地无电气上的联系。

字母 N：表示电气设备的外壳采用公共的接地线接地，并且与电源共用接地体。

IT 系统、TT 系统和 TN 系统如图 5.30 和图 5.31 所示。图中：PE 线为保护接地线；N 线为中性线，又称工作用零线；PEN 线为保护中性线，既为工作零线又为保护接地线。

在图 5.30 中，设备的外壳采用单独的接地体接地，这种保护措施称为保护接地。IT 系统和 TT 系统在我国低压供电系统中用得不多。由于 IT 系统和 TT 系统中的电气设备都是经各自的 PE 线接地，因此各自的 PE 线间无电磁联系，适用于对数据处理、精密检测的装置供电。

图 5.31 为 TN 系统，将电气设备的外壳与公共的 PE 线或 PEN 线相连，这种保护接地措施又称保护接零。TN 系统又分为 TN-C 系统、TN-S 系统和 TN-C-S 系统。一般要求 TN 系统的接地电阻在 4Ω 及以下。

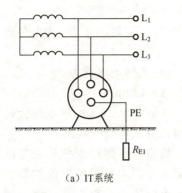
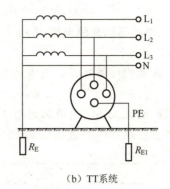

(a) IT系统　　　　　　　　　　　　　　(b) TT系统

图 5.30　IT 系统和 TT 系统

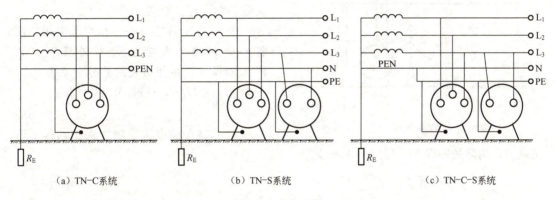

(a) TN-C系统　　　　　　(b) TN-S系统　　　　　　(c) TN-C-S系统

图 5.31　TN 系统

(2) 保护接地的原理。

① 对 IT 系统。当一相绝缘损坏、设备外壳带电时，外壳电压约等于相电压。若人触摸设备外壳，接地电流由两条回路流通，如图 5.32 所示。通常接地电阻 R_{E1} 远小于人体电阻，R_{E1} 越小，通过人体的电流越小。并且此系统的单相接地电流 $I_E^{(1)}$ 主要是绝缘泄漏电流，数值较小，如果限制接地电阻在一定范围内就能保证人身安全。通常将 R_{E1} 限制在 4Ω 以内。

② 对 TT 系统。当一相绝缘损坏、设备外壳带电、人尚未接触设备外壳时，如图 5.33 所示，忽略 PE 线和 N 线的电阻，取接地电阻 R_E 为 4Ω，单相碰壳的故障电流为

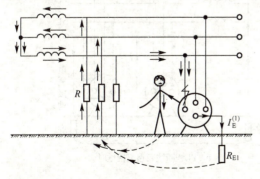
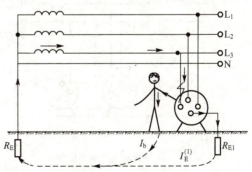

图 5.32　IT 系统保护接地的原理　　　　图 5.33　TT 系统保护接地的原理

$$I_E^{(1)} = U_P/(R_E + R_{E1}) = [220/(4+4)] \text{ A} = 27.5\text{A} \quad (5-36)$$

式中，$I_E^{(1)}$ 为单相碰壳故障电流(A)；U_P 为电源相电压，取 220V；R_{E1} 为电气设备的接地电阻，取 4Ω。

若此时人触摸设备外壳，人体电阻取 1700Ω，通过人体的电流为

$$I_b = 220\text{V}/1700\Omega \approx 0.129\text{A} = 129\text{mA} \quad (5-37)$$

虽然此时通过人体的电流远超过了安全电流，但是由于 27.5A 的电流会使小容量线路的保护装置迅速动作，通常在 1s 内切除故障，因此对人体是安全的。

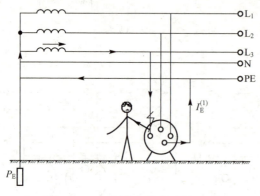

当设备因漏电而使外壳带电时，漏电电流太小，不足以触发保护动作，设备上的危险电压会长期存在，因而增加了人体触电的危险性。为保障人身安全，应装设灵敏的漏电保护装置。

③ 对 TN 系统。当一相绝缘损坏、设备外壳带电、人接触设备外壳时，如图 5.34 所示，单相碰壳的故障电流为

$$I_E^{(1)} = U_P/R_E = 220\text{V}/4\Omega = 55\text{A}$$

$$(5-38)$$

图 5.34 TN 系统保护接地的原理

显然 55A 的电流会触发保护动作、迅速跳闸，切除故障设备，保障了人身安全。

3. 重复接地的原理

在低压 TN 系统中，为确保接地安全可靠，防止 N 线或 PEN 线断线造成危害，系统中除了电源中性点接地以外，还必须在 N 线或 PEN 线的其他地方进行必要的一点或多点接地，称为重复接地。

在图 5.35(a)中，当 N 线或 PEN 线断线并发生一相碰壳故障时，断线后虽然所有设备本身并未出现漏电等情况，但设备外壳都带有相电压，容易引起触电事故，十分危险。在图 5.35(b)中，采用重复接地时，若接地电流较大，可触发保护迅速动作，切除故障。此种情况相当于 TT 系统的单相碰壳故障。

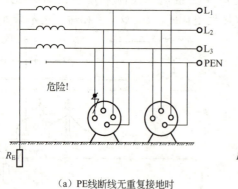
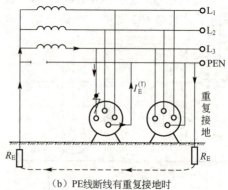

(a) PE 线断线无重复接地时　　　(b) PE 线断线有重复接地时

图 5.35 重复接地的原理

居民住宅楼所接的负载几乎都是单相负载，负载所接电压为相电压，并且三相的负载往往不对称，如果零线断线，用户端负载较小的相电压偏高，甚至接近线电压，家用电器很容易烧坏。

TN 系统零线断线是非常危险的，所以有关规程规定 TN 系统中的 N 线或 PEN 线不得断开，原则上不得装开关和熔断器。

4. 漏电保护装置

漏电保护装置又称漏电开关，它对人身安全的保护作用远比保护接地和保护接零优越。漏电开关分电压动作型和电流动作型。电压动作型用于电源中性点不接地的供电电网，电流动作型在 TN 系统中应用广泛。

电流动作型漏电开关由主开关、零序电流互感器和脱扣器构成。电流动作型漏电开关的原理如图 5.36 所示。正常运行时，三相电流的相量和等于零，零序电流互感器二次侧无输出电流。发生漏电或触电时，TAN 二次侧有输出电流，从而有输出电压，此电压经放大后，加在脱扣器的动作线圈上，脱扣器动作，将主开关 QF 断开，切除故障。

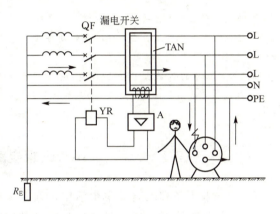

图 5.36　电流动作型漏电开关的原理

QF—主开关；TAN—零序电流互感器；YR—脱口器；A—电压放大器

PE 线不得穿过零序电流互感器，否则发生漏电时，漏电开关不能动作。不同的场合，允许的漏电开关动作值不同。例如对于家庭的低压线路，漏电开关的动作电流为 30mA 并在 0.1s 内动作；对于额定电压为 220V 及以上的电动工具，如果处于人体触电后还会发生二次伤害的场所（如高空作业等），漏电开关的动作电流应选为 15mA 并在 0.1s 内动作。

漏电开关按照极数和电流回路数可分为单相单极、单相双极、三相三极、三相四线和三相四极。

5. 电气防火、防爆和防雷保护

（1）电气防火、防爆保护。

在用电过程中，引发火灾或爆炸的原因主要有两个：①电气设备使用不当。如设备长时间过载运行、通风散热环境不佳、导体间连接不良等，都有可能造成设备温度过高，引燃周围的可燃物质而发生火灾甚至爆炸。②电气设备自身发生故障。如绝缘损坏造成短路而引发火灾、亚弧装置损坏而导致切断电路时产生较大电弧而引发火灾。

电气防火、防爆的主要措施：合理选用电气设备并保持正常运行；保护设备的必要安全距离；保持良好的通风环境；装设可靠的接地装置等。

（2）电气防雷保护。

雷电可以通过直击、侧击、电磁感应等方式对电气设备造成破坏。当架空输电线上方有带有大量电荷的雷云时，架空输电线会由于静电感应而感应出异性电荷。这些电荷被雷云束缚着,一旦束缚解除(如雷云对其他目标放电),它们就变为自由电荷,形成感应过电压,产生强大的雷电流,并通过输电线进入室内,破坏电气设备。为了防止这种破坏的产生,可在被保护电气设备的进线和大地之间装设避雷器。当雷电流沿输电线传向室内的电气设备时,首先会到达避雷器,使避雷器短时击穿而短路,雷电流由避雷器流入大地。雷电流过后,避雷器又恢复正常的断路状态。

为防止雷电通过电磁感应方式破坏设备,可以用金属网屏蔽电气设备,并使室内的金属回路接触良好。

● 在同一低压配电系统中,不允许 TT 系统和 TN 系统混用,否则当外壳直接接地的设备发生单相碰壳故障时,因接地电流较小,故障会长期存在,公共的 PEN 线电压升高,采用保护接零的设备外壳会带上危险的电压。

● TN 系统中的 N 线或 PEN 线不得断开,原则上不得装开关和熔断器。

● 相线与零线不得接反;N 线与 PE 线不得接反,否则三相负载不对称时,设备外壳会带上危险的电压。

5.6 三相电路应用实例

在工农业生产和人们日常生活中,通常采用三相或单相交流电。三相交流电由发电厂提供,经过变压器升压,又通过长距离的输配电线路及变压器降压,送到用户。由于电压仍然较高,需要降压到 380V/220V 才能供用电设备使用。

下面以某单位宿舍为例,介绍低压三相交流电的输送与分配。

图 5.37 为某单位宿舍的配电系统。对于三相交流系统供配电系统,为了简单方便,

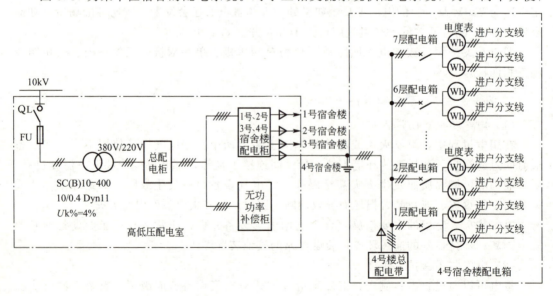

图 5.37 某单位宿舍的配电系统

仅画出一条线代表三相线路。通常在低压系统单条线路上画斜线，表示低压系统的接线方式及此线路的实际线路数。如图5.37所示，电源进线电压为10kV，经负荷开关、熔断器及变压器的降压，降为380V/220V，又经低压总配电柜、分配电柜、电缆或架空线路（通常电缆线路采用VV型或YJV型），将三相交流电分别送至1号到4号宿舍楼，图中低压配电系统采用TN-S接线方式，即三相五线制。进入楼层后，每层的进线采用单相三线，即相线、零线和接地保护线各一根。由于居民用电都是单相负荷，在电能分配上应尽量三相平衡。单相电经每户的电度表、进户分支线进入户内。进户分支线通常选用BV型铜芯线，由于家用电器的广泛应用，一般每户居民用电量按照7kW设计，计算电流为$I_\varphi=(7/0.22)\text{A}\approx32\text{A}$，环境温度按照35℃计，因此进户分支线采用6mm² 的铜芯线。户内空调、插座等一般选用4mm² 的铜芯线，户内照明线通常选用2.5mm² 的铜芯线。

根据供电部门的规定，低压电能按用户可分为民用电、工业用电和非工业用电。电能用户不同，收费标准也不同。城乡居民用电属于民用电。

小　　结

1. 三相电源

三相供电系统中，三个大小相等、频率相同、相位互差120°的电源称为三相对称电源。在三相四线制供电系统中，各相线（火线）之间的电压称为线电压；各相线与中性线（零线）之间的电压称为相电压。当三相电源作星形连接时，线电压与相电压的关系为$U_L=\sqrt{3}U_P$，在相位上，线电压超前于对应相电压30°。我国低压供电系统的标准电压为380V/220V。

2. 三相负载

阻抗相等的三相负载称为三相对称负载，即阻抗模相等、阻抗辐角相等。计算三相对称负载电路时，只需计算一相，其他两相可按对称性求出。

3. 线值与相值的关系

在计算三相负载对称电路时，当负载作星形连接时，$U_L=\sqrt{3}U_P$，且线电压超前于对应负载相电压30°，$I_L=I_P$；当负载作三角形连接时，$U_L=U_P$，$I_L=\sqrt{3}I_P$，且线电流滞后于对应负载相电流30°。

4. 三相负载的连接

三相负载采用的连接方式，应视电源电压和负载的额定电压而定。当负载作星形连接时，不对称负载必须接成三相四线制，中性线必不可少；三相对称负载接成三相三线制，中性线可省去。

5. 三相对称负载的功率

$$P=\sqrt{3}U_L I_L \cos\varphi$$
$$Q=\sqrt{3}U_L I_L \sin\varphi$$
$$S=\sqrt{3}U_L I_L \quad 或 \quad S=\sqrt{P^2+Q^2}$$

以上公式对作星形连接、三角形连接的对称负载均适用。式中φ是各相负载相电压与相电流的相位差，而不是线电压与线电流的相位差，即各相负载的阻抗角或功率因数角。三相不对称负载电路的电流也是不对称的，三相电流和功率要分别计算。

在三相电路中，计算三相的总有功功率或总无功功率时，各相的有功功率或无功功率都可以直接代数相加。通常视在功率不能代数相加，只有当三相负载对称或三相负载的阻抗角相同时，才可以代数相加。

6. 电力系统

电力系统由发电厂、电力网和电力用户三部分组成，其中电力系统中各级电压的输配电线路和变电所组成的部分称为电力网。

低压配电线路有三种基本的接线方式：放射式、树干式、环状式。

低压配电线的几个选择条件：(1) 满足允许正常发热条件；(2) 满足允许电压损失；(3) 满足经济电流密度；(4) 满足机械强度条件；(5) 满足热稳定最小允许截面面积条件。

中性线(N线)截面面积的选择：按规定，中性线截面面积一般应不小于相线截面面积的50%。

对于3次谐波电流相当突出的三相线路，中性线截面面积宜选为与相线截面面积相同或相近，即 $A_N \approx A_P$。对于由三相线路分出的两相线路及单相线路中的中性线，中性线截面面积应与相线截面面积完全相同，即 $A_N = A_P$。

保护线(PE线)截面的选择：按规定，保护线截面面积不得小于相线截面面积的50%，但考虑到短路热稳定性要求，当 $A_P \leqslant 16mm^2$ 时，保护线截面面积应与相线截面面积相等，即 $A_{PE} = A_P$。

7. 安全用电

我国一般把工频时触电时间不超过1s的30mA的电流作为安全电流的临界值，一般把50mA及以上的电流作为通过人体的危险电流。

特低电压限值标准：GB/T 3805—2008 标准不再使用"安全电压"概念，强调在选用电气设施或电气设备涉及特低电压的标称值成额定值时，其值应小于GB/T 3805—2008 标准所规定的相应限值，并需留有余量。

为保障人身安全、防止触电事故而进行的接地称为保护接地。电气设备的带电部分因工作需要而接地称为工作接地。

低压配电系统按接地形式分为 TT 系统、IT 系统和 TN 系统三种类型。TT 系统和 IT 系统是保护接地系统；TN 系统为保护接零系统，又分为 TN-C 系统、TN-S 系统、TN-C-S 系统。

在低压 TN 系统中，为确保接地安全可靠，防止 N 线或 PEN 线断线造成危害，系统中除了电源中性点接地以外，还必须在 N 线或 PEN 线的其他地方进行必要的一点或多点接地，称为重复接地。

知识链接

电力系统的发展简史

法拉第(1791—1867)是英国物理学家，他在1831年发现了电磁感应现象。在之前的10年，他做过许多次实验，都失败了。直到1831年年底，他发明了一种电磁电流发生器，这就是最原始的发电机。法拉第不仅作出了跨时代的贡献，而且奠定了未来电力工业的基础。在此基础上，很快便出现了原始的交流发电机、直流发电机和直流电动机，电机的制造和电力输送技术围绕着直流电，电压为100～

400V。因为输送的电压较低,所以输送的功率小、距离短。

高压输电出现于1882年,德普勒(1843—1918)将水电厂生产的电能输送到57km以外的慕尼黑,用于驱动水泵,它采用的电压为直流1500~2000V,输送功率为2kW,此输电系统被认为是世界上第一个电力系统。

1891年在德国法兰克福举办的国际电工技术展览会上,出现了第一个上万伏高压交流输电系统。俄国人多里沃·多勃列沃列斯基展示了一个高压交流输电系统,此系统从拉芬镇到法兰克福,全长175km,设在拉芬镇的水轮发电机组的功率为230kW,电压为95V,变压器将电压升高为15200V。使用4mm² 的铜线将功率输送到法兰克福,在法兰克福再使用2台变压器将电压降至112V,分别为白炽灯和异步电动机供电。此系统被认为是近代电力系统的雏形。

三相交流电的优越性很快显示出来,发电厂之间可并列运行,输送功率、输送距离和输电电压不断增大。

三相电路的主要优点:在发电方面,功率比单相电源高50%;在输电方面,比单相输电节省25%的钢材;在配电方面,三相变压器比单相变压器经济且便于接入负载;在电能应用方面,结构简单、成本低、运行可靠、维护方便。以上优点使三相电路在动力方面获得了广泛应用,是目前电力系统采用的主要供电方式。

目前,世界上最高线路电压已经达到了1000kV,最远输电距离远超过1000km,最大电力系统的容量已达到数千万千瓦。为了彻底解决同步发电机并列运行的稳定性等问题,又重新开始采用直流输电,目前直流输电电压最高为800kV,直流输电距离超过1000km。

习 题

5-1 单项选择题

(1) 当三相交流发电机的三个绕组作星形连接时,若线电压 $u_{23}=380\sqrt{2}\sin\omega t$ V,则相电压 $u_2=$( )。

A. $220\sqrt{2}\sin(\omega t+90°)$ V B. $220\sqrt{2}\sin(\omega t-30°)$ V

C. $220\sqrt{2}\sin(\omega t-150°)$ V D. $220\sqrt{2}\sin(\omega t)$ V

(2) 在负载为三角形连接的对称三相电路中,各线电流与相电流的关系是( )。

A. 大小、相位都相等

B. 大小相等、线电流超前对应的相电流90°

C. 线电流大小为相电流大小的$\sqrt{3}$倍、线电流超前对应的相电流30°

D. 线电流大小为相电流大小的$\sqrt{3}$倍、线电流滞后对应的相电流30°

(3) 三相对称负载作星形连接,若电源线电压为380V,线电流为10A,每相负载的功率因数为0.5,则该电路总的有功功率为( )。

A. 1900W B. 2687W C. 3291W D. 5700W

(4) 如图5.38所示,3只规格相同的白炽灯接在低压相电压为220V的三相交流电路中,且都能正常发光,现将 S_2 断开,则EL1、EL3将( )。

A. 烧毁其中一个或都烧毁

B. 不受影响,仍正常发光

C. 都略增亮

D. 都略变暗

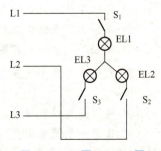

图5.38 习题5-1(4)图

(5) 电力系统由（　　）组成。
A. 发电厂、变电所、电力线路　　　　B. 发电厂、电力网、电力用户
C. 发电厂、变电所、电力用户　　　　D. 发电厂、变电所、电力网
(6) 电力负荷通常分为（　　）级，（　　）级负荷对供电可靠性要求最高。
A. 一，三　　　　B. 三，三　　　　C. 三，一　　　　D. 三，二
(7) 工业、企业变、配电所一般由（　　）组成。
A. 总降压变电所(或总配电所)、车间变电所、高、低压配电线路
B. 总配电所、车间变电所、低压配电线路
C. 总降压变电所(或总配电所)、车间变电所、高压配电线路
D. 总降压变电所、总配电所、高、低压配电线路
(8) 放射式接线、树干式接线及环状式接线三者相比，供电可靠性较高的是（　　）接线，供电可靠性较差的是（　　）接线。
A. 放射式和树干式　　环状式　　　　B. 放射式和环状式　　树干式
C. 环状式和树干式　　放射式　　　　D. 树干式　　　　　　放射式
(9) 在下列接地方式中，属于保护接地的是（　　）。
A. 避雷器接地　　　　　　　　　　　B. 电压互感器 TV 一次侧接地
C. 变压器中性点接地　　　　　　　　D. 电气设备外壳接地
(10) 将电力变压器的金属外壳接地称为（　　）。
A. 工作接地　　B. 保护接地　　　　C. 保护接零　　　D. 重复接地
(11) 三相对称电路是指（　　）。
A. 三相电源对称　　　　　　　　　　B. 三相负载对称
C. 三相电源和三相负载均对称　　　　D. 三相电源对称、三相负载不对称
(12) 选择 380V/220V 低压动力线截面时，应按（　　）条件选择。
A. 机械强度、经济电流密度、电压损失
B. 机械强度、热稳定最小允许截面积、正常发热条件
C. 正常发热条件、机械强度、电压损失
D. 经济电流密度、正常发热条件、电压损失

5-2　判断题（正确的请在每小题后的圆括号内打"√"，错误的打"×"）
(1) 三相对称正弦电压是指频率相同、幅值相等、相位相同的三个正弦电压。（　　）
(2) 三相对称负载是指三相负载的阻抗模相等，相位角也相等。（　　）
(3) 三相负载星形连接时，无论负载对称与否，线电流必定等于相电流。（　　）
(4) 电灯的开关可以接在相线上，也可以接在零线上。（　　）
(5) 在三相四线制供电系统中，当三相负载接近平衡时，中性线可以省去。（　　）
(6) 在 380V/220V 三相四线制供电系统中，中性线上禁止安装开关和熔断器。（　　）
(7) 无论采用星形连接还是三角形连接，对称性负载的有功功率都可按 $P=\sqrt{3}U_L I_L \cos\varphi_P$ 计算。（　　）
(8) 我国规定触电时间不超过 1s 的安全电流临界值为 50mA。（　　）
(9) 我国一般规定额定电压在 1000V 以上的电压统称为低压。（　　）
(10) 在同一低压配电系统中，允许 TT 系统和 TN 系统混用。（　　）

(11) TA 二次侧接地属于工作接地。　　　　　　　　　　　　　(　)
(12) TV 二次侧接地属于保护接地。　　　　　　　　　　　　　(　)
(13) TV 二次侧接地，电气设备的支架、外壳等接地属于保护接地。(　)
(14) 接地装置包括接地体和接地线。　　　　　　　　　　　　(　)
(15) TV 一次侧接地属于保护接地。　　　　　　　　　　　　　(　)
(16) 接地电阻包括接地体电阻和接地线电阻。　　　　　　　　(　)
(17) 重复接地是为了避免零线断线带来的危险。　　　　　　　(　)
(18) 接触电压是指人触摸发生漏电故障的设备时，加于两脚之间的电压。(　)
(19) 跨步电压是指人在接地故障点附近行走时，两脚之间出现的电位差。(　)

5-3　三相对称负载，每相负载阻抗 $Z=(6+j8)\Omega$，额定电压为 220V。
(1) 当三相电源 $U_L=380V$ 时，三相负载如何连接？求 I_P、I_L 和 P。
(2) 当三相电源 $U_L=220V$ 时，三相负载如何连接？求 I_P、I_L 和 P。

5-4　某住宅楼有 36 户居民，设计每户最大用电功率为 7kW，额定电压为 220V。采用三相电源供电，线电压 $U_L=380V$。试将用户均匀分配组成对称三相负载，画出供电线路。若每户按照满负荷运行计算，且功率因数为 0.8 或 0.9，试分别计算三相电源应提供的总容量 S 和线路总电流 I。

5-5　如图 5.39 所示，已知三相对称电源的 $U_L=380V$，每只白炽灯的额定电压为 220V，额定功率为 100W，三相负载星形连接。求：
(1) 开关 S 闭合时，流过白炽灯的电流 I_1、I_2、I_3 为多少？
(2) 开关 S 断开时，A 灯和 B 灯两端电压各为多少？A 灯和 B 灯能否正常发光？

5-6　如图 5.40 所示对称三相电路中，$R=100\Omega$，电源线电压为 380V。求：
(1) 电压表和电流表的读数分别是多少？
(2) 三相负载消耗的功率 P 是多少？

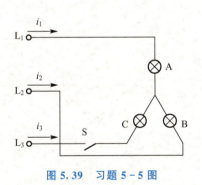

图 5.39　习题 5-5 图　　　　图 5.40　习题 5-6 图

5-7　某建筑物有三层，每层的照明分别由三相电源的相电压供电，电源电压为 380V/220V，每层楼装有 220V、100W 的白炽灯 100 只。
(1) 画出该建筑物的照明电路接线图。
(2) 求建筑物内电灯全部点亮时的相电流和线电流。
(3) 若第一层的电灯全关闭，第二层全开亮，第三层只开 10 只，电源中性线因故断开，分析该照明电路的工作情况。

5-8 在线电压为380V的三相电源上接两组电阻性对称负载,如图5.41所示。试求线路电流 I(有效值)。

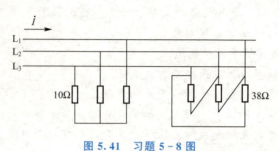

图5.41 习题5-8图

5-9 低压中性线(N线)和低压保护线(PE线)的截面面积应如何选择?

5-10 试画出TN系统、TT系统、IT系统的接线图。

5-11 试按发热条件选择380V/220V、TN-C系统中线路的相线和PEN线截面面积,已知线路的负载电流 $I_L=40A$,安装地点的环境温度为35℃,拟采用BV型铜芯塑料线。

第6章 磁路与变压器

本章将主要介绍磁路与变压器的基本概念；利用安培环路定律推导出磁路欧姆定律，分析变压器的构造、原理，并对变压器的实际应用进行介绍；重点讨论变压器的工作原理。

教学目标与要求

- 理解磁路欧姆定律。
- 了解变压器的构造，掌握变压器的工作原理。
- 掌握同名端的判断。
- 了解自耦变压器、仪用互感器的特点。

引例

发电厂生产的电能经变压器变成高压后，经电力网络输送到用户，再由变压器（图6.0）变成低压供用户使用。变压器已经成为电力系统中非常重要的设备；我们日常生活中使用的手机充电器、计算机、电视机等所用的电源都是将220V的交流电经变压器转换成相应的低电压，然后经整流实现的。变压器已经与我们的日常生活息息相关。通过本章的学习，读者将对变压器有更多认识。

图6.0 变压器

6.1 磁场与磁路

本节将简单介绍描述磁场特性的基本物理量、磁性物质的磁性能及定性分析磁路的磁路欧姆定律。

6.1.1 磁场的基本物理量

磁场是一种特殊的物质，有电流的地方就会有磁场的存在。表征磁场特性的物理量主要有如下几个。

1. 磁感应强度

为了定量反映不同位置的磁场强弱和方向,我们引入"磁感应强度"这一物理量。

在磁场中垂直于磁场方向的一小段通电直导体所受的磁场力与直导体中的电流和直导体长度乘积的比值,称为直导体所在处的磁感应强度。表达式为

$$B=\frac{F}{Il} \tag{6-1}$$

式中,B 为磁感应强度(T);F 为磁场力(N);I 为电流(A);l 为长度(m)。

磁感应强度是矢量,磁场中某点的磁感应强度方向即该点的磁场方向。

若磁场中各点的磁感应强度大小相等、方向相同,则称为匀强磁场。

2. 磁通

在磁场中,垂直穿过某一面积的磁感线的条数称为穿过该面积的磁通量,简称磁通,用 Φ 表示。在匀强磁场中,磁通等于磁感应强度 B 和与磁感应强度垂直的某一面积的乘积,即

$$\Phi=BS \tag{6-2}$$

式中,Φ 为磁通(Wb);S 为与磁感应强度方向垂直的面积(m²)。

3. 磁场强度

磁场强度是为计算方便而引入的一个物理量。磁场强度也是一个矢量,用 H 表示,单位为 A/m,其方向与磁感应强度的方向一致。

4. 磁导率

磁导率是用来表征磁场中物质导磁能力的物理量,单位为 H/m,它在数值上等于磁感应强度与磁场强度的比值,即

$$\mu=\frac{B}{H} \quad 或 \quad B=\mu H \tag{6-3}$$

真空中的磁导率是一个常数,用 μ_0 表示,由实验测出其值为

$$\mu_0=4\pi\times10^{-7}\,\text{H/m} \tag{6-4}$$

任意一种物质的磁导率 μ 与真空的磁导率 μ_0 的比值,称为该物质的相对磁导率 μ_r,即

$$\mu_r=\frac{\mu}{\mu_0} \tag{6-5}$$

特别提示

磁场强度 H 与磁感应强度 B 的名称很相似,均是反映磁场强弱和方向的物理量,但 B 与磁场中物质的磁导率有关,而 H 与磁场中物质的磁导率无关。

6.1.2 磁性物质的磁性能

物质在外磁场的作用下将产生不同程度的附加磁场,这种在外磁场作用下从不表现磁性变为具有一定磁性的过程称为磁化。根据不同物质在磁场中被磁化的程度不同,可将物质分为两类:磁性物质和非磁性物质。磁性物质主要指铁、镍、钴及其合金。非磁性物质不易被磁化,其相对磁导率 μ_r 近似等于1。

磁性物质在外界磁场的作用下会被强烈地磁化,并大大增强原有的外磁场,因此磁性材料的相对磁导率 μ_r 很大。例如,变压器所用硅钢片的相对磁导率 $\mu_r = 7000 \sim 10000$。

磁性物质是构成磁路的主要物质。磁性物质主要有以下磁性能。

1. 高导磁性

磁性物质中的分子电流产生磁场,每个分子就相当于一个小磁铁。在没有外磁场作用时,磁性物质内部具有多个小区域,在每个小区域内,分子电流形成的小磁铁都已排列整齐,显示磁性。这些具有自发磁化性质的小区域称为磁畴,在没有外磁场作用时,各个磁畴的取向不同,排列杂乱无章,对外界的作用相互抵消,不显示宏观的磁性。

当把磁性物质置于外磁场中时,在外磁场的作用下,各磁畴沿外磁场方向取向,产生附加磁场。而且随着外磁场的增强,会有更多磁畴转到与外磁场相同的方向,从而使物质内部的磁场得到了大大的增强。

由于磁性物质具有高导磁性,用较小的励磁电流就可以产生足够强的磁场,并使磁感应强度 B 足够大,因此工程上凡是需要强磁场的场合(如电机、变压器、电磁铁和电磁仪表等电气设备),均广泛选用磁性物质作为其磁路。

2. 磁饱和性

磁性物质的磁化不能随外磁场的增加而无限制地增加,当外磁场达到一定值后,磁性物质内部的磁畴几乎全部转向与外磁场方向一致,之后即使外磁场 H 再增加,磁感应强度 B 的变化也很小,磁感应强度 B 就达到了饱和。

磁性材料的磁特性可以用磁感应强度 B 与磁场强度 H 的关系曲线来表示,该曲线称为磁化曲线,如图 6.1 所示。由于磁性物质具有磁饱和性,因此磁化曲线不具有线性关系。

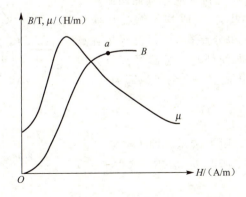

图 6.1 磁化曲线

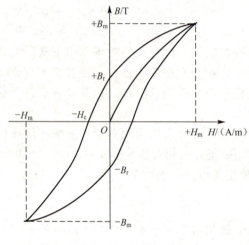

图 6.2 磁滞回线

根据磁导率的定义 $\mu=\dfrac{B}{H}$，可以得出 μ 随 H 变化的曲线，即磁性物质的磁导率 μ 不是常数。为了更合理地利用磁性物质，通常磁路的工作点选在 a 点附近的接近饱和区域。

3. 磁滞性

对磁性物质进行交流励磁时，得到的 $B-H$ 曲线是一条闭合曲线，称为磁滞回线，如图 6.2 所示。由图可见，当外磁场由 H_m 逐渐减小时，B 并没有按原磁化路径返回，而是在其上部。当 H 减小到零时，B 并不为零，而是具有剩磁 B_r，要去掉剩磁，必须加一反向的磁场强度 H_c，称为矫顽磁力。磁性物质中，B 的变化总是滞后于 H 变化的性质称为磁滞性。

根据磁滞性，磁性物质可以分为软磁物质、永磁物质、矩磁物质。软磁物质的磁滞回线较窄，剩磁 B_r、矫顽磁力 H_c 都较小，一般用来制造变压器、电机、接触器等的铁心。永磁物质的磁滞回线较宽，剩磁 B_r、矫顽磁力 H_c 都较大，常用来制造永久磁铁。矩磁物质具有较小的矫顽磁力和较大的剩磁 B_r，常用在控制元件中。

6.1.3 磁路欧姆定律

分析磁路时常用到磁路欧姆定律。磁路欧姆定律反映了磁路的磁通 Φ、磁通势 F 和磁阻 R_m 之间的关系。

根据安培环路定律可知，磁场中沿任意闭合曲线磁场强度矢量的线积分，等于穿过该闭合曲线所包围的电流的代数和，其数学表达式为

$$\oint H \mathrm{d}l = \sum I \tag{6-6}$$

以具体磁路为例，如图 6.3 所示为一个均匀环形线圈磁路，铁心由相同磁性材料构成，其截面面积处处相等。励磁电流为 I，共有 N 匝均匀缠绕在铁心上。若取铁心中心线作为积分路径 l，沿径 l 各点的 B 和 H 均相等，其方向处处与积分路径绕行方向一致（即 H 与 $\mathrm{d}l$ 同向），因此式(6-6)可以写为

$$Hl = NI \quad \text{或} \quad H = \dfrac{NI}{l} \tag{6-7}$$

式中，NI 为磁通势（A），用 F 表示，即 $F=NI$。

因为 $\Phi=BS$，$B=\mu H$，所以 $\Phi=\mu HS$，将式(6-7)代入得

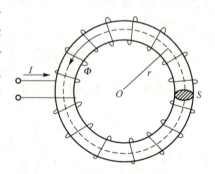

图 6.3 均匀环形线圈磁路

$$\Phi = \mu \frac{NI}{l} S = \frac{NI}{\frac{l}{\mu S}} = \frac{F}{\frac{l}{\mu S}}$$

令 $R_m = \frac{l}{\mu S}$，则

$$\Phi = \frac{F}{R_m} \qquad (6-8)$$

式(6-8)在形式上与电路中的欧姆定律($I=U/R$)相似，称为磁路欧姆定律。磁通势 F 反映了通电线圈励磁能力的大小；$R_m = l/(\mu S)$ 称为磁阻，是表示磁路的材料对磁通起阻碍作用的物理量，反映了磁路导磁性能的强弱，只与磁路的尺寸及材料的磁导率有关。对于磁性材料，由于 μ 不是常数，其 R_m 也不是常数，故式(6-8)主要用来定性分析磁路，一般不对磁路进行定量计算。

对于由不同材料或不同截面组成的几段磁路（如图 6.4 所示的带有空气隙的直流电机磁路），磁路的总磁阻为各段磁阻之和。由 $R_m = l/(\mu S)$ 可知，对于空气隙这段磁路，其 l_0 虽小，但因 μ_0 很小，故 R_m 很大，从而使整个磁路的磁阻大大增加。要保持磁通 Φ 不变，则空气隙越大，所需的励磁电流 I 也越大。

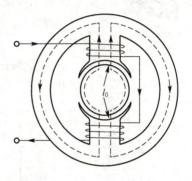

图 6.4 直流电机磁路

6.2 变压器

变压器是一种常见的电气设备，在电力和电子系统中均有极广泛的应用。本节将主要讨论单相变压器的构造和工作原理。

6.2.1 变压器的构造

变压器最基本的部分是铁心和绕组，按铁心和绕组的结构形式，变压器可分为芯式变压器和壳式变压器，如图 6.5 所示。壳式变压器是由铁心包着绕组，用于小容量的变压器中。芯式变压器的绕组包围着铁心，构造简单，用铁量少，多用于大容量变压器中。

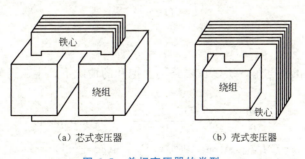

(a) 芯式变压器　　　　　(b) 壳式变压器

图 6.5 单相变压器的类型

铁心一般用 0.35～0.5mm 的硅钢片叠装而成，硅钢片表面涂有绝缘漆，形成绝缘层，其作用是减少涡流和磁滞损耗。

绕组就是线圈。小容量变压器的绕组多用高强度漆包线绕制,大容量变压器的绕组可用绝缘铜线或铝线绕制。

变压器绕组与电源相接的一侧称为一次绕组(或称原绕组),与负载相接的一侧称为二次绕组(或称副绕组)。

由于变压器在工作时铁心和绕组都要发热,故需考虑散热问题。小容量的变压器采用空气自冷式;大、中容量的变压器采用油冷式,即把铁心和绕组装入有散热管的油箱中。

6.2.2 变压器的工作原理

【变压器变压原理】

如图 6.6 所示为单相变压器的原理,当变压器空载运行时(开关 S 断开)。一次绕组在电压源 u_1 作用下,产生电流 i_1,此时 $i_1=i_0$,i_0 称为空载电流或励磁电流。磁通势 $N_1 i_1$ 将产生两部分磁通,即主磁通 Φ 和漏磁通 $\Phi_{\sigma 1}$,它们又分别在一次绕组中感应两个电动势,即主磁电动势 e_1 和漏磁电动势 $e_{\sigma 1}$,并在二次绕组产生主磁电动势 e_2。

当变压器带负载运行时(开关 S 闭合),在电动势 e_2 的作用下,二次绕组会产生电流 i_2,二次绕组的磁通势 $N_2 i_2$ 也产生两部分磁通,其绝大部分通过铁心闭合并与一次绕组在铁心中产生的磁通叠加共同形成主磁通;另一小部分为漏磁通 $\Phi_{\sigma 2}$。下面分别讨论变压器的电压变换、电流变换和阻抗变换。

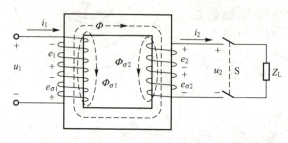

图 6.6 单相变压器的原理

1. 电压变换

根据基尔霍夫电压定律,可以得到一次绕组的电压平衡方程式为

$$u_1 = i_1 R_1 - e_{\sigma 1} - e_1 \tag{6-9}$$

理想情况下,由于绕组电阻上的电压降 $i_1 R_1$ 和漏磁电动势 $e_{\sigma 1}$ 都很小,与主磁电动势 e_1 相比,均可忽略不计,故由式(6-9)可知

$$u_1 \approx -e_1$$

通常加在一次绕组上的电压 u_1 为正弦电压,其有效值为

$$U_1 \approx E_1 \tag{6-10}$$

同理

$$u_2 \approx e_2 \tag{6-11}$$

因为电压 u_1 为正弦电压,所以在磁路不太饱和的情况下,主磁通 Φ 可近似为正弦量,设 $\Phi = \Phi_m \sin \omega t$,则

$$e_1 = -N_1 \frac{d\Phi}{dt} = -N_1 \frac{d(\Phi_m \sin \omega t)}{dt} = -N_1 \omega \Phi_m \cos \omega t$$

$$= 2\pi f N_1 \Phi_m \sin(\omega t - 90°) = E_{m1} \sin(\omega t - 90°) \tag{6-12}$$

式中,E_{m1} 是主磁电动势 e_1 的幅值,$E_{m1} = 2\pi f N_1 \Phi_m$,其有效值为

$$E_1 = \frac{2\pi f N_1 \Phi_m}{\sqrt{2}} \approx 4.44 f N_1 \Phi_m \tag{6-13}$$

同理
$$E_2 = \frac{2\pi f N_2 \Phi_m}{\sqrt{2}} \approx 4.44 f N_2 \Phi_m \quad (6-14)$$

一次绕组电压与二次绕组电压之比为
$$\frac{U_1}{U_2} \approx \frac{E_1}{E_2} = \frac{N_1}{N_2} = K \quad (6-15)$$

式中，K 为变压器的变比，即一次绕组匝数与二次绕组匝数之比。可见，当电源电压 U_1 不变时，通过改变匝数比即可得到不同的输出电压 U_2。

在实际应用中，当电源电压 U_1 不变时，随着二次绕组电流 I_2 的增大（增加负载），一、二次绕组的漏磁电动势增加，使二次绕组的输出电压 U_2 发生变化。当电源电压 U_1 和负载功率因数 $\cos\varphi_2$ 不变时，U_2 随电流 I_2 的变化关系可用外特性曲线 $U_2 = f(I_2)$ 来表示，如图 6.7 所示。

从空载到额定负载，二次绕组的电压 U_2 随电流 I_2 的变化程度通常用电压调整率 ΔU 来表示，即
$$\Delta U\% = \frac{U_{20} - U_2}{U_{20}} \times 100\% \quad (6-16)$$

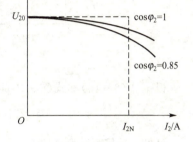

图 6.7 变压器外特性曲线

在变压器中，由于绕组电阻和漏磁电抗较小，则电压变化率较小，约为 5%。

【**例 6-1**】 某单相变压器的容量为 600V·A，额定电压为 220/36V，变压器向某负载供电时，二次侧电压为 35V。求变压器的变比及此时的电压调整率。

【**解**】 变压器的变比为
$$K = \frac{U_{1N}}{U_{2N}} = \frac{220}{36} \approx 6.1$$

设 U_{20} 为变压器二次侧空载电压，若 $U_{20} = U_{2N}$，变压器的电压调整率为
$$\Delta U\% = \frac{U_{20} - U_2}{U_{20}} \times 100\% = \frac{36-35}{36} \times 100\% \approx 2.8\%$$

2. 电流变换

变压器工作时，一次侧电压 U_1 基本不随负载变化。根据式(6-10)、式(6-13)可知，变压器铁心中的主磁通 Φ_m 也不随负载变化。根据磁路欧姆定律可知，变压器空载和有载时磁路中的磁通势应保持基本不变，即
$$N_1 \dot{I}_1 + N_2 \dot{I}_2 = N_1 \dot{I}_0 \quad (6-17)$$

由于变压器铁心的磁导率很高，所以空载电流 i_0 很小，因此变压器有载时，空载电流常常可以忽略。于是式(6-17)可以写成
$$N_1 \dot{I}_1 + N_2 \dot{I}_2 = 0 \quad (6-18)$$

由式(6-18)可以得到，流过变压器一、二次绕组的电流关系为
$$\frac{I_1}{I_2} \approx \frac{N_2}{N_1} = \frac{1}{K} \quad (6-19)$$

3. 阻抗变换

变压器还有阻抗变换的作用，特别是在电子电路中，为了实现负载阻抗与电源（通常是信号源）的匹配，通常对负载进行阻抗变换。

如图 6.8 所示，负载 Z_L 经变压器接在电源 u_1 上，虚框内的阻抗模 $|Z_L|$ 可以等效为阻抗模 $|Z'_L|$。

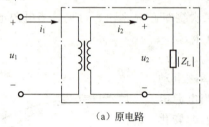
（a）原电路

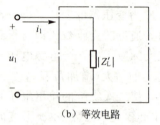
（b）等效电路

图 6.8　负载阻抗的等效变换

根据式（6-15）和式（6-19）可得

$$|Z'_L| = \frac{U_1}{I_1} = \frac{KU_2}{I_2/K} = K^2 \frac{U_2}{I_2} = K^2 |Z_L| \tag{6-20}$$

可见，采用不同变比的变压器可以将负载阻抗 Z_L 转换为合适的值，以实现与电源的匹配。

【例 6-2】 已知某交流电源的电动势为 220V，内电阻 $R_0 = 1000\Omega$，连接负载电阻为 10Ω，为使负载获得最大的电功率，需通过单相变压器进行阻抗变换。若一次绕组的匝数为 800，则二次绕组的匝数为多少？并求此时负载吸收的功率。

【解】 根据阻抗变换公式，有

$$R'_L = K^2 R_L = \left(\frac{N_1}{N_2}\right)^2 R_L$$

负载获得最大功率时，$R'_L = R_0$，有

$$N_2 = N_1 \sqrt{\frac{R_L}{R'_L}} = 800 \sqrt{\frac{10}{1000}} = 80 \text{ 匝}$$

负载吸收的功率为

$$P = I^2 R'_L = \left(\frac{E}{R_0 + R'_L}\right)^2 R'_L = \left[\left(\frac{220}{1000+1000}\right)^2 \times 1000\right] \text{W} = 12.1 \text{W}$$

6.2.3　变压器的功率损耗及效率

变压器的功率损耗主要包括铜损耗 ΔP_{Cu} 和铁损耗 ΔP_{Fe}。

铜损耗由一、二次侧的电阻产生，即

$$\Delta P_{Cu} = I_1^2 R_1 + I_2^2 R_2 \tag{6-21}$$

它与负载电流的平方成正比，又称可变损耗。

铁损耗又包括涡流损耗和磁滞损耗，即

$$\Delta P_{Fe} = \Delta P_e + \Delta P_h \tag{6-22}$$

它与铁心材料、电源电压 U_1 和电源频率有关，而与负载大小无关，又称不变损耗。

由涡流产生的损耗称为涡流损耗 ΔP_e。涡流损耗是由铁心中的交变磁通感应产生的，在垂直于磁通方向的平面产生环流。涡流损耗会引起铁心发热。通常为减少涡流损耗，

变压器铁心都由彼此绝缘的硅钢片叠装而成,这样可以将涡流限制在较小的叠面内。

由磁滞产生的损耗称为磁滞损耗 ΔP_h。磁滞损耗与磁滞回线的面积呈正比,还与电源频率呈正比。磁滞损耗也会引起铁心发热,要减少磁滞损耗,可以采用磁滞回线较窄的软磁材料制造铁心。硅钢是软磁材料,常用来制造变压器、电机和继电器的铁心。

变压器的效率 η 等于变压器输出有功功率 P_2 与输入有功功率 P_1 的比值,即

$$\eta = \frac{P_2}{P_1} \times 100\% = \frac{P_2}{P_2 + P_{Fe} + P_{Cu}} \times 100\% \qquad (6-23)$$

变压器的效率通常较高,大型变压器的效率通常为 99% 以上。由于电力变压器并不总是在满载的情况下工作,因此通常电力变压器为电阻性且为额定负载 50% 时效率最高。

【例 6-3】 有一单相变压器接电阻性负载,空载损耗为 50W,满载时输出功率为 4000W,损耗为 210W。试求满载和半载时的效率。

【解】 满载时的效率为

$$\eta_1 = \frac{P_2}{P_2 + P_{Fe} + P_{Cu}} \times 100\% = \frac{4000}{4000 + 210} \times 100\% \approx 95\%$$

空载损耗即铁损耗,等于 50W,可知满载时铜损耗为

$$P_{Cu} = 210W - 50W = 160W$$

半载时的效率为

$$\eta_{1/2} = \frac{4000 \times \frac{1}{2}}{4000 \times \frac{1}{2} + 50 + 160 \times \left(\frac{1}{2}\right)^2} \times 100\% \approx 95.7\%$$

6.3 变压器绕组的同名端

在使用变压器或其他互感线圈时,为实现线圈的正确连接,必须明确互感线圈的同名端。本节将讨论互感线圈的同名端及其正确连接问题。

6.3.1 变压器绕组的极性

变压器主磁通 Φ 在绕组中产生的感应电动势是交变的,本身没有固定的极性。这里讲的极性是指变压器一、二次绕组的相对极性,即在某一瞬间当一次绕组的某一端电位为正极性时,二次绕组必然同时有一个电位为正极性的对应端。这两个对应端就称为同极性端,或称同名端;通常用符号"*"或"·"标注。

对于已知绕向的两个绕组,可以从它们任意两端通入电流,根据右手螺旋定则判别,若电流在铁心中产生的磁场方向一致,则这两个端子为同名端;否则不是同名端,或称异名端。如图 6.9 所示,端子①和④为同名端。

对于已经制成的变压器,无法从外观上看出绕组绕向,此时若变压器上无标志或标志不清楚,就应该通过实验方法确定其同名端。实验方法有交流法和直流法两种,现将交流法简述如下。

若需判断如图 6.10 所示的两绕组Ⅰ和Ⅱ的同名端,可以把任意两端(如②和④)连在一起,然后在其中一个绕组(如Ⅰ绕组)的两端加上一个较低的交流电压 u,再用交流电压表测量①与②、①与③、③与④间的电压有效值 U_{12}、U_{13}、U_{34}。如果测量结果是 $U_{13} =$

$U_{12} - U_{34}$，则①和③是同名端；如果是 $U_{13} = U_{12} + U_{34}$，则①和③就是异名端。

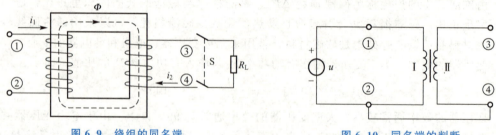

图 6.9　绕组的同名端　　　　　　　　　图 6.10　同名端的判断

6.3.2　多绕组变压器

含有 3 个及以上绕组的变压器称为多绕组变压器，例如，变电站利用高、中压绕组实现 500kV 和 220kV 电力网络的功率交换，并通过 35kV 的低压绕组进行无功补偿及供电。电子电路中也利用多绕组变压器将 220V 交流电变成多个电压等级，整流后给电路供电。

下面以三绕组变压器为例，说明各绕组的电压与电流之间的关系。三绕组变压器的原理如图 6.11 所示。

各绕组间的电压关系为

$$\left. \begin{array}{l} \dfrac{U_1}{U_2} = \dfrac{N_1}{N_2} = K_{12} \\[6pt] \dfrac{U_2}{U_3} = \dfrac{N_2}{N_3} = K_{23} \\[6pt] \dfrac{U_3}{U_1} = \dfrac{N_3}{N_1} = K_{31} \end{array} \right\} \tag{6-24}$$

各绕组间的电流关系为

$$N_1 \dot{I}_1 + N_2 \dot{I}_2 + N_3 \dot{I}_3 = N_0 \dot{I}_0 \tag{6-25}$$

通常空载电流可以忽略不计，则式(6-25)可以写成

$$N_1 \dot{I}_1 + N_2 \dot{I}_2 + N_3 \dot{I}_3 = 0 \tag{6-26}$$

有时单相变压器具有两个相同的一次绕组和多个二次绕组，以适应不同的输入电压或输出不同的电压，此时变压器应正确连接，防止烧坏。

如图 6.12 所示的多绕组变压器同名端已标出，两个一次绕组的匝数均为 N_1 匝，其额

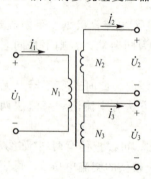

图 6.11　三绕组变压器的原理

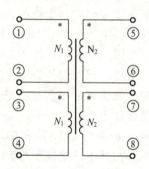

图 6.12　多绕组变压器

定电压为 110V。若接入 110V 的电源，则可以将任意一个一次绕组接电源，或者将两个一次绕组并联。并联时两绕组的同名端应连接在一起，即①和③相连接，②和④相连接。若接入 220V 的电源，则应将两个一次绕组串联。串联时两绕组的异名端应连接在一起，即②和③相连接，①和④接电源；或者①和④相连接，②和③接电源。

二次绕组匝数均为 N_2 匝，若⑥和⑦串联，则⑤和⑧输出电压为 $2U_{2N}$；若⑤和⑦相连接，⑥和⑧相连接，则并联输出电压为 U_{2N}。

特别提示

变压器两绕组并联时，两绕组的匝数必须相同且同名端不能接反，否则会烧坏变压器。

6.4 特殊变压器

变压器的用途十分广泛，下面简单介绍几种具有特殊用途的变压器。

6.4.1 自耦变压器

自耦变压器是一种常用的实验室设备。由于其输出的电压可以根据需要连续均匀地调节，使用起来非常方便。自耦变压器的结构特点是它只有一个绕组，在绕组的中间有一个抽头，如图 6.13 所示。

可见，自耦变压器与普通变压器的区别在于，普通变压器有两个绕组，而自耦变压器只有一个绕组。因此，其一、二次侧不仅有磁的联系，而且有电的联系。

自耦变压器的工作原理和作用与双绕组变压器相同，双绕组变压器的电压、电流和阻抗变换的关系均适用于自耦变压器。

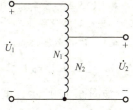

图 6.13 自耦变压器的结构

与相同容量双绕组变压器相比，自耦变压器具有用料省、体积小、成本低、输出电压连续可调等优点，故应用广泛。自耦变压器的缺点在于一、二次绕组的电路直接连接在一起，高压绕组一侧的电气故障会波及低压绕组一侧，这是很不安全的。因此，在使用自耦变压器时必须正确接线，且外壳必须接地，并规定安全照明变压器不允许采用自耦变压器的结构形式。

特别提示

- 不可把电源接到可调输出端，否则会烧坏变压器。
- 公共端应接电源零线，另一个输入端接电源相线，不可反接；否则操作人员易触电。

6.4.2 仪用互感器

仪用互感器分为电压互感器和电流互感器两类。仪用互感器与测量仪表配合使用可以扩大仪表量程。同时互感器可以隔离仪表与高压电路，保障人员和仪表的安全。

为了保证运行安全，互感器的铁心及二次侧绕组的一端必须接地，当互感器绕组的绝缘损坏时，不会危及工作人员。

1. 电压互感器

电压互感器如同一台单相双绕组变压器，如图 6.14 所示，其一次高压绕组匝数多，与被测的高压交流电并联；二次侧匝数少，可并联接入各种仪表及继电器的电压线圈，如将二次侧并联接入电压表。

根据变压器电压变换公式，有

$$U_1 = \frac{N_1}{N_2} U_2 = K_u U_2$$

式中，K_u 为电压互感器变换系数。

可见，利用电压互感器可以用低量程的电压表测量高电压，通常电压互感器的二次侧电压额定值设计为标准值 100V 或 50V。

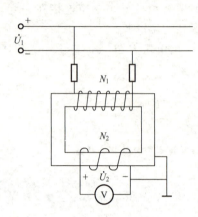

图 6.14 电压互感器

特别提示

- 电压互感器二次侧不允许短路。由于电压互感器正常运行时接近空载，如二次侧短路，电流会很大，进而烧坏设备。
- 二次侧必须接地。

2. 电流互感器

如图 6.15 所示，电流互感器一次绕组匝数只有一匝或几匝，与被测的电流电路串联；二次侧匝数多，与电流表组成闭合回路。

根据变压器电流变换公式，有

$$I_1 = \frac{N_2}{N_1} I_2 = K_i I_2$$

式中，K_i 为电流互感器变换系数。

可见，利用电流互感器可以用低量程的电流表测量大电流，通常电流互感器的二次侧电流额定值设计为标准值 5A 或 1A。

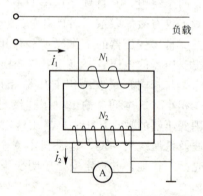

图 6.15 电流互感器

特别提示

- 电流互感器二次侧不允许开路。由于电流互感器二次侧匝数很多，如二次侧开路，二次绕组将会感应出很高的电压，危及工作人员及设备的安全。
- 电流互感器二次侧必须接地。

6.5 变压器应用实例

变压器在生产中的应用非常广泛,下面介绍变压器在电力系统及电子电路中的两个应用实例。

6.5.1 变压器在电力系统中的应用

如图 6.16 所示为电力系统的一部分,发电机发出的电能经过升压变压器送入输电线路,输电线路将电能送到各地区变电所,电能在地区变电所降压后经配电线路送到地方变电所,然后进一步降压供负载使用。

图 6.16 变压器在电力系统中的应用

系统中升压变压器的作用是升高电压,降低线路中的电流,从而减少线路损耗;降压变压器则把高电压降低,以满足负载对电压的要求。可见在电力系统中,变压器起电压变换和电流变换的作用。

6.5.2 变压器在电子电路中的应用

图 6.17 所示为 YL-1 音频电疗仪部分电路,图 6.17(a) 中所示变压器 T_{r1} 为输入变压器;T_{r2} 实现阻抗变换的作用,使每个管的等效负载电阻为 $R'_L = K^2 R_L$(其中 $K = N_1/N_2$,为变压器的匝数比),可以通过改变匝数比达到输出最大功率。图 6.17(b) 中所示变压器将工频交流电源电压降低,一路供电源指示灯用,另一路经整流、滤波及稳压环节作为电疗仪的直流电源用。

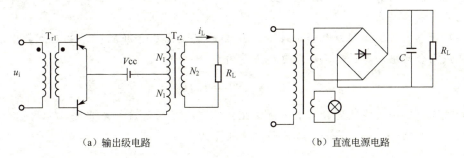

(a)输出级电路　　　　　　　　(b)直流电源电路

图 6.17 YL-1 音频电疗仪部分电路

小　　结

本章主要介绍了磁路与变压器的基本概念;利用安培环路定律推导出磁路欧姆定律,分析了变压器的构造、原理,并介绍了变压器的实际应用。

1. 磁场与磁路

磁感应强度 B 与磁场强度 H 之间的关系为

$$\mu = \frac{B}{H}$$

磁性物质具有高导磁性、磁饱和性和磁滞性。

磁路欧姆定律反映了磁通、磁通势和磁阻之间的关系，即

$$\Phi = \frac{F}{R_m}$$

2. 变压器的构造、工作原理、功率损耗及效率

变压器的构造：变压器最基本的部分包括铁心和绕组，其中绕组又分一次绕组和二次绕组。铁心构成变压器的磁路，绕组构成变压器的电路。

工作原理：变压器具有电压变换（$U_1/U_2 = N_1/N_2 = K$）、电流变换（$I_1/I_2 = N_2/N_1 = 1/K$）和阻抗变换（$Z_1 = K^2 Z_2$）的作用。

变压器的损耗与效率：变压器的损耗主要包括铜损耗和铁损耗。铜损耗与负载电流的平方成正比，又称可变损耗；铁损耗与电源电压、频率及铁心材料有关，与电流大小无关，又称不变损耗，包括涡流损耗和磁滞损耗。变压器的效率是输出有功功率与输入有功功率的比值，通常用百分数表示，即

$$\eta = \frac{P_2}{P_1} \times 100\%$$

3. 变压器绕组的极性

变压器绕组的同名端是由绕组的绕线方式决定的，若已知绕组的绕线方式，则可用右手螺旋定则判断同名端；若从外部不能看出绕组的绕线方式，可以通过实验测出同名端。

两个绕组串、并联时，要特别注意绕组极性，防止烧坏变压器。

4. 特殊变压器

自耦变压器只有一个绕组，在绕组的中间有一个抽头，其一、二次侧不仅有磁的联系，而且有电的联系。

电压互感器一次高压绕组匝数多，与被测的交流高压电并联；二次侧匝数少，与电压表组成闭合回路，其一、二次侧电压关系为

$$U_1 = \frac{N_1}{N_2} U_2 = K_u U_2$$

电流互感器一次绕组匝数只有一匝或几匝，与被测的电流电路串联；二次侧匝数多，与电流表组成闭合回路，其一、二次侧电流关系为

$$I_1 = \frac{N_2}{N_1} I_2 = K_i I_2$$

 知识链接

特高压输电

应用交流电最大的好处是变压容易，电压等级越高，电能输送容量越大，输送距离越远。目前输电

线路最高电压等级为 1000kV。我国首条 1000kV 特高压输电线路自晋东南，过南阳到荆门，其变压器容量为 1000MV·A，将我国电能输送能力从 1000km（500kV 线路）提高到 2000km 以上。

习　　题

6-1　单项选择题

(1) 变压器具有变换(　　)功能。

A. 相位　　　　　　　　　　　　B. 频率

C. 阻抗　　　　　　　　　　　　D. 输出功率

(2) 直流励磁磁路，增大磁路气隙而其他不变时，励磁电流应(　　)。

A. 增大　　　　　　　　　　　　B. 减小

C. 不变　　　　　　　　　　　　D. A、B、C 都可能

(3) 变压器铁心采用硅钢片叠成是为了(　　)。

A. 减轻质量　　　　　　　　　　B. 减少铁心损耗

C. 减小尺寸　　　　　　　　　　D. 拆装方便

(4) 电流互感器二次绕组匝数比一次绕组匝数(　　)，流过的电流(　　)。

A. 少，大　　　　　　　　　　　B. 少，小

C. 多，大　　　　　　　　　　　D. 多，小

(5) 电流互感器的二次绕组不允许开路，其原因是(　　)。

A. 二次绕组会产生高电压　　　　B. 铁心损耗会增加

C. 不能测电流值　　　　　　　　D. A 和 B 两种原因

(6) 关于理想变压器一次绕组与二次绕组之间关系，下列的说法错误的是(　　)。

A. $\dfrac{I_1}{I_2} = \dfrac{N_2}{N_1} = \dfrac{1}{K}$　　　　　　　　B. $\dfrac{U_1}{U_2} = \dfrac{N_1}{N_2} = K$

C. $\dfrac{|Z_1|}{|Z_L|} = \dfrac{N_1}{N_2} = K$　　　　　　　　D. $\dfrac{|Z_1|}{|Z_L|} = \left(\dfrac{N_1}{N_2}\right)^2 = K^2$

(7) 理想变压器一次绕组接交流电源，二次绕组接电阻，则可使输入功率增大为原来的 2 倍的是(　　)。

A. 二次绕组的匝数增加为原来的 2 倍

B. 一次绕组的匝数增加为原来的 2 倍

C. 负载电阻变为原来的 2 倍

D. 二次绕组匝数和负载电阻均变为原来的 2 倍

(8) 用理想变压器向负载 R 供电，当增大负载电阻 R 时，原一次绕组中电流 I_1 和二次绕组中电流 I_2 之间的关系是(　　)。

A. I_2 增大，I_1 也增大　　　　　　B. I_2 增大，I_1 减小

C. I_2 减小，I_1 也减小　　　　　　D. I_2 减小，I_1 增大

6-2　判断题(正确的请在每小题后的圆括号内打"√"，错误的打"×")

(1) 变压器也可以改变恒定的电压。　　　　　　　　　　　　　　　　　　(　　)

(2) 变压器的铁损耗是不变损耗，即使电压和频率改变，铁损耗也不变。　(　　)

(3) 电压互感器与电流互感器二次侧必须接地。　　　　　　　　　　　　　(　　)

(4) 变压器的一次绕组相对电源而言起负载作用,而二次绕组相对负载而言起电源作用。
(   )
(5) 变压器无论带什么性质的负载,只要负载电流增大,其输出电压就降低。(   )

6-3 某单相照明变压器的容量为 10kV·A,电压为 10000/220V,欲在二次侧接上 60W、220V 的白炽灯,若要求变压器在额定情况下运行,则可接多少只这种电灯?并求一、二次绕组的额定电流。

6-4 一台单相变压器的一次侧电压 $U_1=380V$,二次侧电流 $I_2=21A$,变压比 $K=10$。试求一次侧电流和二次侧电压。

6-5 已知某正弦交流电源的内电阻为 800Ω,有一负载电阻为 8Ω,欲使负载从电源吸收的功率最大,则应在电源与负载间接入理想变压器。试求该变压器的变压比。

6-6 单相变压器的额定容量 $S_N=40kV·A$,额定电压为 10000/230V。试求:
(1) 变压器的变压比 K。
(2) 高、低压绕组的额定电流 I_{1N} 和 I_{2N}。
(3) 该变压器在额定状态下工作时,$U_2=220V$。试求此时的电压调整率。

6-7 用钳形电流表测量三相四线制接线的电流,已知负载对称,当钳入 1 根相线时,电流表读数为 5A。试问当钳入 1 根零线、2 根相线、3 根相线及全部 4 根线时,电流表的读数分别为多少?

6-8 已知三相变压器的额定容量 $S_N=40kV·A$,变压器的铁损耗为 600W,满载时的铜损耗为 1600W。求:
(1) 在满载情况下,向功率因数为 0.85 的负载供电时的效率。
(2) 在半载情况下,向功率因数为 0.85 的负载供电时的效率。

6-9 如图 6.18 所示的变压器有两个一次绕组,每个绕组的额定电压是 110V,匝数是 220 匝,有一个二次绕组,匝数是 11 匝。
(1) 试标出两个一次绕组的同名端。
(2) 当电源电压为 220V 时,试画出两个一次绕组的正确接线图,并计算二次绕组端电压。
(3) 当电源电压为 110V 时,试画出两个一次绕组的正确接线图,并计算二次绕组端电压。

6-10 试在图 6.19 中标出变压器二次绕组 B 和 C 的同极性端。已知绕组 B 和 C 的额定电压均为 110V,额定电流均为 10A,现要求二次绕组 B 和 C 对额定电压为 110V、额定电流为 20A 的负载电阻 R_L 供电。试绘出接线图。

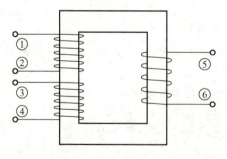

图 6.18 习题 6-9 图

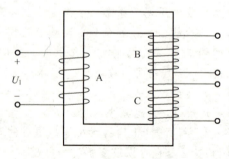

图 6.19 习题 6-10 图

第 7 章 电 动 机

本章将主要介绍三相异步电动机的结构和转动原理；给出了三相异步电动机的电磁转矩公式，并根据电动机的机械特性，给出了三相异步电动机的起动、调速及制动方法。

教学目标与要求

- 了解三相交流异步电动机的基本构造和转动原理。
- 理解三相交流异步电动机的机械特性。
- 掌握交流异步电动机起动和反转的基本方法。
- 理解交流异步电动机调速和制动的方法。
- 理解三相交流异步电动机铭牌数据的意义。
- 了解单相交流异步电动机的转动原理。

引例

电动机（图 7.0）已成为当今社会最主要的动力设备之一，电动机的应用渗透到了生产生活的各个领域。小到家庭中的剃须刀、风扇、计算机、冰箱、空调等，大到企业的生产设备，只要电力供应有保障，绝大多数用电设备都以电动机为动力。通过本章的学习，读者将对电动机的奥秘有大致的了解。

图 7.0　电动机

7.1　概　　述

电动机是工农业生产中应用极广泛的动力机械，其作用是将电能转换为机械能。

电动机按所用电源的性质分类，分为直流电动机和交流电动机两大类，而交流电动机又可分为同步电动机和异步电动机，异步电动机又可分为三相异步电动机和单相异步电动机。

同步电动机指电动机转速等于旋转磁场转速的电动机。同步电动机的转速固定不变，常用在对转速有严格要求的机械上。异步电动机又称感应电动机，与其他类型的电动机相比，它具有结构简单、坚固耐用、运行可靠、维护方便及成本较低等优点。因此，在电力拖动系统中，异步电动机具有非常重要的地位，广泛应用于各种机床、起重机、鼓风机、泵、带运输机等设备中。

本章以三相鼠笼式异步电动机为例，介绍异步电动机的结构、工作原理、特性及使用方法等，并对单相异步电动机作简单的介绍。

7.2 三相异步电动机的结构

三相异步电动机主要由定子和转子两部分组成，定子与转子间有气隙，此外还有端盖、轴承和通风装置等。三相异步电动机的结构如图 7.1 所示。

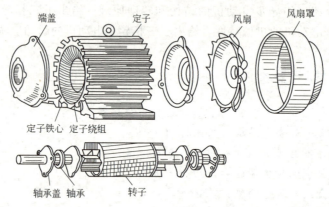

图 7.1 三相异步电动机的结构

7.2.1 定子

定子是电动机的固定部分，主要由定子铁心、定子绕组和机座等组成。

1. 定子铁心

定子铁心是电动机磁路的组成部分，为了减少铁损耗，一般由彼此绝缘的硅钢片叠装而成。铁心内的圆周表面有槽孔，用于嵌放定子绕组。定子叠片和定子铁心如图 7.2 所示。

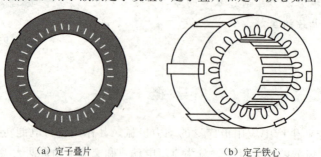

（a）定子叠片　　　　　　　　（b）定子铁心

图 7.2 定子叠片和定子铁心

2. 定子绕组

定子绕组是电动机的电路部分，中、小型电动机一般采用高强度漆包线绕制。三相定子绕组对称分布，共有 6 个出线端。每相绕组的首端 U_1、V_1、W_1 和末端 U_2、V_2、W_2 通过机座的接线盒连接到三相电源上，定子绕组可以星形连接或者三角形连接。

3. 机座

机座用于固定和支撑定子铁心，所以机座应有足够的机械强度和刚度。

7.2.2 转子

三相异步电动机的转动部分称为转子，由转子铁心、绕组和转轴三部分组成，靠轴承和端盖支撑。

1. 转子铁心

转子铁心也是异步电动机主磁路的一部分，它用冲有槽的硅钢片彼此绝缘叠装而成。转子硅钢片如图 7.3 所示。转子铁心固定在转轴或转子支架上，整个转子铁心的外表呈圆柱形，转子铁心外围也开有均匀分布的槽，槽内安放转子绕组。

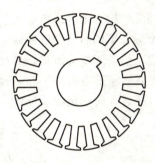

图 7.3　转子硅钢片

2. 转子绕组

三相异步电动机的转子绕组根据结构形式不同，可分为鼠笼式转子与绕线式转子两种。

鼠笼式转子做成鼠笼状，如图 7.4 所示，就是在转子铁心每个槽里放一根铜条，其两端用导电的端环把所有铜条连接起来，形成一个短接回路。如果去掉转子铁心，转子的形状呈笼形，所以称为鼠笼式转子。也有的在转子槽中浇入熔化的铝水，形成铸铝转子，如图 7.5 所示，铸铝转子在中、小型电动机中应用较多。

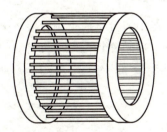
图 7.4　鼠笼式转子

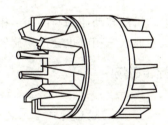
图 7.5　铸铝转子

绕线式转子的铁心与鼠笼式的相似，不同的是在转子的槽内嵌放对称的三相绕组。三相绕组星形连接，其首端分别接到转轴上 3 个彼此绝缘的铜制集电环上，集电环通过电刷将转子绕组的 3 个首端引到机座的接线盒上，以便在转子电路中串入附加电阻，用来改善电动机的起动和调速性能。绕线式转子如图 7.6 所示。

3. 转轴

转轴一般用碳钢制成，转子铁心固定在转轴上，转轴借助前端盖及后端盖固定在机座上。转轴前端开有键槽，可与带轮连接，传递电磁转矩；后端接风扇或滑环。

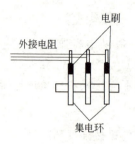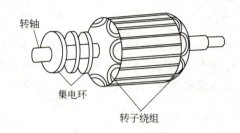

图 7.6 绕线式转子

7.3 三相异步电动机的转动原理

三相异步电动机通入三相电就能转动,以图 7.7 所示的转动示意进行说明。图中为一个装有手柄的马蹄形磁铁,其两个磁极间放有一个可以自由转动的转子。转子由铜条围成,铜条两端被短接,形成笼形,用以模拟鼠笼式转子。当摇动手柄,转动磁极时,会发现转子随着磁极一起转动。手柄摇动快,转子转动快;手柄摇动慢,转子转动也慢。反摇时,转子也随着反转。

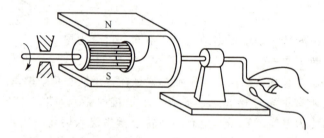

图 7.7 异步电动机转子的转动示意

三相异步电动机的转动原理与图 7.7 相似,图中通过手摇永久磁铁产生旋转磁场,而三相异步电动机中通入三相电也会产生旋转磁场。旋转磁场是电动机转动的先决条件。

7.3.1 旋转磁场

【旋转磁场】

1. 旋转磁场的产生

三相异步电动机定子铁心中放有三相对称绕组 U_1U_2、V_1V_2、W_1W_2,在空间上互差 120°。假定三相绕组采用星形连接(图 7.8)接到对称三相电源上,定子绕组中便有对称的三相交流电流流入。即

$$i_A = I_m \sin\omega t$$
$$i_B = I_m \sin(\omega t - 120°)$$
$$i_C = I_m \sin(\omega t + 120°)$$

(7-1)

规定电流的正方向是从绕组首端流入、末端流出。取 $\omega t = 0°$、$\omega t = 60°$,$\omega t = 90°$ 三个时刻进行分析。

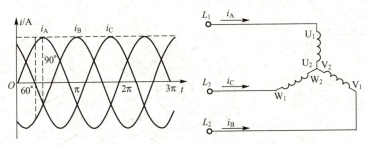

图 7.8 三相对称电流

$\omega t=0°$时，i_A 为 0，U_1U_2 绕组没有电流；i_B 为负，电流从末端 V_2 流入，从首端 V_1 流出；i_C 为正，电流从首端 W_1 流入，从末端 W_2 流出。根据右手螺旋定则，其合成磁场如图 7.9(a) 所示。对定子而言，磁感线方向自上而下，因此，定子上方是 N 极，下方是 S 极。

$\omega t=60°$时，定子绕组中的电流方向及其合成的磁场方向如图 7.9(b) 所示，此时合成磁场在空间上转过了 60°。

$\omega t=90°$时，定子绕组中的电流方向及其合成的磁场方向如图 7.9(c) 所示，此时合成磁场在空间上转过了 90°。

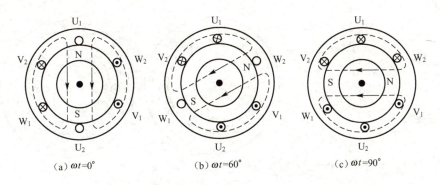

图 7.9 三相电流产生的旋转磁场（$p=1$）

由上述分析可以看出，当三相对称分布的定子绕组通入对称的三相电流时，将在气隙中产生旋转磁场。该旋转磁场的作用与图 7.7 中的旋转磁场相同。

2. 旋转磁场的方向

旋转磁场的方向取决于三相电流的相序。从图 7.9 可以看出，当三相电流的相序为 A—B—C 时，旋转磁场沿绕组首端 U_1—V_1—W_1 的方向旋转，与电流的相序一致。如果把三电源线中的任意两根对调（图 7.10），则旋转磁场反转。

3. 旋转磁场的转速

三相异步电动机的极数就是旋转磁场的极数，旋转磁场的极数与三相绕组的连接布置有关，通常用 p 表示极对数。在图 7.9 所示的情况下，旋转磁场只有一对极（$p=1$），则电流在时间上变化一个周期，两极磁场在空间旋转一周，若电流的频率为 f_1，则旋转磁场的转速（即同步转速）$n_0=60f_1$，单位为转每分（r/min）。

改变定子绕组分布，如图 7.11 所示，则产生的旋转磁场具有两对极，即 $p=2$。由图

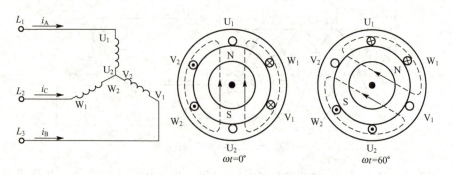

图 7.10 旋转磁场的反转

可见，电流每变化一个周期，合成磁场在空间旋转 $180°$，其转速为 $n_0=\dfrac{60f_1}{2}$。由此推广到 p 对极的异步电动机旋转磁场的转速为

$$n_0=\dfrac{60f_1}{p} \tag{7-2}$$

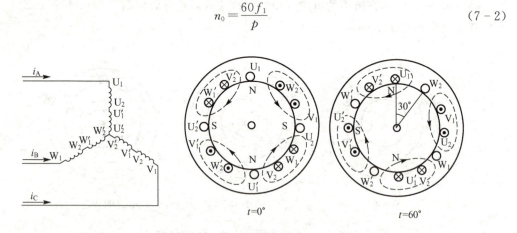

图 7.11 两对极旋转磁场（$p=2$）

可见，旋转磁场的转速取决于电源频率 f_1 和电动机的磁极对数 p。在我国，工频 $f_1=50\text{Hz}$，磁极对数与旋转磁场转速对应表见表 7-1。

表 7-1 磁极对数与旋转磁场转速对应表

p	1	2	3	4	5	6
$n_0/(\text{r/min})$	3000	1500	1000	750	600	500

7.3.2 电动机的工作原理

【电动机转动原理】

如图 7.12 所示，当定子绕组接通三相交流电源后，绕组中便有三相交变电流通过，并在空间产生旋转磁场。若旋转磁场按顺时针方向旋转，则转子与旋转磁场间就产生相对运动，而且转子的转速低于旋转磁场的转速，相当于转子导体逆时针旋转切割磁感线而产生感应电动势。根据右手螺旋定则，可以确定转子感应电动势的方向。在感应电动势的作用下，闭合的转子导体中出现感应电流，其方向与感应电动势相同。

载流导体在磁场中的相互作用而产生电磁力 F，力的方向可以通过左手定则确定。由电磁力产生转矩，转子就转动起来了。转子的转动方向与旋转磁场方向相同，所以要改变电动机转动方向，只需改变旋转磁场方向即可。

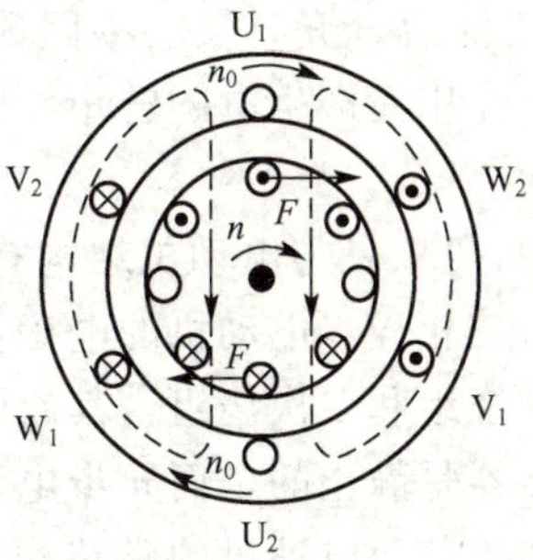

图 7.12 电动机的工作原理

7.3.3 转差率

转子的转动方向与旋转磁场的方向相同，但转子的转速 n 不可能达到与旋转磁场的转速 n_0 相等，即 $n<n_0$。因为，如果转子的转速与旋转磁场的转速相等，则它与旋转磁场间不存在相对运动，导线也不切割磁感线，其感应电动势、电流和电磁转矩均为零。所以只有在旋转磁场转速与转子转速不同步时，转子才能旋转，通常把这种交流电动机称为异步电动机。旋转磁场转速也常称为同步转速。

为了表征转子转速与同步转速的相差程度，提出了转差率 s 的概念，即

$$s=\frac{n_0-n}{n_0}\times 100\% \qquad (7-3)$$

转差率是分析异步电动机运行特征的一个重要物理量。三相异步电动机带额定负载时，转差率较小，为 $1\%\sim 6\%$。转子转速越接近同步转速，转差率越小。电动机起动时，转子尚未旋转，转差率最大，$s=1$，可见转差率变化范围为 $0\sim 1$。

式(7-3)还可以改写为

$$n=(1-s)n_0 \qquad (7-4)$$

【例 7-1】 一台三相异步电动机的额定转速为 960 r/min，电源频率 $f_1=50$ Hz。试求电动机的极数和额定负载时的转差率。

【解】 由于正常运行时转差率较小，电动机转速应接近同步转速，根据表 7-1，电动机极对数 $p=3$，同步转速 $n_0=1000$ r/min。

所以转差率

$$s=\frac{n_0-n}{n_0}\times 100\%=\frac{1000-960}{1000}\times 100\%=4\%$$

7.4 三相异步电动机的机械特性

电磁转矩是三相异步电动机的重要物理量，表征一台电动机拖动生产机械能力的大小和运行性能，机械特性是其主要特性。

7.4.1 电磁转矩

由三相异步电动机的转动原理可知，驱动电动机旋转的电磁转矩是由转子导体中的电流 I_2 与旋转磁场每极磁通 Φ_m 相互作用产生的。因此，电磁转矩的大小与 I_2 及 Φ_m 成正比。由于转子电路是一个交流电路，既存在电阻又存在感抗，故转子电流 I_2 比转子电动

势 E_2 滞后 φ_2 角，其功率因数是 $\cos\varphi_2$，转子电流中只有有功分量 $I_2\cos\varphi_2$ 才能与旋转磁场相互作用而产生电磁转矩。因此，异步电动机的电磁转矩为

$$T = K_T \Phi_m I_2 \cos\varphi_2 \tag{7-5}$$

式中，K_T 是与电动机结构有关的常数。

三相异步电动机的电磁关系与变压器相似，其定子电路和转子电路相当于变压器的一次绕组和二次绕组，其旋转磁场的主磁通将定子和转子交链在一起。二者的主要区别：变压器是静止的，而异步电动机的转子电路是旋转的，变压器的主磁通通过铁心形成闭合回路，而电动机的磁路中存在一个很小的空气隙，即定子与转子之间的空气隙。由变压器的电磁关系式(6-13)可知

$$\Phi_m = \frac{E_1}{4.44 f_1 N_1} \approx \frac{U_1}{4.44 f_1 N_1} \tag{7-6}$$

转子电流为

$$I_2 = \frac{E_2}{\sqrt{R_2^2 + X_2^2}} = \frac{sE_{20}}{\sqrt{R_2^2 + (sX_{20})^2}} \tag{7-7}$$

式中，E_{20} 是 $n=0$（即 $s=1$）时的转子电动势（V）（此时 $f_2 = f_1$，转子电动势最大）；R_2、X_2 分别为转子电阻、电抗；X_{20} 是 $n=0$（即 $s=1$）时的转子电抗（Ω）。将式(7-6)和式(7-7)代入式(7-5)并整理后可得

$$T = K \frac{sR_2 U_1^2}{R_2^2 + (sX_{20})^2} \tag{7-8}$$

式中，K 为常数。

可见，转矩 T 还与定子每相电压 U_1 的平方成正比，所以当电源电压有所波动时，对转矩的影响很大。此外，转矩 T 还受转子电阻 R_2 的影响。

7.4.2　机械特性曲线

在电源电压 U_1 和转子电阻 R_2 一定的情况下，转矩与转差率的关系曲线 $T=f(s)$ 或转速与转矩的关系曲线 $n=f(T)$，称为电动机的机械特性曲线，如图 7.13 所示，可根据式(7-8)得出。如图 7.13(a)所示，将 $T=f(s)$ 曲线顺时针旋转 $90°$，可以得到 $n=f(T)$ 曲线，如图 7.13(b)所示。

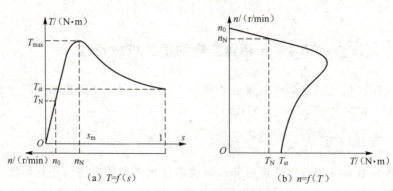

图 7.13　电动机的机械特性曲线

研究机械特性的目的是分析电动机的运行性能。在机械特性曲线上，我们主要讨论以下 3 个转矩。

1. 额定转矩 T_N

电动机以恒定转速运转时，若忽略空载损耗转矩，输出转矩 T 必须与负载的机械转矩 T_2 平衡，因此，电动机的输出转矩是由负载的机械转矩决定的。转矩与输出功率的关系是

$$T \approx T_2 = \frac{P_2}{\frac{2\pi n}{60}} = 9550 \frac{P_2}{n} \tag{7-9}$$

式中，P_2 是电动机转轴上输出的机械功率(kW)。

额定转矩 T_N 是电动机运行在额定负载时的转矩，根据电动机的铭牌可知额定功率 P_N 及额定转速 n_N，进而可以求得额定转矩。

2. 最大转矩 T_m

最大转矩对应的转差率 s 称为临界转差率 s_m，可以通过 $\frac{dT}{ds}=0$ 求得，即

$$s_m = \frac{R_2}{X_{20}} \tag{7-10}$$

将 s_m 代入式(7-8)，可得

$$T_{\max} = K \frac{U_1^2}{2X_{20}} \tag{7-11}$$

可见，$T_{\max}$ 与 U_1^2 成正比，而与转子电阻 R_2 无关；s_m 与 R_2 有关，R_2 越大，s_m 越大。

电动机的最大转矩表示电动机的短时过载能力，允许电动机短时过载而不超过最大转矩。当电动机受到冲击性负载时，只要负载转矩不超过最大转矩，电动机的运行仍能保持稳定性。只有当负载超过最大转矩后，电动机才会因带不动负载而发生"闷车"，"闷车"时电动机停转，电流增大到与电动机刚起动时的电流相等，时间稍长会严重烧坏电动机。最大转矩 $T_{\max}$ 与额定转矩 T_N 之比称为过载系数 λ，即

$$\lambda = \frac{T_{\max}}{T_N} \tag{7-12}$$

一般电动机的过载系数为 1.8～2.2。

3. 起动转矩 T_{st}

电动机刚起动($n=0$，$s=1$)时的转矩称为起动转矩。将 $s=1$ 代入式(7-8)可得

$$T_{st} = K \frac{R_2 U_1^2}{R_2^2 + X_{20}^2} \tag{7-13}$$

可见 T_{st} 与 U_1^2 及 R_2 有关。当电源电压 U_1 降低时，起动转矩减小(图 7.14)。当转子电阻适当增大时，起动转矩增大(图 7.15)。

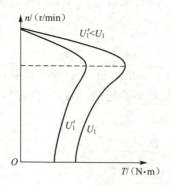

图 7.14 电压变化时的 $n=f(T)$ 曲线　　图 7.15 电阻变化时的 $n=f(T)$ 曲线

【例 7-2】 一台三相鼠笼式异步电动机的技术数据如下：$U_N=380V$，$I_N=9.46A$，$f_N=50Hz$，$n_N=1440r/min$，$P_N=4.5kW$，$\cos\varphi_N=0.85$，$T_{st}/T_N=1.8$，$T_{max}/T_N=2.2$。求：

(1) 额定转矩 T_N、额定效率 η_N；

(2) 若 $T_L=60N\cdot m$，电动机能否直接起动？能否短时间运行？

【解】 (1) 额定转矩 $T_N=9550\dfrac{P_N}{n_N}=\left(9550\times\dfrac{4.5}{1440}\right)N\cdot m\approx 29.8N\cdot m$。

额定效率 $\eta_N=\dfrac{P_N}{\sqrt{3}U_N I_N\cos\varphi_N}=\dfrac{4.5\times 10^3 kW}{\sqrt{3}\times 380V\times 9.46A\times 0.85}\approx 0.85$。

(2) $T_{st}=1.8T_N=(1.8\times 29.8)N\cdot m\approx 53.6N\cdot m$，由于 $T_{st}<T_L$，所以不能直接起动。

$T_{max}=2.2T_N=(2.2\times 29.8)N\cdot m\approx 65.6N\cdot m$，由于 $T_{max}>T_L$，所以能够短时间运行。

7.5　三相异步电动机的起动

电动机在起动的瞬间，转子尚处于静态，而旋转磁场则以 n_0 的转速开始转动，此时磁感线切割转子导体的速度很快，产生的转子电流很大，相应的定子电流也很大。一般小型鼠笼式异步电动机的起动电流可达额定电流的 5～10 倍。

起动电流过大，会在线路上造成较大的电压降，从而使负载端的电压降低，影响邻近负载的正常工作。此外，起动电流过大，发出的热量会增加，当起动频繁时，热量的积累可使电动机过热，影响电动机寿命。

为了减小起动电流，需要采用适当的起动方法。鼠笼式异步电动机常采用直接起动和降压起动两种方法；绕线式异步电动机常采用转子绕组串接电阻起动的方法。

7.5.1　直接起动

直接起动就是将电动机直接接到具有额定电压的电源上。这种起动方法简单，但由于起动电流较大，使线路电压下降，影响负载正常工作。

一台电动机能否直接起动，主要看电动机起动时所产生的电压降是否超过允许值。小功率的异步电动机一般都是采用直接起动方式。

7.5.2 降压起动

如果电动机直接起动时所引起的线路电压降较大,则应采用降压起动,就是在起动时降低加在电动机定子绕组上的电压,以减小起动电流。鼠笼式异步电动机的降压起动常采用星形-三角形(Y-△)换接起动、自耦降压起动。另外,还有定子绕组串接电阻起动和软起动技术。

1. 星形-三角形(Y-△)换接起动

如果电动机在工作时其定子绕组是连接成三角形的,那么在起动时可把它连接成星形,等到转速接近额定值时再换接成三角形。这样,在起动时就把定子每相绕组上的电压降到正常工作电压的 $1/\sqrt{3}$。

图 7.16 是定子绕组的两种接法,Z 为起动时每相绕组的等效阻抗。

当定子绕组星形连接(即降压起动)时

$$I_{LY}=I_{FY}=\frac{U_L/\sqrt{3}}{|Z|}$$

当定子绕组三角形连接(即直接起动)时

$$I_{L\triangle}=\sqrt{3}I_{P\triangle}=\sqrt{3}\frac{U_L}{|Z|}$$

所以

$$I_{LY}=\frac{1}{3}I_{L\triangle} \tag{7-14}$$

即降压起动时的电流为直接起动时的电流的 1/3。

由于转矩与电压的平方成正比,所以起动转矩也减小到直接起动时的 1/3。因此星形-三角形换接起动只适用于空载或轻载起动。

星形-三角形换接起动可采用星形-三角形起动器来实现。图 7.17 是一种星形-三角形

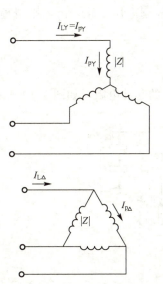

图 7.16 星形-三角形换接起动
定子绕组的两种接法

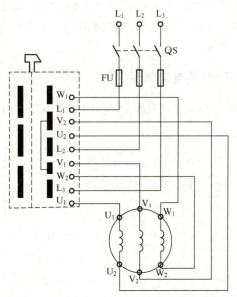

图 7.17 星形-三角形换接起动的接线图

【星形-三角形换接起动】

换接起动的接线图。在起动时将手柄向右扳，使右边一排动触点与静触点相连，电动机就连接成星形，等电动机接近额定转速时，将手柄往左扳，使左边一排动触点与静触点相连，电动机换接成三角形。

星形-三角形换接起动器体积小，成本低，寿命长，动作可靠。

2. 自耦降压起动

自耦降压起动是利用自耦变压器降低电动机起动过程中的端电压的起动方法，其接线如图 7.18 所示。起动时，先把开关 QS_2 扳到起动位置。当转速接近额定值时，将 QS_2 扳向工作位置，切除自耦变压器。

采用自耦变压器起动，在减小起动电流的同时减小了起动转矩。若自耦变压器降压起动的变比为 K_A（低压与高压之比），则经自耦变压器起动后的起动电流和起动转矩与变比 K_A 的平方成正比，即

$$\left. \begin{array}{l} I_{stK} = K_A^2 I_{st} \\ T_{stK} = K_A^2 T_{st} \end{array} \right\} \tag{7-15}$$

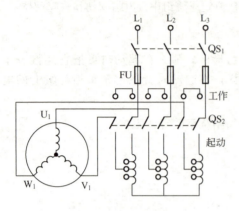

图 7.18 自耦降压起动的接线图

自耦降压起动适用于容量较大的或正常运行时为星形连接、不能采用星形-三角形换接起动的鼠笼式异步电动机。

定子绕组串接电阻也可以降低起动电压，通常是在起动过程中将定子绕组串入电阻，起动后再将电阻切除。

异步电动机的软起动技术则成功解决了交流异步电动机起动电流大、线路电压降大、电力损耗大及对传动机械带来较大冲击力的问题。软起动是指电动机在起动过程中装置输出到电动机的电压由起始电压升到额定电压，其转速随控制电压变化，由零平滑地加速至额定转速的过程。

7.5.3 转子串接电阻起动

对于绕线型异步电动机，只要在转子电路中串接适当大小的起动电阻，如图 7.19 所示，

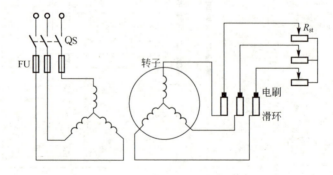

图 7.19 转子串接电阻起动的接线图

就可以达到减小起动电流的目的，同时还增大了起动转矩。所以对起动转矩要求较大的机械，常用转子串接电阻起动方法，如起重设备、转炉等。

电动机起动后，随着转速的上升，再将起动电阻分段切除即可。

7.6 三相异步电动机的调速

生产过程中，对电动机的转速会有不同的要求。根据转差率公式得

$$n=(1-s)n_0=(1-s)\frac{60f_1}{p}$$

可见，改变电动机的转速有三种方法，即改变电源频率 f_1、改变极对数 p 及改变转差率 s。前两者是鼠笼式异步电动机的调速方法；后者是绕线式异步电动机的调速方法。分别讨论如下。

7.6.1 变频调速

近年来变频调速技术发展很快，目前主要采用的变频调速原理如图 7.20 所示，主要由整流器和逆变器两部分组成。整流器先将频率为 50Hz 的三相交流电转换为直流电，再由逆变器转换为频率为 f_1、电压为 U_1、可调的三相交流电，供给三相鼠笼式异步电动机，由此可得到电动机的无级调速。

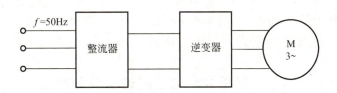

图 7.20 变频调速原理

变频调速的调速范围广、调速性能好、节能效果明显，因此变频调速应用越来越广。

7.6.2 变极调速

根据式 $n_0=\dfrac{60f_1}{p}$ 可知，如果极对数 p 增加，则旋转磁场的转速 n_0 降低，转子转速 n 正常运行时接近旋转磁场转速。因此，改变 p 可以得到不同的转速。

图 7.21 所示是定子绕组的两种接法，说明了变极调速方法。把 1 相绕组分成两半：线圈 $U_{11}U_{21}$ 和 $U_{12}U_{22}$。图 7.21(a)中所示是两个线圈串联，得出 $p=2$；图 7.21(b)中是两个线圈反并联(头尾相连)，得出 $p=1$。在换极时，一个线圈中的电流方向不变，而另一个线圈中的电流方向必须改变。双速电动机在机床上应用较多，如镗床、磨床、铣床等，其调速是有级的。

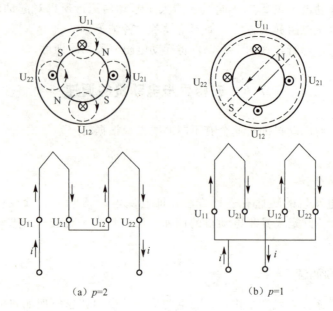

(a) $p=2$ (b) $p=1$

图 7.21 定子绕组的两种接法

7.6.3 变转差调速

只要在绕线式异步电动机的转子电路中接入一个调速电阻，改变电阻的大小，就可以平滑调速。若增大调速电阻，则转差率 s 增大，转速 n 下降。这种调速方法的优点是设备简单、投资少，但能量损耗较大。变转差调速广泛应用于起重设备中。

7.7 三相异步电动机的反转与制动

7.7.1 三相异步电动机的反转

由于异步电动机的旋转方向与旋转磁场的旋转方向一致，而磁场的旋转方向又与三相电源的相序一致。所以，要使电动机反转，只需使旋转磁场反转，即任意调换其中两根电源进线。

图 7.22 所示是三相异步电动机正反转控制原理。当开关 QS_2 向上接通时，通入电动机定子绕组的三相电源相序是 U—V—W，则电动机正转；当开关 QS_2 向下接通时，通入电动机定子绕组的三相电源相序是 U—W—V，则电动机反转。

特别提示

当电动机处于正转状态时，要使它反转，一般应当先切断电源，使电动机停转，然后再使电动机反转。因为突然反接会使电动机绕组中产生较大的

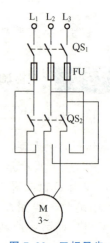

图 7.22 三相异步电动机正反转控制原理

电流，易使电动机定子绕组因过热而损坏。在继电-接触控制电路中，有时也允许电动机直接反转。

7.7.2 三相异步电动机的制动

电动机断电后，由于惯性作用，停车时间较长，某些生产工艺要求电动机迅速停车，这就需要对电动机强迫制动。制动停车的方式有机械制动和电气制动两种。机械制动是采用机械抱闸制动；电气制动是产生一个与原来转动方向相反的制动力矩。

异步电动机常用的电气制动方式有以下几种。

1. 能耗制动

三相鼠笼式异步电动机能耗制动是将正在运转的三相鼠笼式异步电动机从交流电源上切除，向定子绕组通入直流电流（图7.23），以便在空间产生静止的磁场，此时电动机转子因惯性而继续运转，切割磁感线，产生感应电动势和转子电流，转子电流与静止磁场相互作用，产生制动力矩，使电动机迅速减速停车。

能耗制动的特点是制动电流较小、能量损耗少、制动准确，但它需要直流电源，制动速度较慢，所以它适用于要求平稳制动的场合。

2. 反接制动

在电动机停机时任意调换两根电源进线，则改变了定子绕组中的电源相序，使定子绕组旋转磁场反向（图7.24），转子受到与旋转方向相反的制动力矩作用而迅速停车。因此反接制动的控制要求是制动时使电源反相序，制动到接近零转速时，电动机电源自动切除。

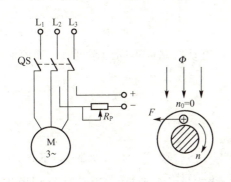

图7.23 三相鼠笼式电动机耗能制动原理

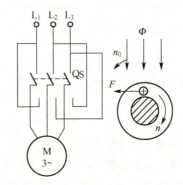

图7.24 三相鼠笼式电动机反接制动原理

反接制动比较简单、效果较好，但能量消耗较大，适用于个别中型车床和铣床主轴的制动。

特别提示

反接制动时，旋转磁场与转子的相对转速$(n+n_0)$很大，电动机定子绕组流过的电流接近全电压直接起动时电流的2倍，为了限制制动电流，往往在制动过程中在定子电路（鼠笼式）或转子电路（绕线式）中串入电阻。

3. 发电反馈制动

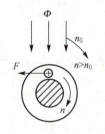

图 7.25 发电反馈制动原理

当转子的转速 n 超过旋转磁场的转速 n_0 时，转矩也是制动转矩（图 7.25）。当起重机快速下放重物时，就会发生这种情况。此时重物拖动转子，使其转速 $n>n_0$，即重物受到制动而等速下降。实际上电动机已转入发电机运行，将重物的位能转换为电能反馈到电网中，所以称为发电反馈制动。

另外，当将多速电动机从高速调到低速时，也会发生这种制动。因为将极对数 p 加倍时，磁场转速立即减半，但由于惯性，转子转速只能逐渐下降，因此出现 $n>n_0$ 的情况。

7.8 三相异步电动机的铭牌数据

要正确使用电动机，必须要看懂铭牌，以 Y132M－2 型电动机铭牌数据为例来说明各数据的意义，见表 7－2。

表 7－2 Y132M－2 型电动机铭牌数据

型　　号	Y132M－2	功　　率	5.5kW	功 率 因 数	0.85
电　　压	380V	电　　流	11.1A	绝 缘 等 级	B
接　　法	三角形连接	转　　速	2900r/min		
工 作 制	连续	频　　率	50Hz		

1. 型号

为了适应不同用途和不同工作环境的需要，电动机制成不同的系列，每个系列有各种型号。例如 Y132M－2 型号说明如下

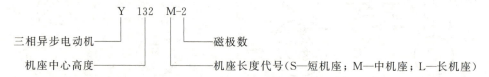

三相异步电动机的产品名称代号：YR 为绕线式异步电动机；YB 为防爆型异步电动机；YQ 为高起动转距异步电动机。

2. 电压

铭牌上所标的电压值是指电动机在额定状态下运行时定子绕组上应加的额定线电压值。

当电压过高时，励磁电流增大，磁通增大，进而引起定子铁损耗增加，导致定子铁心过热。

当电压低于额定值，电动机转速下降，转差增加，从而导致电流增大。在满载或接近满载的情况下，电流增大后将超过额定值，使绕组过热。

3. 电流

在电动机上加以额定电压,在其轴上输出额定功率时,定子从电源取用的线电流值称为额定电流。

4. 功率和效率

电动机在额定状态下运行时,其轴上所能输出的机械功率称为额定功率。输出功率与输入功率不等,其差值等于电动机本身的损耗功率,包括铜损耗、铁损耗及机械损耗等。输出功率与输入功率的比值就是电动机的效率 η,一般鼠笼式异步电动机运行在额定状态下的效率为 72%~93%。

5. 功率因数

因为电动机是电感性负载,定子相电流比相电压滞后一个 φ 角。三相异步电动机的功率因数 $\cos\varphi$ 较小,在额定负载时为 0.7~0.9;而在轻载和空载时更低,空载时只有 0.2~0.3。因此,必须正确选择电动机的容量,防止"大马拉小车"。

6. 转速

在额定状态下运行时的转速称为额定转速。电动机的额定转速接近旋转磁场的转速。

7. 绝缘等级

绝缘等级是按电动机绕组所用的绝缘材料在使用时允许的极限温度来分级的。所谓极限温度,是指电机绝缘结构中最热点的最高允许温度。绝缘等级与极限温度对照见表7-3。

表 7-3 绝缘等级与极限温度对照表

绝 缘 等 级	A	E	B	F	H
极限温度/℃	105	120	130	155	180

8. 接法

接法指定子三相绕组的接法。一般鼠笼式异步电动机的接线盒中有6根引出线,标有 U_1、V_1、W_1、U_2、V_2、W_2。其中:U_1U_2 是第一相绕组的两端;V_1V_2 是第二相绕组的两端;W_1W_2 是第三相绕组的两端。

如果 U_1、V_1、W_1 分别为三相绕组的始端(头),则 U_2、V_2、W_2 为相应的末端(尾)。这6根引出线端在接电源之前,相互间必须正确连接。连接方法有星形(Y)连接和三角形(△)连接两种,如图7.26所示。

9. 工作制

工作制指电动机的运行方式,一般分为"连续"(代号为S1)、"短时"(代号为S2)和"断续"(代号为S3)。

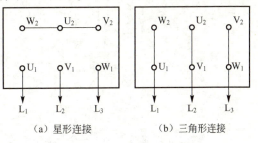

图 7.26 电动机定子绕组接法
(a) 星形连接　(b) 三角形连接

7.9 单相异步电动机

单相异步电动机在工、农业生产及家用电器等方面应用很广。单相异步电动机与相同容量的三相异步电动机相比，体积较大，运行性能较差，因此适用于只有单相电源、小容量的场合。

7.9.1 电容分相式单相异步电动机

单相交流电动机只有一个绕组，转子是鼠笼式的。当单相正弦电流通过定子绕组时，电动机就会产生一个交变磁场，该磁场的强弱和方向随时间作正弦规律变化，但在空间方位上是固定的，所以又称交变脉动磁场。交变脉动磁场可分解为两个转速相同、旋转方向相反的旋转磁场。当转子静止时，这两个旋转磁场在转子中产生两个大小相等、方向相反的转矩，使得合成转矩为零，所以电动机无法旋转。当用外力使电动机向某一方向（如顺时针）旋转时，转子与顺时针旋转的旋转磁场间的切割磁感线运动变弱；转子与逆时针旋转的旋转磁场间的切割磁感线运动变强，于是平衡被打破，转子产生的总的电磁转矩不再是零，转子将顺着推动方向旋转。

要使单相电动机能自动旋转起来，可在定子中加上一个起动绕组，如图 7.27 所示。起动绕组与主绕组在空间上相差 90°，它要串联一个合适的电容，使得与主绕组的电流在相位上近似相差 90°，如图 7.28 所示，即所谓的分相原理。这样两个在时间上相差 90° 的电流通入两个在空间上相差 90° 的绕组，将在空间上产生（两相）旋转磁场，如图 7.29 所示。在旋转磁场的作用下，转子自动起动，起动后，待转速增大到一定值时，将起动绕组断开，正常工作时只有主绕组工作。但很多时候起动绕组并不断开，我们称这种电动机为电容分相式单相异步电动机，要改变这种电动机的转向，可通过改变电容器串联的位置来实现。

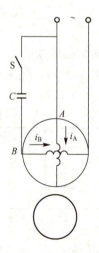

图 7.27 在定子中加上一个起动绕组

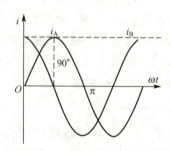

图 7.28 两相电流

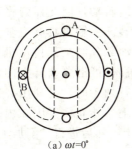 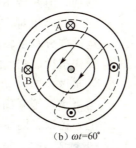 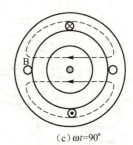

(a) $\omega t=0°$　　　　　(b) $\omega t=60°$　　　　　(c) $\omega t=90°$

图 7.29　两相旋转磁场

7.9.2　罩极式单相异步电动机

罩极式单相异步电动机的结构如图 7.30 所示。单相绕组绕在磁极上，在磁极的约 1/3 处套一个短路环。

当电流 i 流过定子绕组时，产生一部分磁通 φ_1，同时产生的另一部分磁通与短路环作用生成磁通 φ_2。短路环中感应电流的阻碍作用使 φ_2 在相位上滞后于 φ_1，从而在电动机定子极掌上形成一个向短路环方向移动的磁场，使转子获得所需的起动转矩。

图 7.30　罩极式单相异步电动机的结构

罩极式单相异步电动机结构简单、工作可靠，但起动转矩较小，转向不能改变，常用于电风扇、吹风机中；电容分相式单相异步电动机的起动转矩大、转向可改变，故常用于洗衣机等电器中。

三相异步电动机在运行过程中，若其中一相与电源断开，就作为单相电动机运行。此时电动机仍将继续转动，若还带动额定负载，则电流势必超过额定电流，时间一长，电动机会烧坏。这种情况事先往往不易察觉，在使用电动机时必须注意。如果三相异步电动机在起动前就断了一根线，则不能起动，只能听到"嗡嗡"声，此时电流很大，时间长了电动机也会烧坏。

7.10　异步电动机应用实例

电动机在生产生活中的应用十分广泛，下面以 Z3040 型摇臂钻床为例介绍电动机的使用。Z3040 型摇臂钻床的最大钻孔直径为 40mm，适用于加工中小零件，可以进行钻孔、扩孔、铰孔、刮平面及改螺纹等多种形式的加工；增加适当的工艺装备还可以进行镗孔。

7.10.1　摇臂钻床的结构

摇臂钻床主要由底座、内立柱、外立柱、摇臂、主轴箱、工作台等组成，如图 7.31 所示。内立柱固定在底座上，在其外面套着空心的外立柱，外立柱可绕着不动的内立柱回转一周。摇臂一端的套筒部分与外立柱滑动配合，可借助于丝杠摇臂沿着外立柱上下移动，但两者不能做相对转动，因此摇臂将与外立柱一起相对内立柱回转。主轴箱具有主轴旋转运动部分和主轴进给运动部分的全部传动机构和操作机构（包括主电动机），可沿着摇臂上的水平导轨做径向移动。当进行加工时，可利用夹紧机构将主轴箱紧固在摇臂上，外立柱紧固在内立柱上，摇臂紧固在外立柱上，然后进行钻削加工。

7.10.2 电动机在摇臂钻床中的应用

由于摇臂钻床的运动部件较多，故采用多电动机拖动，以简化传动装置的结构。整个机床由4台鼠笼式异步电动机拖动，具体介绍如下。

1. 主拖动电动机

钻头（主轴）的旋转与钻头的进给是由一台电动机拖动的，由于多种加工方式的需求，因此对摇臂

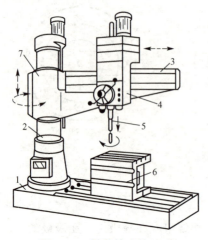

图 7.31 摇臂钻床的组成
1—底座；2—内立柱；3—摇臂；4—主轴箱
5—主轴；6—工作台；7—外立柱

钻床的主轴与进给都提出较大的调速范围要求。主拖动电动机的正转最低速度为 25r/min，最高速度为 2000r/min。用变速箱改变主轴的转速和进刀量，不需要电气调速。在加工螺纹时，要求主轴能正反转，且是由机械方法变换的。所以，电动机不需要反转，主电动机的容量为 3kW。

2. 摇臂升降电动机

当工件与钻头相对高度不匹配时，可将摇臂升高或降低（由一台 1.1kW 的鼠笼式异步电动机拖动摇臂升降）。

3. 液压泵电动机

摇臂、立柱、主轴箱的夹紧放松均采用液压传动菱形块夹紧机构，夹紧用的高压油是由一台 0.6kW 的电动机带动高压油泵送出的。由于摇臂的夹紧装置不与主柱的夹紧装置、主轴的夹紧装置同时动作，所以采用一台电动机拖动高压油泵，由电磁阀控制油路。

4. 冷却液泵电动机

切削时，刀具及工件的冷却由冷却液泵供给所需的冷却液，由一台 0.125kW 的鼠笼式异步电动机带动，冷却液流量大小由专用阀门调节，与电动机转速无关。

小　结

本章主要介绍了异步电动机的基本原理及其起动、调速和制动的方法。

1. 异步电动机简介

异步电动机具有优良的特性，得到了广泛的应用。异步电动机分为鼠笼式和绕线式两类。

2. 旋转磁场

当在三相异步电动机的定子绕组中通入对称的三相电流时,便在其内产生旋转磁场,旋转磁场的转向由电源相序决定,转速(同步转速)$n_0=60f_1/p$。

只要旋转磁场与转子之间有相对运动,便会在转子绕组内产生感应电流。此电流与磁场相互作用,产生转矩,使转子跟随旋转磁场旋转,其转速略小于同步转速。转差率$s=(n_0-n)/n_0$,一般为 0.01～0.06。

3. 电磁转矩公式

异步电动机的电磁转矩公式 $T=K\dfrac{sR_2U_1^2}{R_2^2+(sX_{20})^2}$。转矩、最大转矩和起动转矩都与电压的平方成正比,异步电动机对电压的波动很敏感;改变转子串接电阻,可以改变电动机机械特性,从而适应不同场合的负载。

4. 电动机的起动

电动机起动时,转差$s=1$,转速$n=n_0$,起动电流大,容易引起电源电压下降,影响周围负载并导致自身过热。小型电动机一般直接起动;容量大的鼠笼式异步电动机可以采用降压(星形-三角形换接降压、自耦变压器降压等)起动;绕线式异步电动机可以通过转子绕组串接电阻起动。

5. 电动机的调速

计算公式 $n=(1-s)\dfrac{60f_1}{p}$。异步电动机常用的调速方法有变频调速、变极调速和变转差调速(转子串接电阻调速)。

6. 电动机的制动

为了使电动机迅速平衡停转,可以对电动机实行机械制动或电气制动。电气制动的方法有能耗制动、反接制动和发电反馈制动三种。

7. 单相异步电动机

单相绕组只能产生脉动的磁场,要使电动机转起来,必须产生旋转磁场,可以通过电容分相或加短路环使磁场滞后实现。

知识链接

同步电动机与直流电动机

除了交流异步电动机以外,常用的电动机还有同步电动机、直流电动机等。同步电动机也是交流电动机,其旋转磁场与转子旋转磁场同步运转,功率因数可以调节,在要求转速恒定和需要改善功率因数时可以采用。直流电动机结构复杂、维护困难、价格较贵,但具有优良的起动、调速和制动性能,因此在工业生产领域有一定地位。另外,在缺少交流电源使用蓄电池作为电源时也广泛使用直流电动机。

习　题

7-1 单项选择题

(1) 旋转磁场对三相异步电动机来说作用极其重要,下列说法错误的是(　　)。

A. 旋转磁场是由三相定子电流（频率 f_1）与转子电流共同产生的合成磁场

B. 旋转磁场的转向与三相交流电的相序一致

C. 旋转磁场的极数 p 与每相绕组的线圈个数有关

D. 旋转磁场的转速又称同步转速，大小为 $60p/f_1$

（2）电动机机械特性曲线表示了转矩与转差率或者转速与转矩之间的关系，下列说法错误的是（　　）。

A. 额定转矩 T_N 由额定输出功率与额定转速决定

B. 最大转矩 T_{max} 随三相定子电源电压 U_1 的增大而增大

C. 起动转矩 T_{st} 即转差 $s=1$ 时的转矩

D. 增大转子电阻 R_2，最大转矩 T_{max} 不变，最大转矩 T_{max} 对应的转差率减小

（3）转差率 s 表示转子转速 n 与磁场转速 n_0 相差的程度，下列说法错误的是（　　）。

A. $s=(n_0-n)/n_0$

B. 转子电流频率 $f_2=sf_1$，f_1 为定子所加交流电的频率

C. 转子产生的电动势不随 s 的变化而变化

D. 转子感抗会随 s 的增大而增大

（4）三相异步电动机接在 50Hz 三相电源上，则其转速 n 越大，其转子电路的感应电动势 E_2（　　）。

A. 越大　　　　　B. 越小　　　　　C. 不变　　　　　D. 以上答案都不对

（5）三相鼠笼式异步电动机降压起动的目的主要是（　　）。

A. 防止烧坏电动机　　　　　　　　B. 防止烧断熔断丝

C. 减小起动电流所引起的电网电压波动　　D. 省电

（6）单相交流异步电动机可看作一个感性负载，并联适当电容器后，（　　）。

A. 电动机的功率因数增大，电动机的电流不变

B. 电动机的功率因数不变，电动机的电流减小

C. 电动机的电流不变，线路上的电流减小

D. 电动机的功率因数不变，线路上的功率因数不变

7-2　判断题（正确的请在每小题后的圆括号内打"√"，错误的打"×"）

（1）功率相同的两台三相异步电动机，极对数越多，电磁转矩就越大。（　　）

（2）三相异步电动机在空载和满载起动时，起动电流和起动转矩是相同的。（　　）

（3）罩极式单相异步电动机可以通过对调电源线改变转向。（　　）

（4）若三相异步电动机在运行过程中一相断线，电动机一定会停下来。（　　）

（5）在电动机运行以后，单相异步电动机去掉起动绕组仍可继续旋转。（　　）

（6）线绕式异步电动机采用转子线路串联电阻的方法起动时，不仅减小了起动电流，也减小了起动转矩。（　　）

（7）三相鼠笼式异步电动机的电源电压低于额定电压，将导致电动机电流增大，有可能烧坏电动机。（　　）

（8）在电源不变的情况下，星形连接的电动机被误接成了三角形将烧坏电动机。（　　）

7-3　一台三相异步电动机的额定频率 $f_N=50Hz$，额定转速 $n_N=1440r/min$，额

定功率 $P_N=7.5\text{kW}$，额定电压 $U_N=380\text{V}$，额定电流 $I_N=15.4\text{A}$，额定功率因数 $\cos\varphi=0.85$。

(1) 求额定转差率 s_N、额定转矩 T_N、额定效率 η_N。

(2) 若负载转矩 $T_L=60\text{N}\cdot\text{m}$，电动机是否过载？

7-4 一台6极50Hz的三相异步电动机，当转差率 $s=0.025$ 时，求其同步转速和电动机的转速。

7-5 某异步电动机的额定转速为970r/min，试问电动机的同步转速是多少？有几对磁极？额定转差率是多少？

7-6 型号为Y280S-4的某三相异步电动机的额定功率 $P_N=75\text{kW}$，额定电流 $I_N=139.7\text{A}$，额定转速 $n_N=1480\text{r/min}$，$T_{st}/T_N=1.9$，$I_{st}/I_N=7$。求：

(1) 额定电磁转矩 T_N。

(2) 起动转矩 T_{st} 和起动电流 I_{st}。

(3) 采用星形-三角形降压起动法时的起动转矩 T_{stY} 和起动电流 I_{stY}。

7-7 已知某三相异步电动机的额定数据如下：$P_N=5.5\text{kW}$，$n_N=1440\text{ r/min}$，$U_N=380\text{V}$，$f_N=50\text{Hz}$，$\eta_N=0.855$，$\cos\varphi=0.84$，$I_{st}/I_N=7.0$，$T_{st}/T_N=2.2$，三角形连接。

(1) 求 s_N、I_N 和 T_N。

(2) 若 $U_1=0.8U_N$，负载转矩 $T_L=T_N$，则电动机能否起动？

(3) 若采用星形-三角形起动，求 I_{stY} 和 T_{stY}。

(4) 若采用自耦降压起动，降压比 $K_A=0.64$，试求线路的起动电流 I_{stA} 和电动机的起动转矩 T_{stA}。

7-8 某三相鼠笼式异步电动机，$P_N=30\text{kW}$，$f_N=50\text{Hz}$，$n_N=1440\text{r/min}$，$I_N=57.5\text{A}$，$I_{st}/I_N=7$，$T_{st}/T_N=1.6$，负载转矩为 $120\text{N}\cdot\text{m}$，要求在供电线路上的起动电流不得超过250A，若采用自耦变压器降压起动。求三相自耦变压器每个抽头降压比 K_A 的范围。

第8章 常用低压电器及继电接触器控制系统

本章主要介绍常用低压电器的结构、工作原理和继电接触器控制系统,以及电动机的常见控制电路图,重点是按照国家规定的符号绘制简单的控制电路图。

教学目标与要求

- 了解常用低压电器的结构、功能和用途。
- 掌握自锁、互锁的作用和方法。
- 掌握过载、短路和失电压保护的作用和方法。
- 掌握基本控制环节的组成、作用和工作过程。能读懂简单的控制电路原理图,能设计简单的控制电路。

引例

图8.0 混凝土搅拌机

建筑工地需要用到混凝土搅拌机,如图8.0所示,搅拌筒需要正转和反转,但是混凝土搅拌机控制器上只有三个按钮,那么这三个按钮的作用是什么呢?

金工实习时会练习操作铣床和刨床,在设定好其参数以后,就会自动往复运动,这是为什么呢?

8.1 常用低压电器

在低压供电系统中使用的电器,称为低压电器。按照动作性质,电器可分为自动电器和手动电器。自动电器是按照信号或某个物理量的变化而自动动作的电器；手动电器是通过人力操纵而动作的电器。按照职能，电器又可分为控制电器和保护电器。控制电器是用来控制用电设备工作状态的电器；保护电器是用来保护电源和用电设备的电器。有些电器既有控制作用又有保护作用。本节介绍几种常用的低压电器。

8.1.1 手动开关

手动开关是控制电路中用于不频繁接通或断开电路的开关。

【三相闸刀】

1. 刀开关

刀开关俗称闸刀开关，是一种结构简单、应用广泛的手动电器，主要用于接通和切断长期工作设备的电源及不经常起动及制动、容量小于 7.5kW 的异步电动机。

刀开关主要由刀片（动触点）和刀座（静触点）组成。按刀片数量的不同，刀开关分为单极、双极和三极 3 种。常见的胶盖瓷底三极刀开关的结构如图 8.1 所示。刀片和刀座安装在瓷质底板上，并用胶盖罩住。胶盖可熄灭切断电源时在刀片和刀座间产生的电弧，并可保障操作人员的安全。常用的国产 HK2 系列胶盖瓷底刀开关的额定电压有 250V（双极）和 500V（三极）两种，额定电流有 10A、15A、30A 和 60A 等。

选用刀开关时主要考虑额定电压和长期工作电流。刀开关的额定电流应大于其所控制的最大负荷电流。用于直接起停 7.5kW 及以下的三相异步电动机时，刀开关的额定电流应大于电动机额定电流的 3 倍。刀开关的符号如图 8.2 所示。

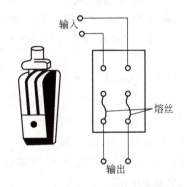

图 8.1 胶盖瓷底三极刀开关的结构

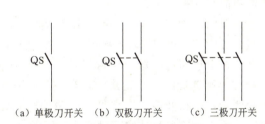

图 8.2 刀开关的符号

2. 组合开关

组合开关又称转换开关，是手动控制电器。组合开关的结构及机构简图如图 8.3 所示，其主要由若干对动触片和静触片组成。动触片和静触片分别装在胶木盒内。静触片固定在绝缘垫板上；动触片装在转轴上，转动手柄，动触片随转轴转动而改变静触片的通、断状态。转轴上装有弹簧和凸轮机构，可使动、静触片迅速离开，快速熄灭切断电路时产生的电弧。

【组合开关】

组合开关结构简单、体积小、操作可靠，主要用作电源的引入开关，也可用于直接控制小容量电动机的起停。

常用的国产 HZ10 系列的组合开关，其额定电压有 220V（直流）和 380V（交流）两种，额定电流有 10A、25A、60A 和 100A 四种，可根据需要选用。

组合开关符号如图 8.4 所示。

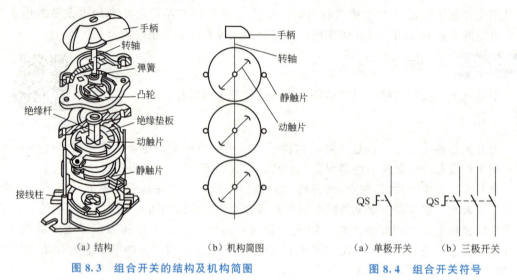

（a）结构　（b）机构简图

图 8.3　组合开关的结构及机构简图

（a）单极开关　（b）三极开关

图 8.4　组合开关符号

8.1.2　按钮

【按钮】

按钮又称按键，是一种电闸（或称开关），用来控制机械或程序的某些功能。一般而言，红色按钮用来停止某一项功能，绿色按钮用来接通（即开始）某一项功能。按钮的形状通常是圆形或方形。按钮是控制线路中一种常用的最简单的手动控制电器。

按钮的结构如图 8.5 所示，其主要由按钮帽和触点组成。按动作状态的不同，按钮的触点可分为常开触点（动合触点）和常闭触点（动断触点）两种，常开触点是按钮未按下时断开、按下后闭合的触点。常闭触点是按钮未按下时闭合、按下后断开的触点。常开触点和常闭触点是桥式联动式的，当按下按钮帽时，动触点下移，使常闭触点断开，常开触点闭合，手松开后，依靠复位弹簧使触点恢复到原来的位置的按钮称为复合按钮。使用时，可根据需要只选常开触点或常闭触点，也可以同时选用两者。

按钮的符号如图 8.6 所示。

图 8.5　按钮的结构

（a）常开按钮　（b）常闭按钮　（c）复合按钮

图 8.6　按钮的符号

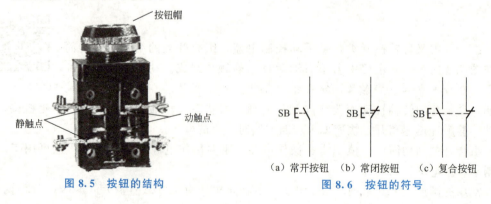

按钮的种类很多,例如,有的按钮只有一组常开或常闭触点,有的是有两个或三个复合按钮组成的双联或三联按钮;有的按钮还装有信号灯,以显示电路的工作状态。按钮触点的接触面积都很小,额定电流通常不超过5A。

8.1.3 交流接触器

交流接触器是一种自动负荷开关,兼有失电压保护作用。交流接触器的结构如图8.7所示。

1. 交流接触器的组成

交流接触器由以下4部分组成。

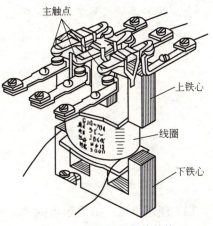

图 8.7 交流接触器的结构

(1) 电磁机构。电磁机构由线圈、动铁心(上铁心)和静铁心(下铁心)组成。其作用是将电磁能转换成机械能,产生电磁吸力带动触点动作。

(2) 触点系统。按容量的不同,触点又分为主触点和辅助触点两种,主触点的额定电流大,用来接通和分断大电流的主电路;辅助触点的额定电流小,用来接通和分断小电流的控制电路。主触点用于通断主电路,通常为3对常开触点;辅助触点用于控制电路,起电气联锁作用,故又称联锁触点,一般常开触点、常闭触点各两对。按动作状态的不同,它的触点分为常开触点和常闭触点。

(3) 灭弧装置。容量在10A以上的接触器都有灭弧装置,对于小容量的接触器,常采用双断口触点灭弧、电动力灭弧、相间弧板隔弧及陶土灭弧罩灭弧;对于大容量的接触器,采用纵缝灭弧罩及栅片灭弧。

(4) 其他部件。包括反作用弹簧、缓冲弹簧、触点压力弹簧、传动机构及外壳等。

2. 接触器的分类

接触器按控制对象的分类见表8-1。

表 8-1 接触器按控制对象的分类

电流种类	使用种类	典型用途
交流(AC)	AC1	无感或微感负载、电阻炉
	AC2	绕线式异步电动机的起动和分断
	AC3	鼠笼式异步电动机的起动和分断
	AC4	鼠笼式异步电动机的起动、反转制动、反向和点动
直流(DC)	DC1	无感或微感负载、电阻炉
	DC2	并励电动机的起动、反接制动、反向和点动
	DC3	串励电动机的起动、反接制动、反向和点动

3. 交流接触器的工作原理

当吸引线圈两端施加额定电压时,产生电磁力,将动铁心吸下,动铁心带动动触点一起下移,使常开触点闭合接通电路,常闭触点断开切断电路;当吸引线圈断电时,铁心失去电磁力,动铁心在复位弹簧的作用下复位,触点系统恢复常态。

交流接触器的符号如图 8.8 所示。

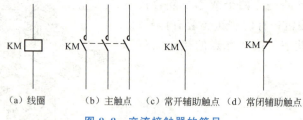

图 8.8　交流接触器的符号

4. 接触器的技术参数

(1) 额定电压。指主触点的额定电压，在接触器铭牌上标注。常用的：交流 220V、380V、660V；直流 110V、220V、440V。

(2) 额定电流。指主触点的额定电流，在接触器铭牌上标注。常用的为 10~800A。

(3) 线圈的额定电压。指加在线圈上的电压。常用的有交流 220V 和 380V；直流 24V 和 220V。

(4) 接通和分断能力。指主触点在规定的条件下能可靠地接通和分断的电流值。在此电流下，接通电路时主触点不应发生熔焊，分断时不应发生长时间的燃弧。

(5) 额定操作频率。指接触器每小时的操作次数。交流接触器最高为 600 次/小时，直流最高为 1200 次/小时。

8.1.4　继电器

继电器是根据某种输入信号来接通或断开小电流控制电路，实现远距离控制和保护的自动控制电器。其输入量可以是电流、电压等电量，也可以是温度、时间、速度、压力等非电量；而输出则是触点的动作或者电路参数的变化。继电器种类很多，有中间继电器、热继电器、时间继电器等类型。

1. 中间继电器

中间继电器用于继电保护与自动控制系统中，以增加触点的数量及容量，在控制电路中传递中间信号。中间继电器的结构和原理与交流接触器基本相同。与接触器的主要区别在于：接触器的主触点可以通过大电流，而中间继电器的触点只能通过小电流，所以只能用于控制电路中。它一般是没有主触点的，因为过载能力比较弱。所以它用的全部都是辅助触点，数量比较多。在选用中间继电器时，主要考虑电压等级和触点数目。

中间继电器的符号如图 8.9 所示。

2. 热继电器

热继电器是一种电气保护元件。它是利用电流的热效应来推动动作机构使触点闭合或断开的保护电器，主要用于电动机的过载保护、断相保护、电流不平衡保护及其他电气

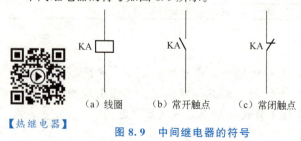

图 8.9　中间继电器的符号

[热继电器]

设备发热状态下的控制。热继电器的结构如图 8.10 所示,其主要组成部分是发热元件和常闭触点。

发热元件 3 由电阻丝做成,其电阻值较小,工作时将它串联在电动机的主电路中。当电动机正常运行时,发热元件产生的热量虽能使双金属片 2 弯曲,但还不足以使继电器动作。当电动机过载时,发热元件产生的热量增大,使双金属片弯曲位移增大,经过一定时间后,双金属片弯曲到推动导板 4,并通过补偿双金属片 5 与推杆 14 将触点 9 与触点 6 分开。触点 9 与触点 6 为热继电器串联于接触器线圈回路的常闭触点,断开后使接触器线圈失电,接触器的主触点断开电动机的电源以保护电动机。

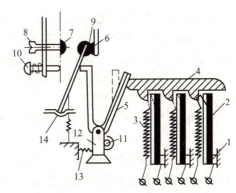

图 8.10 热继电器的结构

1—固定端;2—双金属片;3—发热元件;
4—导板;5—补偿双金属片;6—静触点;
7—常开触点;8—复位螺钉;9—动触点;
10—复位按钮;11—调节旋钮;12—支
撑杆;13—压簧;14—推杆

调节旋钮 11 为一个偏心轮,与支撑杆 12 构成一个杠杆。13 是压簧,转动偏心轮,改变它的半径即可改变补偿双金属片 5 与导板 4 的接触距离,以达到调节整定热继电器动作电流的目的。此外,调节复位螺钉 8 来改变常开触点 7 的位置,使热继电器能在手动复位和自动复位两种工作状态下工作。调试手动复位时,在故障排除后要按下复位按钮 10 才能使动触点恢复与静触点 6 接触的位置。

选用热继电器时,通常从电动机形式、工作环境、起动情况及负荷情况等几方面综合加以考虑。

(1) 长期稳定工作的电动机。热继电器整定电流的 0.95~1.05 倍或中间值等于电动机额定电流。

(2) 应考虑电动机的绝缘等级及结构。由于绝缘等级不同,电动机的允许温升和承受过载的能力也不同。相同条件下,绝缘等级越高,过载能力就越强。即使所用绝缘材料相同,但电动机结构不同,在选用热继电器时也应有所差异。例如,封闭式电动机散热能力比开启式电动机的差,过载能力比开启式电动机的差。热继电器的整定电流应选为电动机额定电流的 60%~80%。

(3) 应考虑电动机的起动电流和起动时间。电动机的起动电流一般为额定电流的 5~7 倍。对于不频繁起动、连续运行的电动机,在起动时间不超过 6s 的情况下,可按电动机的额定电流选用热继电器。

热继电器只适合对不频繁起动、轻载起动的电动机进行过载保护。对于正、反转频繁转换及频繁通断的电动机(如起重用电动机),则不宜采用热继电器做过载保护,必要时可以装入电动机内部的温度继电器。

热继电器的符号如图 8.11 所示。

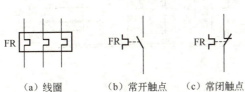

图 8.11 热继电器的符号

(a) 线圈　(b) 常开触点　(c) 常闭触点

3. 时间继电器

时间继电器是指当其感应部

分在感测到外界信号变化后,经过一段时间(延迟时间)执行机构才动作的继电器。

在自动控制系统中,经常需要延迟一定的时间或定时地接通和分断某些控制电路。例如,三相鼠笼式异步电动机在星形-三角形换接起动时,定子绕组先按星形连接,延迟一段时间,待电动机转速接近于额定转速时,再把定子绕组换成三角形连接,此时需要用时间继电器进行延时控制。

时间继电器的种类很多,下面只介绍控制系统中应用较多的空气式时间继电器。空气式时间继电器有通电延时型和断电延时型两种。

图 8.12 是通电延时型时间继电器的结构,它是利用空气阻尼作用来实现延时的。其主要由电磁铁、触点和延时装置组成。当吸引线圈 1 通电后,动铁心 3 被吸下,连同托板 4 瞬时下移,使瞬时微动开关 6 的常开触点闭合、常闭触点分断。同时,在托板 4 与活塞杆 12 顶端形成一段距离。在恢复弹簧 15 的作用下,活塞杆 12 向下移动,与橡皮膜 16 相连,活塞杆 12 带动橡皮膜 16 下移的过程中受到空气的阻尼作用。因为气室 8 的空气需要由进气孔 7 慢慢补充,气体稀薄,而气室 8 下部空气压力大,在橡皮膜 16 的两面形成很大的压力差,使活塞杆 12 下降缓慢,延长了时间。当移动到最后位置时,活塞杆 12 带动撞板 9 压下延时微动开关 10,使延时常闭触点 13 断开,延时常开触点 14 接通,达到通电延时的目的。延时的时间是从吸引线圈 1 通电开始算起到延时微动开关 10 动作时为止所需要的时间。通过调节螺钉 11 就可以调节进气孔 7 的大小,从而调节延时时间的长短。

吸引线圈 1 断电后,依靠恢复弹簧 5 的作用使时间继电器的所有触点复原,空气被迅速排出,延时微动开关 10 的各副触点都瞬时复位。

图 8.12 所示的时间继电器有两副延时触点,一副是延时断开的常闭触点,另一副是延时闭合的常开触点。此外,还有两副瞬时动作触点:一副常开触点和一副常闭触点。

将通电延时型时间继电器的铁心倒装一下就变成了断电延时型时间继电器,如图 8.13 所示,它也有两副延时触点:一副是延时闭合的常闭触点,另一副是延时断开的常开触点。此外,还有两副瞬时动作触点:一副常开触点和一副常闭触点。

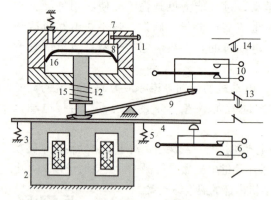

图 8.12 通电延时型时间继电器的结构

1—吸引线圈;2—静铁心;3—动铁心;4—托板;
5—恢复弹簧;6—瞬时微动开关;7—进气孔;
8—气室;9—撞板;10—延时微动开关;11—调
节螺钉;12—活塞杆;13—延时常闭触点;14—延
时常开触点;15—恢复弹簧;16—橡皮膜

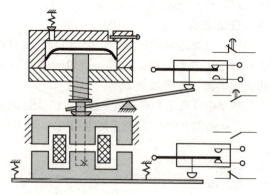

图 8.13 断电延时型时间继电器

空气式时间继电器的优点是延时范围大(0.4～180s)、结构简单、寿命长、价格低廉；缺点是延时误差大(±10%～±20%)，无调节刻度指示，难以精确整定延时时间。

时间继电器的符号如图 8.14 所示。

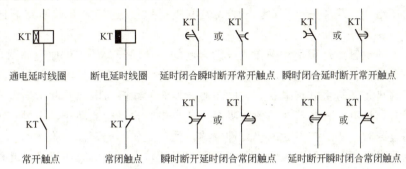

图 8.14　时间继电器的符号

8.1.5　熔断器

熔断器基于电流热效应原理和发热元件热熔断原理设计，具有一定的瞬动特性，用于电路的短路保护和严重过载保护。

熔断器由绝缘底座(或支持件)、触点、熔体等组成。熔体是熔断器的主要工作部分，相当于串联在电路中的一段特殊的导线。当电路发生短路或过载时，电流过大，熔体因过热而熔化，从而切断电路。熔体常做成丝状、栅状或片状。熔体材料具有相对熔点低、特性稳定、易熔断的特点，一般采用铅锡合金、镀银铜片、锌、银等金属。

熔断器串联于被保护电路，当电路发生短路或过载故障时，通过熔体的电流使其发热，当达到熔化温度时熔体自行熔断，从而分断故障电路，保护设备和人身安全。

熔断器的种类很多，按结构分有半封闭插入式、螺旋式、无填料密封管式和有填料密封管式。

熔断器的选择如下。

(1) 照明电路中，要求熔体额定电流≥被保护电路上所有照明电器工作电流之和。

(2) 电动机中的要求如下。

① 单台直接起动电动机：熔体额定电流＝(1.5～2.5)×电动机额定电流。

② 多台直接起动电动机：总保护熔体额定电流＝(1.5～2.5)×各台电动机电流之和。

③ 降压起动电动机：熔体额定电流＝(1.5～2)×电动机额定电流。

④ 绕线式电动机：熔体额定电流＝(1.2～1.5)×电动机额定电流。

(3) 配电变压器低压侧，要求熔体额定电流＝(1.0～1.5)×变压器低压侧额定电流。

(4) 并联电容器组中，要求熔体额定电流＝(1.43～1.55)×电容器组额定电流。

(5) 电焊机中，要求熔体额定电流＝(1.5～2.5)×负荷电流。

(6) 电子整流元件中，要求熔体额定电流≥1.57×整流元件额定电流。

熔断器的符号如图 8.15 所示。

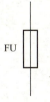

图 8.15　熔断器的符号

8.1.6 自动开关

自动开关又称空气开关或断路器，可自动控制电器，兼有保护作用。在控制线路中用作电路的短路、过载和失电压（零电压或欠电压）保护。近年来有些断路器还具有接地故障保护作用。

自动开关的主触点是靠手动操作或电动合闸的。自动开关的工作原理如图 8.16 所示。主触点 1 闭合后，自由脱扣机构 2 将主触点 1 锁在合闸位置上。过电流脱扣器 3 的线圈和热脱扣器 5 的热元件与主电路串联，欠电压脱扣器 6 的线圈与电源并联。当电路发生短路或严重过载时，过电流脱扣器 3 的衔铁吸合，使自由脱扣机构 2 动作，主触点 1 断开主电路。当电路过载时，热脱扣器 5 的热元件发热，使双金属片上弯曲，推动自由脱扣机构 2 动作。当电路欠电压时，欠电压脱扣器 6 的衔铁释放，也使自由脱扣机构 2 动作。分励脱扣器 4 则作远距离控制用，在正常工作时，其线圈是断电的；在需要距离控制时，按下"起动"按钮，使线圈通电，衔铁带动自由脱扣机构 2 动作，使主触点 1 断开。

自动开关结构紧凑，体积小，工作安全可靠，切断电流的能力大，且开关时间短，所以目前应用非常广泛。

选用自动开关情况下，用于保护鼠笼式异步电动机时，电磁脱扣器整定电流等于电动机额定电流的 8～15 倍；用于保护线绕式电动机时，电磁脱扣器整定电流等于电动机额定电流的 3～6 倍。

自动开关的符号如图 8.17 所示。

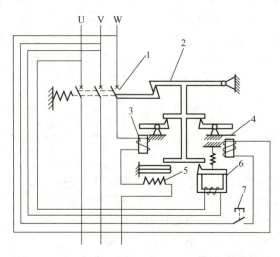

图 8.16 自动开关的工作原理
1—主触点；2—自由脱扣机构；3—过电流脱扣器；
4—分励脱扣器；5—热脱扣器；6—欠电压
脱扣器；7—停止按钮

图 8.17 自动开关的符号

8.2 鼠笼式异步电动机的直接起动控制

图 8.18 所示是中小容量鼠笼式异步电动机直接起动控制电路（仅画出了长动控制线

路)的结构,其中用到的电器有自动开关 QF、交流接触器 KM、热继电器 FR、按钮 SB。

工作原理如下:先将自动开关 QF 闭合,当按下起动按钮 SB_1 时,交流接触器 KM 的线圈通电,吸引交流接触器 KM 的衔铁动作,衔铁带动连杆动作。此时,交流接触器 KM 的主触点闭合,其常开辅助触点也闭合。松开 SB_1 时,由于交流接触器 KM 的常开辅助触点与 SB_1 并联,电流仍然可以通过常开辅助触点使交流接触器 KM 的线圈维持通电,而使接触器主触点保持闭合状态。这个常开辅助触点称为自锁触点。

自动开关 QF 可以起到过电流保护和短路保护作用。

交流接触器 KM 可以起到欠电压保护作用,因为当电压过低时,交流接触器的衔铁释放而使主触点断开;当电压恢复正常时,电动机不能自行起动,需要重新按下"起动"按钮。

热继电器 FR 起到过载保护作用。

图 8.18 所示的控制电路可以分为主电路和控制电路两部分。

主电路:三相电源→自动开关 QF→交流接触器 KM 的主触点→热继电器 FR→三相交流异步电动机。

控制电路:停止按钮 SB_{stp}→起动按钮 SB_1→交流接触器 KM 的常开辅助触点→热继电器 FR。

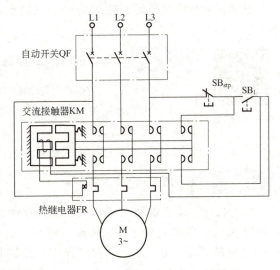

图 8.18 中小容量鼠笼式异步电动机直接起动控制电路的结构

主电路可以通过大电流;而控制电路通过的电流很小,功率很小,因此可以实现"小功率控制大功率,小电流控制大电流"。

在图 8.18 中,各个电器都是按实际位置画出的,属于同一电器的各部分都画在一起,这种图称为控制电路的结构图。这种画法比较容易识别电器,便于安装和维修。但当电路比较复杂时,就不容易分辨清楚。因此,为了方便设计电路和读图研究,控制电路通常根据其作用原理画出,把主电路和控制电路清楚地分开,这种图称为控制电路的原理图,图 8.20 就是图 8.18 的控制电路原理图。

在控制原理图中,各种电器都要按照国家标准用统一的符号来表示。常用电器的符号见每节的电器介绍。

特别提示

在控制电路原理图中,同一电器的不同部分可以画在不同的位置,但必须用同一文字符号标注,以表示它们隶属于同一电器。

鼠笼式异步电动机的直接起动控制包括点动控制和长动控制，现将其工作过程分述如下。

8.2.1 电动机的点动控制

【长动控制】

电动机的点动控制电路如图 8.19 所示。电路的操作过程如下：

闭合自动开关 QF→按下 SB→KM 线圈通电→KM 主触点闭合→电动机 M 起动运转；

松开 SB→KM 线圈失电→KM 主触点断开→电动机 M 停止运转。

8.2.2 电动机的长动控制

所谓长动，是指电动机能够长期地、连续地转动。若在点动控制电路中串联一个停止按钮 SB_{stp}，在起动按钮 SB 两端再并联一个接触器的常开辅助触点，即可构成如图 8.20 所示的长动控制电路。电路的操作过程如下：

闭合自动开关 QF→按下 SB→KM 线圈通电→KM 主触点闭合→电动机 M 起动运转（同时 KM 常开辅助触点闭合→实现自锁）；

按下 SB_{stp}→KM 线圈断电→KM 主触点断开→电动机 M 停止运转（同时 KM 常开辅助触点断开→撤销自锁）。

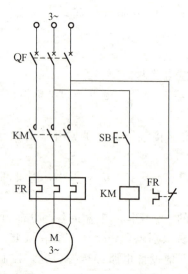

图 8.19 电动机的点动控制电路

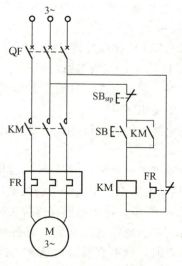

图 8.20 电动机的长动控制电路

【正反转控制】

8.3 鼠笼式异步电动机的正反转控制

很多生产机械的运动部件都需要向正反两个方向运动，如工作台的前进与后退、起重机的提升与下降等，这就需要控制电动机的转向。图 8.21 所示是电动机正反转控制电路。

电路中的 KM_1 和 KM_2 分别为控制电动机正、反转的交流接触器，当 KM_1 的主触点

闭合而 KM_2 的主触点断开时，电动机正转；反之，当 KM_2 的主触点闭合而 KM_1 的主触点断开时，接到电动机的三根电源线互换了两根，电动机反转。

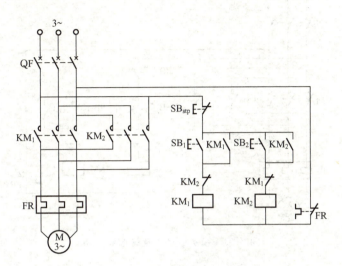

图 8.21　电动机正反转控制电路

任何时刻都不允许 KM_1 和 KM_2 的主触点同时闭合（即不允许接触器 KM_1 和 KM_2 的线圈同时通电），否则将造成电源短路。为此，在控制线路中，将 KM_1 的常闭辅助触点串联到 KM_2 的线圈电路中，将 KM_2 的常闭辅助触点串联到 KM_1 的线圈电路中，从而保证接触器 KM_1 和 KM_2 的线圈不能同时通电。这种控制方式称为联锁或者互锁，这两个常闭辅助触点称为联锁触点或者互锁触点。该电路的动作过程如下。

电动机正转起动：按下"正转起动"按钮 SB_1，正转交流接触器 KM_1 的吸引线圈通电，KM_1 的主触点闭合，电动机正向运转。与 SB_1 并联的 KM_1 的常开辅助触点闭合，实现自锁；KM_1 的互锁触点断开，实现互锁。

停止：按下"停止"按钮 SB_{stp}，交流接触器 KM_1 的吸引线圈断电，它的所有常开触点都断开，电动机停转。

电动机反转起动：按下"反转起动"按钮 SB_2，反转交流接触器 KM_2 的吸引线圈通电，KM_2 的主触点闭合，电动机反向运转。与 SB_2 并联的 KM_2 的常开辅助触点闭合，实现自锁；KM_2 的互锁触点断开，实现互锁。

8.4　鼠笼式异步电动机的联锁控制

【顺序控制】

8.3 节所述电路存在的问题是不可直接由正转变为反转或由反转变为正转，若要使电动机由正转变为反转，必须先按下"停止"按钮 SB_{stp}，待互锁触点 KM_1 闭合后，再按下"反转起动"按钮 SB_2；电动机由反转变为正转时也是如此，这在有些场合下是极不方便的。为此，可使用复合按钮。机械联锁正反转控制电路如图 8.22 所示，主电路与图 8.21 相同，控制电路的工作原理分析略。

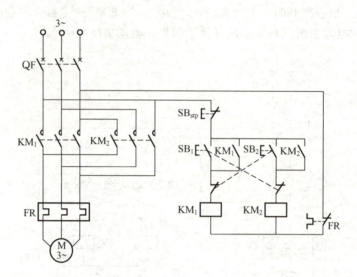

图 8.22 机械联锁正反转控制电路

8.5 行程(限位)控制

行程控制,又称限位控制,是指当运动部件到达一定位置时,利用行程开关进行控制。

行程开关种类很多,图 8.23 是常见行程开关的外形。

图 8.24 为行程开关的结构,有一个常开触点和一个常闭触点,其状态的转换是由外部力撞击挡块实现的。

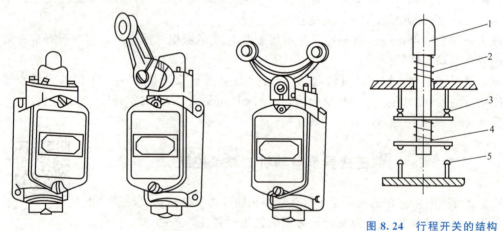

图 8.23 行程开关的外形

图 8.24 行程开关的结构
1—挡块;2—弹簧;3—常闭触点;4—连杆;5—常开触点

生产中由于工艺和安全的要求,常常需要控制生产机械的行程和位置,如工作台的往返运动、龙门刨床等,可通过行程开关来控制。

图 8.25 是行程开关控制工作台自动往返的示意及控制电路。行程开关 ST_1 和 ST_2 分别控制工作台左、右移动的行程。安装在工作台侧面的挡铁 I 和挡铁 II 碰撞，使工作台自动往返。其工作行程和位置由挡铁位置来调整。ST_3 和 ST_4 分别为左右终端限位保护开关。挡铁 I 只能与 ST_1、ST_3 碰撞，挡铁 II 只能与 ST_2、ST_4 碰撞。

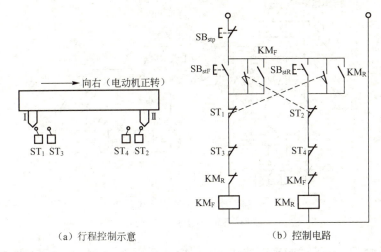

(a) 行程控制示意　　　　　　(b) 控制电路

图 8.25　行程开关控制工作台自动往返的示意及控制电路

行程开关控制工作台的工作原理如下。

工作台向右移动(电动机正转起动)：按下"正转起动"按钮 SB_{stF}，正转交流接触器 KM_F 的吸引线圈通电，KM_F 的主触点闭合，电动机正向运转，工作台向右移动。当工作台向右移动到预定位置时，挡铁 I 碰撞行程开关 ST_1，ST_1 的常闭触点断开，使正转接触器 KM_F 线圈断电，主触点断开。同时，ST_1 的常开触点闭合，接通反转控制线路，反转接触器 KM_R 的吸引线圈通电，KM_R 的主触点闭合，电动机反转运行，工作台向左移动。挡铁 I 反向碰撞行程开关 ST_1，使 ST_1 复位。

当工作台向左移动到预定位置时，挡铁 II 碰撞行程开关 ST_2，ST_2 的常闭触点断开，使反转接触器 KM_R 的吸引线圈断电，KM_R 的主触点断开。同时，ST_2 的常开触点闭合，接通正转控制线路，正转接触器 KM_F 的吸引线圈通电，KM_F 的主触点闭合，电动机又正转运行，工作台继而又向右移动。如此周而复始，工作台便在预定行程内自动往返，直到按下"停止"按钮 SB_{stp} 为止。

运行过程中，当 ST_1 或 ST_2 失灵时，ST_3 和 ST_4 起作用，防止工作台超出极限位置而发生事故。

8.6　时间控制

前面已经介绍了延时继电器的工作原理，下面介绍其具体应用。

三相鼠笼式异步电动机星形-三角形起动控制电路是利用延时继电器控制的典型电路。其工作原理：在起动过程中，电动机的定子绕组是星形连接，经过一定延时后换成三角形连接。其控制电路如图 8.26 所示。

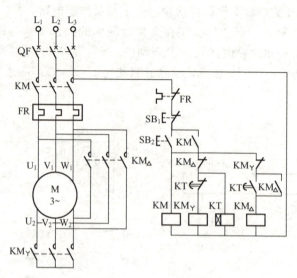

图 8.26 三相鼠笼式异步电动机
星形-三角形起动控制电路

工作原理如下：按下"起动"按钮 SB_2，接触器 KM、KM_Y 与时间继电器 KT 的吸引线圈同时通电，接触器 KM_Y 的主触点将电动机接成星形，KM 的主触点闭合，电动机与电源接通，电动机星形降压起动。当延时继电器 KT 延时时间到，KM_Y 线圈失电，$KM_\triangle$ 线圈通电，电动机主回路换接成三角形连接，电动机开始正常运转。

8.7 控制电路应用实例

【顺序控制】

带运输机通常采用多条传送带联合运行，以运送各种物料。图 8.27 是两条传送带各由一台鼠笼式异步电动机驱动的示意。

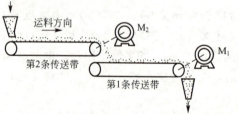

图 8.27 两条传送带各由一台鼠笼式
异步电动机驱动的示意

为了防止运送物料时在传送带上发生堵塞，对传送带运输机的起动和停止有一定的要求：起动时，要先起动第1条传送带，后起动第2条传送带，即电动机的起动顺序是 M_1 先起动，M_2 后起动；停止时，先停止第2条传送带，后停止第1条传送带，即 M_2 先停，M_1 后停。

为了满足上述要求，在图 8.28 所示的带运输机控制电路中，把交流接触器 KM_1 的常开辅助触点 KM_1 串联入交流接触器 KM_2 的线圈回路中。当交流接触器 KM_1 不工作、电动机 M_1 停止时，由于 KM_1 的主触点断开，交流接触器 KM_2 不能通电，以保证电动机 M_2 不能先起动。把交流接触器 KM_2 的常开辅助触点 KM_2 并联在按钮 SB_1 的两端，当交流接触器 KM_2 工作、电动机起动运行时，由于 KM_2 的主触点闭合，按钮 SB_1 不起作用，即使按下它，交流接触器 KM_1 的线圈也不会失电，M_1 不会先停止。

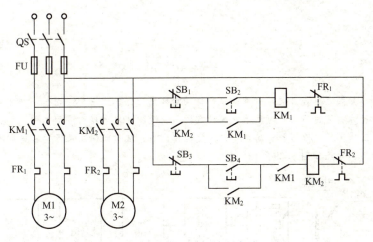

图 8.28 带运输机控制电路

带运输机控制电路的工作原理如下。

合上电源开关 QS，按下"起动"按钮 SB_2，交流接触器 KM_1 的吸引线圈通电并自锁，KM_1 的主触点闭合，电动机 M_1 起动，第 1 条传送带开始运行。同时，KM_1 的常开辅助触点闭合，为电动机 M_2 起动创造了条件。

按下"起动"按钮 SB_4，交流接触器 KM_2 的吸引线圈通电并自锁，KM_2 的主触点闭合，电动机 M_2 起动，第 2 条传送带开始工作。同时，KM_2 的常开辅助触点闭合，使控制电动机 M_1 停止的按钮 SB_1 失去作用，保证在 M_2 运转期间 M_1 不会先停下来。

要使传送带停止工作，应先按"停止"按钮 SB_3，使 KM_2 的吸引线圈断电释放，M_2 停转，使第 2 条传送带先停止运行。同时，KM_2 的常开辅助触点断开，恢复按钮 SB_1 的作用，为电动机 M_1 停转做好准备。

按下 SB_1 按钮，KM_1 的吸引线圈断电释放，M_1 停止。

小 结

1. 交流接触器

主要由线圈、主触点和辅助触点组成。主触点可以通过大电流，常用在主电路当中；辅助触点因其只能通过小电流而经常用在控制电路中。

2. 控制电路的绘制

在绘制控制电路图时，要按照国家标准规定的符号来表示。接触器的不同部分可以画在电路图的不同位置，但必须标注同一个符号。

3. 长期通电

为了实现长期通电，通常把接触器的常开辅助触点与起动按钮并联，以实现自锁；为了防止一个线圈通电时另外一个线圈也通电，通常把这个线圈的常闭辅助触点串联到另一个线圈回路中，以实现互锁。

知识链接

接 近 开 关

接近开关又称无触点行程开关，除可以起行程控制和限位保护作用外，还是一种非接触型的检测装置，可检测零件尺寸和测速等，也可用于变频计数器、变频脉冲发生器、液面控制和加工程序的自动衔接等。其特点有工作可靠、寿命长、功耗少、复定位精度高、操作频率高及可适应恶劣的工作环境等。

接近开关的工作原理如图8.29所示。

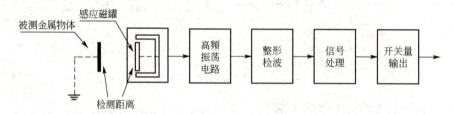

图8.29 接近开关的工作原理

图8.30 电感式接近开关

电感式接近开关如图8.30所示。

1. 接近开关的分类

因为位移传感器可以根据不同的原理和不同的方法做成，而不同的位移传感器对物体的"感知"方法也不同，所以常见的接近开关有以下几种。

(1) 涡流式接近开关。这种开关有时又称电感式接近开关。它是利用导电物体在接近这个能产生电磁场的接近开关时，使物体内部产生涡流，这个涡流反作用到接近开关，使开关内部电路参数发生变化，由此识别出有无导电物体移近，进而控制开关的通断。这种接近开关所能检测的物体必须是导电体。

(2) 电容式接近开关。这种开关的感应头通常构成电容器的一个极板，而另一个极板是开关的外壳，外壳在测量过程中通常接地或与设备的机壳相连接。当有物体移向接近开关时，无论是否为导体，它的接近总要使电容的介电常数发生变化，从而使电容量发生变化，与测量头相连的电路状态也随之发生变化，由此便可控制开关的通断。这种接近开关检测的对象不限于导体，可以检测绝缘的液体或粉状物等。

(3) 霍尔接近开关。霍尔元件是一种磁敏元件。利用霍尔元件做成的开关，称为霍尔开关。当磁性物体移近霍尔开关时，开关检测面上的霍尔元件因产生霍尔效应而使开关内部电路状态发生变化，由此识别附近存在磁性物体，进而控制开关的通断。这种接近开关的检测对象必须是磁性物体。

(4) 光电式接近开关。利用光电效应做成的开关称为光电开关。将发光器件与光电器件按一定方向装在同一个检测头内，当有反光面（被检测物体）接近时，光电器件接收到反射光后便有信号输出，由此便可"感知"有物体接近。

(5) 热释电式接近开关。用能感知温度变化的元件做成的开关称为热释电式接近开关。这种开关是将热释电器件安装在开关的检测面上，当有与环境温度不同的物体接近时，热释电器件的输出便发生变化，由此便可检测出有物体接近。

(6) 其他形式的接近开关。

当观察者或系统对波源的距离发生改变时，接近到的波的频率会发生偏移，这种现象称为多普勒效应。声呐和雷达就是利用该效应的原理制成的。利用多普勒效应可制成超声波接近开关、微波接近开关等。当有物体接近时，接近开关接收到的反射信号会产生多普勒频移，由此可以识别出有无物体接近。

2. 主要用途

接近开关在航空、航天技术及工业生产中都有广泛的应用。日常生活中，在宾馆、饭店、车库的自动门及自动热风机上都有应用。在安全防盗方面，资料档案、财会、金融、博物馆、金库等重地通常装有由各种接近开关组成的防盗装置。在测量技术（如长度、位置的测量）和控制技术（如位移、速度、加速度的测量和控制）中，也都应用了大量的接近开关。

3. 选用注意事项

在一般的工业生产场所，通常都选用涡流式接近开关和电容式接近开关，因为这两种接近开关对环境的条件要求较低。当被测对象是导电物体或可以固定在一块金属物上的物体时，一般都选用涡流式接近开关，因为它的响应频率高、抗环境干扰性能好、应用范围广、价格较低；当被测对象是非金属（或金属）、液位高度、粉状物高度、塑料、烟草等，则应选用电容式接近开关。这种开关的响应频率低，但稳定性好，安装时应考虑环境因素的影响。当被测对象是导磁材料或者为了区别与其一同运动的物体而把磁钢埋在被测物体内时，应选用 MICROSONAR 系列接近开关，因为这种开关的价格最低。MICROSONAR 系列接近开关在环境条件比较好、无粉尘污染的场合，可采用光电接近开关。光电接近开关工作时对被测对象几乎无任何影响，因此，在要求较高的传真机及烟草机械中广泛使用。

在防盗系统中，自动门通常使用热释电接近开关、超声波接近开关、微波接近开关。为了提高识别的可靠性，上述几种接近开关往往被复合使用。

无论选用哪种接近开关，都应注意满足工作电压、负载电流、响应频率、检测距离等各项指标的要求。

习　题

8-1　单项选择题

(1) 在三相异步电动控制电路中，下列能起到短路保护作用的电器是（　　）。

A. 空气开关　　　　　　　　　　B. 交流接触器

C. 热继电器　　　　　　　　　　D. 三相异步电动机

(2) 在三相异步电动控制电路中，下列能起到过载保护作用的电器是（　　）。

A. 空气开关　　　　　　　　　　B. 交流接触器

C. 热继电器　　　　　　　　　　D. 三相异步电动机

(3) 在三相异步电动控制电路中，下列能起到欠电压保护作用的电器是（　　）。

A. 空气开关　　　　　　　　　　B. 交流接触器

C. 热继电器　　　　　　　　　　D. 三相异步电动机

8-2　什么是自锁？什么是互锁？分别如何实现？

8-3　试画出点动、长动、正反转、机械连锁正反转、既能点动又能长动的控制电路，并指出电路中哪些电器具有短路保护、过载保护或欠电压保护功能。

8-4　指出图 8.31 中各图有几处错误，并加以改正。

8-5　某机床主轴由一台三相鼠笼式异步电动机拖动，润滑油泵由另一台三相鼠笼式异步电动机拖动，均采用直接起动，工艺要求如下。

(1) 主轴必须在润滑油泵起动后才能起动。

(2) 主轴为正向运转，但具有正反向点动作用。

(3) 主轴停止后，才允许润滑油泵停止。
(4) 具有必要的电气保护。
试设计主电路和控制电路，并对所设计的电路进行简单说明。

8-6 M_1 和 M_2 均为三相鼠笼式异步电动机，可直接起动。按下列要求设计主电路和控制电路。

(1) M_1 先起动，经一段时间后 M_2 自行起动。
(2) M_2 起动后，M_1 立即停止。
(3) M_2 能单独停止。
(4) M_1 和 M_2 均能点动。

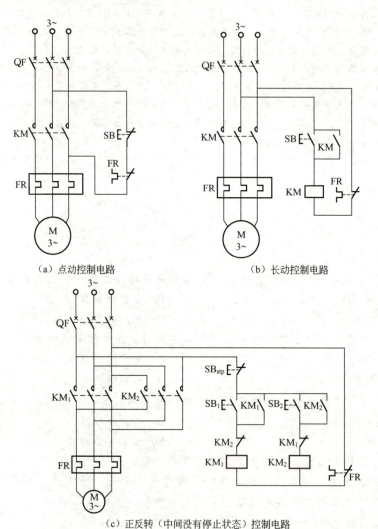

图 8.31 习题 8-4 图

第9章 常用电工仪表及测量

本章首先介绍测量误差的表示方法,然后重点介绍万用表、功率表、兆欧表、钳形电流表等常用电工测量仪表的工作原理和使用方法。

教学目标与要求

- 理解绝对误差和相对误差的概念,掌握电工测量仪表及其量程的选取原则。
- 了解万用表的工作原理,掌握万用表的使用方法。
- 了解兆欧表和钳形电流表的工作原理,并掌握其使用方法。
- 了解功率表的工作原理,掌握其使用方法。

引例

在利用电工仪表(例如用万用表测量电源电压,如图9.0所示)测量各种物理量的过程中,由于受到测量仪器准确度、测量方法、环境条件和人为等因素的影响,实际的测量结果与其客观真值之间总是存在一定的差别(即测量误差),为使测量结果尽可能准确,选择合适的测量仪表特别重要,那么如何正确地选择仪表测量呢?

通常每只仪表均有一个最大量程,如何测量超出仪表最大量程的电压或电流呢?通过本章的学习,读者可以得出正确的答案。

图9.0 万用表

9.1 测量误差的表示方法

求电路中的电压、电流、功率等物理量的大小有两条途径。其一是用分析和计算的方法求得,优点是计算结果准确,缺点是求解过程往往烦琐,而且结果不直观。其二是通过实验方法获得，即用电工测量仪表直接测出，优点是能直观且迅速地显示结果，缺点是准确度较低。但随着测量仪表和测量技术的发展，仪表的准确度越来越高，所测量的结果往往能够满足实际需要，因此在电工、电子仪器和设备的生产、安装、调试、维护和维修的过程中，均离不开电工测量仪表。显然，仪表的读数越接近真值越好，但无论仪表制造得如何精确，仪表的读数与被测量的真值之间总是存在误差。测量误差通常用绝对误差和相对误差来表示。

9.1.1 绝对误差

绝对误差是指仪表所测得的被测量示值与其真值之差。设仪表所测得被测量的示值用 X 表示，被测量的真值用 A_0 表示，绝对误差用 ΔX 表示，则绝对误差 ΔX 可表示为

$$\Delta X = X - A_0 \tag{9-1}$$

工程中，常用高准确度仪表的示值 A 作为实际值代替被测量的真值 A_0，有时也用理论计算值代替真值 A_0。

被测量的实际值 A 与真值 A_0 并不相等，但总比被测量的示值 X 更接近于真值 A_0。

绝对误差只能反映被测量的示值与真值之间相差多少，而无法比较两个仪表测量结果的准确程度。例如，测量 100V 电压时的绝对误差为 2V，测量 10V 电压时的绝对误差为 1V。前者的绝对误差虽然较大，但只占真值的 2%；后者的绝对误差虽然较小，却占真值的 10%。

9.1.2 相对误差

相对误差的形式较多，本书重点介绍实际相对误差和引用相对误差这两个基本概念。

1. 实际相对误差

实际相对误差是指绝对误差 ΔX 与被测量的实际值 A 之比，用 γ_A 表示，即

$$\gamma_A = \frac{\Delta X}{A} \times 100\% \tag{9-2}$$

2. 引用相对误差

引用相对误差是指绝对误差 ΔX 与仪表的最大量程 X_m 之比，用 γ_n 表示，即

$$\gamma_n = \frac{\Delta X}{X_m} \times 100\% \tag{9-3}$$

由于仪表各示值的绝对误差并不相等，故仪表各示值的引用相对误差也不相等。由于在正常工作条件下，通常可以认为最大绝对误差是不变的，因此为了唯一评价仪表的准确程度，将式(9-3)中的绝对误差 ΔX 用最大绝对误差 $(\Delta X)_m$ 代替，便得到最大引用相对误差(又称满度相对误差)，用 γ_{nm} 表示，即

$$\gamma_{nm} = \frac{(\Delta X)_m}{X_m} \times 100\% \qquad (9-4)$$

仪表的准确度就是根据仪表的最大引用相对误差进行分级的。目前，我国直读式电工测量仪表分为 0.1、0.2、0.5、1.0、1.5、2.5 和 5.0 共 7 个等级，这些数字是指最大引用相对误差的百分数，数字越小，准确度越高。

由准确度和最大量程可以计算出仪表可能产生的最大绝对误差。

【例 9-1】 某准确度为 2.5 级的电压表，其最大量程为 100V。试分别计算测量 80V 和 40V 电压时的实际相对误差。

【解】 由准确度和最大量程可以计算出仪表可能产生的最大绝对误差为

$$(\Delta U)_m = U_m \gamma_{nm} = [100 \times (\pm 2.5\%)]V = \pm 2.5V$$

测量 80V 时的实际相对误差为

$$\gamma_1 = \frac{(\Delta U)_m}{U_1} = \frac{\pm 2.5}{80} \times 100\% = \pm 3.125\%$$

测量 40V 时的实际相对误差为

$$\gamma_2 = \frac{(\Delta U)_m}{U_2} = \frac{\pm 2.5}{40} \times 100\% = \pm 6.25\%$$

可以看出，测量 40V 电压时的实际相对误差大于测量 80V 电压时的实际相对误差。所以，被测量值越是比量程小，实际相对误差越大，所测结果越不准确。

为使测量结果较准确，被测量值应尽量接近于满量程，通常应使被测量值超过满量程的一半以上。

【例 9-2】 现有一块量程为 100V、1.5 级的电压表和一块量程为 15V、2.5 级的电压表，若要测量 12V 的电压，则选择哪一块电压表较合适？

【解】 若选 100V、1.5 级的电压表，则测量结果所产生的最大绝对误差为

$$(\Delta U)_{m1} = U_{m1} \gamma_{nm1} = [100 \times (\pm 1.5\%)]V = \pm 1.5V$$

若选 15V、2.5 级的电压表，则测量结果所产生的最大绝对误差为

$$(\Delta U)_{m2} = U_{m2} \gamma_{nm2} = [15 \times (\pm 2.5\%)]V = \pm 0.375V$$

由计算结果可知，采用 15V、2.5 级的电压表的测量结果所产生的最大绝对误差比 100V、1.5 级电压表的小，故应选 15V、2.5 级的电压表，被测电压为 $(12 \pm 0.375)V$。所以，在选择仪表时，不能片面地追求高准确度等级，而要根据准确度等级和量程两个因素加以综合考虑。

9.2 万 用 表

万用表又称多用表、繁用表、万能表等，可以用来测量多种电量。虽然万用表的准确度较低，但由于其使用简单、携带方便，故已广泛用于检查电路和维修电气设备。按工作原理分，万用表分为磁电式万用表和数字式万用表两种。本节重点介绍磁电式万用表，数字式万用表的使用方法较简单，读者在使用时可以查阅其产品说明书。

9.2.1 常用万用表的种类

万用表的种类很多，常用万用表的种类、特点及主要产品系列见表 9-1。

表 9-1 常用万用表的种类、特点及主要产品系列

种 类	特 点	主要产品系列
袖珍式万用表	体积小、结构简单、价格便宜。通常只能测量 50V 以下的交直流电压、500mA 以下的直流电流、1MΩ 以下的直流电阻	MF15，MF16，MF30，MF72
中型便携式万用表	体积和价格适中。可测量 2500V 以下的交直流电压、10A 以下（至 μA 级）的直流电流、20MΩ 以下的电阻等	MF4，MF10，MF14，MF25，MF64
高精度万用表	具有放大电路，价格贵。可测量交直流电压、电流等	MF18，MF20，MF24，MF35
电子电路测量用万用表	功能齐全，灵敏度高，频率响应好，价格较贵，可测量高频电路参数	MF45，MF60，MF63
数字式万用表	功能较全，精度高，数字液晶显示，读数方便	PF5，PF3，2215，2010

9.2.2 万用表的工作原理

磁电式万用表主要由磁电式微安表头、若干个电流量程分流器、倍压器及选择开关等组成，常用于测量直流电流、直流电压、交流电压和电阻等。下面简述磁电式万用表各种测量的基本工作原理。

1. 直流电流的测量

直流电流的测量原理如图 9.1 所示。图中的 R_{A1}、R_{A2} 和 R_{A3} 为分流器电阻，与微安表头构成一个闭合回路。测量直流电流时，将选择开关拨至某个直流电流档，被测直流电流从"+"端流进，从"-"端流出。改变选择开关的位置，即可改变分流器电阻的大小，也就改变了直流电流的量程。量程越大，分流器的电阻越小。

2. 直流电压的测量

直流电压的测量原理如图 9.2 所示。图中的 R_A 为分流器的总电阻，R_{V1}、R_{V2} 和 R_{V3}

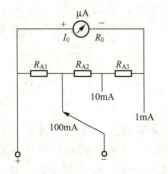

图 9.1 直流电流的测量原理

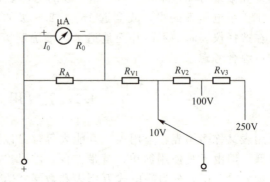

图 9.2 直流电压的测量原理

为倍压器电阻。测量直流电压时,将选择开关拨至某个直流电压档,被测直流电压加在"+"和"-"两端。改变选择开关的位置,即可改变倍压器电阻的大小,也就改变了直流电压的量程。量程越大,倍压器的电阻越大。

3. 交流电压的测量

交流电压的测量原理如图9.3所示。图中的 R'_{V1}、R'_{V2} 和 R'_{V3} 为倍压器电阻。由于磁电式微安表头只能测量直流电,故在测量交流电时必须在表内附加整流元件(如图9.3中的二极管 VD_1 和 VD_2),先把交流电转变为直流电,再由磁电式微安表头测量。

二极管具有单向导电的特性,即只允许电流从一个方向通过,反方向的电流不能通过。在测量时,将交流电压加到万用表的"+"和"-"两端。在交流电压的正半周,若电流从"+"端流入,此时 VD_1 不能导通,而 VD_2 能够导通,电流经微安表头、VD_2 和倍压器电阻从"-"端流出。在交流电压的负半周,电流从"-"端流入,此时 VD_1 能够导通,而 VD_2 不能导通,电流经倍压器电阻和 VD_1 从"+"端流出,而微安表头没有电流通过。可见,流过微安表头的电流并非恒定电流,而是单一方向的、脉动的直流电流。由磁电式仪表的工作原理可知,微安表头的读数应为该电流的平均值。根据电压的有效值与电流的平均值之间的关系,即可换算出电压有效值的大小,并在表的刻度盘上加以指示。

4. 电阻的测量

电阻的测量原理如图9.4所示。由图可知,测量电阻时,表内需接入电池,将被测电阻接入"+"和"-"两端。当被测电阻为∞(即将"+"端与"-"端之间开路)时,微安表头无电流通过,指针不偏转,应停于机械零位处;当被测电阻为0(即将"+"端与"-"端之间短路)时,通过微安表头的电流最大,指针应满刻度偏转至"0"位。由此可见,用万用表测量电阻时,表盘的刻度与测量电压和电流时正好相反。指针偏转角越大,被测电阻值越小;指针偏转角越小,被测电阻值越大。

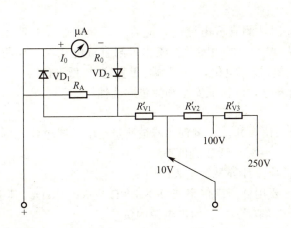

图9.3 交流电压的测量原理

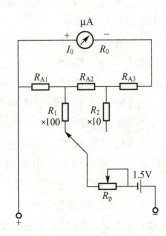

图9.4 电阻的测量原理

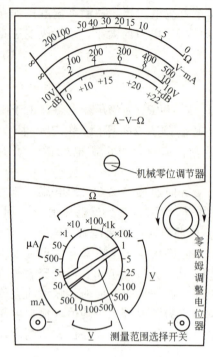

图 9.5 MF30 型万用表面板

由于万用表内的电池端电压随着使用时间的增加而逐渐减小,当被测电阻为"0"时,微安表头中通过的电流将小于满偏电流值,故指针不能指在 0Ω 刻度上。所以,万用表内均配有 0Ω 电阻调整电位器,如图 9.4 中的 R_P 即为 0Ω 电阻调整电位器。

9.2.3 万用表的使用方法

万用表的种类和型号很多,量程各不相同。面板上的开关、旋钮的布局也各有不同,但使用方法基本相同。现以 MF30 型万用表为例简单介绍其使用方法及注意事项,其表面板如图 9.5 所示。

(1) 测试表笔要完整且绝缘性能良好。

(2) 测量时应将红表笔和黑表笔分别插入"+"端和"−"端插孔内。

(3) 在使用时,应水平放置万用表,观察表头指针是否指向电压、电流的零位,若不指向零位,则应调整机械零位调节器,使其指向零。

(4) 测量前应根据被测参数的种类(如电阻、直流电压、直流电流和交流电压等)和大小确定选择开关的位置和量程,应尽量使表头指针偏转到满刻度的 2/3 处。若事先不知道被测量的范围,则应从最大量程档开始逐渐减小至适当的量程档。

(5) 测量电阻前,应先对相应的电阻档调零(即将两表笔相碰短路,旋动调零旋钮,使指针指示在 0Ω 处)。每换一次电阻档都要进行调零。如旋动调零旋钮指针无法达到零位,则可能是表内电池电压不足所致,需更换新电池。测量时不能带电操作。另外,测量电阻时,不能用双手同时接触被测电阻两端;否则,将会使人体电阻与被测电阻并联,从而引起测量误差。

(6) 测量直流量时应注意极性和接法:测直流电流时,应将万用表串联在被测电路中,电流从"+"端(红表笔)流入,从"−"端(黑表笔)流出;测直流电压时,应将万用表并联在被测电路中,"+"端(红表笔)接高电位,"−"端(黑表笔)接低电位。

(7) 测量时手不要触及表笔的金属部分,以保证安全和测量准确性。

(8) 不能带电转动转换开关。

(9) 读数时要从相应的刻度标尺上去读,并注意量程。若被测量是电压或电流,则满刻度即量程;若被测量是电阻时,则读数=标尺读数×倍率。

(10) 不要用万用表直接测微安表、检流计等灵敏电表的内阻。

(11) 测量二极管和晶体管参数时,要用低压高倍率档($R×100Ω$ 或 $R×1kΩ$)。其中,"−"端(红表笔)为内电源的正端,"+"端(黑表笔)为内电源的负端。

(12) 测量完毕后,应将转换开关旋至交流电压最高档,有"OFF"档的则旋至"OFF"档,以免他人误用而损坏万用表。

特别提示

在测量交流量时,要注意交流电的频率。普通万用表只适用于测量频率为 45Hz～1kHz 的交流量。

9.3 功率的测量

在科研和生产中,除了经常测量电压、电流外,还需要测量电路中的功率。本节将简单介绍功率的测量原理及接线、测量时应注意的问题。

9.3.1 功率表的基本构成

功率表是一种用来测量电路功率的电工仪表。因为电路的功率不但与负载端电压有关,还与负载电流有关,所以功率表必须同时具有反映负载电压和电流的两个线圈。所以功率表的基本构成是两个线圈,其中反映负载电流的线圈称为电流线圈,使用时应与被测电路串联;反映负载电压的线圈称为电压线圈,使用时应与被测电路并联。这样,可以采用电动式仪表构成功率表。在电动式功率表中,用固定不动的线圈(称为固定线圈)作为电流线圈,所以固定线圈又称电流线圈;用可以转动的线圈(称为可动线圈)作为电压线圈,所以可动线圈又称电压线圈,常用的就是电动式功率表。

9.3.2 单相功率的测量

图 9.6 是功率表的接线图。其中,电流线圈所用的导线较粗、匝数较少,允许通过较大的电流;电压线圈所用的导线较细、匝数较多,允许通过较小的电流。由于电压线圈与高阻值的电阻倍压器串联,故若不计电压线圈的感抗,则电压线圈与电阻的串联电路呈电阻性,电压线圈中电流的有效值 I_2 与负载电压的有效值 U 成正比,而电流线圈中电流的有效值 I_1 与负载电流的有效值 I 相等。根据电动式仪表指针偏转角 α 与电流线圈中的电流 I_1 和电压线圈中的电流 I_2 之间的关系 $\alpha = kI_1I_2\cos\varphi$,可得仪表指针的偏转角 α 与负载电压 U 和负载电流 I 之间的关系为

$$\alpha = k'UI\cos\varphi = k'P \qquad (9-5)$$

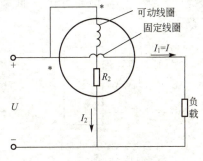

图 9.6 功率表的接线图

式中,k' 为常数;$\cos\varphi$ 为负载的功率因数;P 为负载的有功功率(W)。由式(9-5)可知,电动式功率表指针的偏转角 α 与负载的有功功率 P 成正比,通过表盘所标的刻度即可得到功率的读数。

特别提示

电动式功率表既可用来测量交流功率,也可用来测量直流功率。

使用功率表的关键是在电路中正确地连接电流线圈和电压线圈。接线及测量时要注意以下三个问题。

（1）接线时，功率表的电流线圈必须与负载串联，电压线圈必须与负载并联。接错线可能烧坏仪表。

（2）为了使电动式功率表的指针按正确的方向偏转，接线时应注意线圈的同名端（即同极性端），即电流线圈和电压线圈的同名端应接在电源的同一端，一般用符号"＊"或"·"表示同极性端，否则指针将反向偏转。

（3）功率表的电压线圈和电流线圈各有其量程。改变电压量程可调整倍压器的电阻值；电流线圈通常由两个相同的线圈组成，当两个线圈并联时，电流量程比串联时大一倍。

9.3.3 三相功率的测量

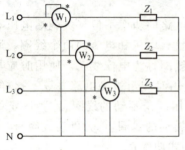

图 9.7 用三功率表测量三相功率

通常采用三功率表法和二功率表法测量三相功率。在三相四线制电路中，可以采用三功率表法测量电路的总有功功率，即将三个功率表分别连接在三根端线与中性线之间，如图 9.7 所示。总有功功率等于各功率表所测得的有功功率之和，即

$$P = P_1 + P_2 + P_3$$

当然，当负载对称时，也可以将一个功率表连接在任何一根端线与中性线之间，则总的有功功率等于该功率表所测得的有功功率的 3 倍。

在三相三线制电路中，无论负载为星形连接还是三角形连接，也无论负载是否对称，都广泛采用二功率表法测量三相功率，即将两个功率表分别连接于两根端线与第三根端线之间，共有三种接线方法，如图 9.8 所示。图 9.8 中所示功率表的端子极性应连接正确。

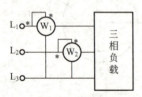
（a）两电流线圈分别串联于 L_1 和 L_2 端线

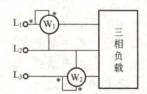
（b）两电流线圈分别串联于 L_1 和 L_3 端线

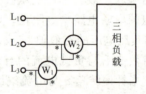
（c）两电流线圈分别串联于 L_2 和 L_3 端线

图 9.8 两功率表法测三相功率

下面以图 9.9 所示负载星形连接的三相三线制电路为例加以分析说明。

电路的三相瞬时功率为

$$p = p_1 + p_2 + p_3 = u_1 i_1 + u_2 i_2 + u_3 i_3$$

由于

$$i_1 + i_2 + i_3 = 0$$

因此

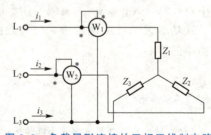

图 9.9 负载星形连接的三相三线制电路

第9章 常用电工仪表及测量

$$p = u_1 i_1 + u_2 i_2 + u_3(-i_1 - i_2)$$
$$= (u_1 - u_3)i_1 + (u_2 - u_3)i_2$$
$$= u_{13}i_1 + u_{23}i_3 = p_1 + p_2$$

由上式可知，三相功率可用两个功率表来测量。两个功率表的电流线圈中通过的是线电流，而电压线圈上所加的电压是线电压。在图 9.9 中，第 1 个功率表 W_1 的读数为

$$P_1 = U_{13}I_1\cos\varphi_1 \qquad (9-6)$$

式中，φ_1 为线电压 U_{13} 与线电流 i_1 之间的相位差 (°)。

第 2 个功率表 W_2 的读数为

$$P_2 = U_{23}I_2\cos\varphi_2 \qquad (9-7)$$

式中，φ_2 为线电压 U_{23} 与线电流 i_2 之间的相位差 (°)。

φ_1 或 φ_2 的绝对值有可能大于 90°，故 P_1 和 P_2 中有可能出现负值。此时，电路的总有功功率应等于两功率表读数的代数和，即

$$P = P_1 + P_2 \qquad (9-8)$$

根据二功率表法的测量原理可以制成三相功率表。在实际应用中，常用一个三相功率表来测量三相功率，接线方法与二功率表法的相同。

特别提示

- 三功率表法只适用于三相四线制电路功率的测量；二功率表法只适用于三相三线制电路功率的测量。
- 若采用二功率表法测量功率，则单独一个功率表的读数无意义。
- 采用二功率表法测量功率时，有的功率表的指针可能反向偏转，这样便读不出功率的数值。此时，可将该功率表的电流线圈反接，总的功率数值应等于另一个功率表的读数减去该功率表的读数。

9.4 兆 欧 表

兆欧表又称高阻计或绝缘电阻表，是用来测量电路、电机绕组、电缆、电气设备等的绝缘情况和测量高阻值电阻的专用仪表。它的计量单位是兆欧。近年来新型数字式或晶体管式绝缘电阻测试仪表统称为绝缘电阻测试仪。

9.4.1 常用兆欧表的种类

常用兆欧表的种类和产品系列见表 9-2，其外形如图 9.10 所示。

表 9-2 常用兆欧表的种类及产品系列

分类方法	种 类	产品系列	说 明
按结构原理分类	交流发电机	ZC1，ZC7，ZC11	内配有手摇交流发电机、整流器
	直流发电机	0101，5050	内配有手摇直流发电机
	整流器	ZC13	交流 220V，整流器
	晶体管型	ZC14，ZC30	电子电路
按电压等级分类/V	50，100，250，500，1000，2500 等		

（a）手摇式兆欧表　　　　　　　（b）字指针双显兆欧表

图 9.10　兆欧表

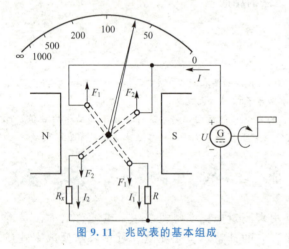

图 9.11　兆欧表的基本组成

9.4.2　兆欧表的工作原理

兆欧表是一种利用磁电式流比计的线路来测量高阻值电阻的直读式仪表，主要由磁极、线圈、仪表指针和表盘等组成，如图 9.11 所示。在一对磁极之间将两个相互垂直的线圈和仪表指针固定在同一个转轴上。将两个线圈分别与电阻 R 和被测电阻 R_x 串联后再并联到直流电源上。图中的直流电源为一个手摇式直流发电机。测量时，先用手摇动直流手摇直流发电机的手柄，使其产生端电压 U。设两个线圈的电阻分别为 R_1 和 R_2，则两个线圈中所通过的电流分别为

$$I_1 = \frac{U}{R_1 + R} \tag{9-9}$$

和

$$I_2 = \frac{U}{R_2 + R_x} \tag{9-10}$$

两个载流线圈因受到磁场力的作用产生两个方向相反的电磁转矩 $T_1 = k_1 I_1 f_1(\alpha)$ 和 $T_2 = k_2 I_2 f_2(\alpha)$，其中的 $f_1(\alpha)$ 和 $f_2(\alpha)$ 分别为两个线圈所在处的磁感应强度与仪表指针偏转角之间的函数关系（由于磁场不均匀，因此这两个函数关系并不相等）。

在转矩的作用下，仪表的可动部分发生偏转，直到两转矩平衡为止。令

$$T_1 = T_2$$

则有
$$k_1 I_1 f_1(\alpha) = k_2 I_2 f_2(\alpha)$$

经整理,得仪表指针的偏转角 α 与两线圈中电流 I_1 和 I_2 之间的关系为

$$\alpha = f\left(\frac{I_1}{I_2}\right) \tag{9-11}$$

由式(9-11)可知,仪表指针的偏转角是两线圈电流之比的函数,这就是流比计的由来。

由式(9-9)和式(9-10)可得

$$\frac{I_1}{I_2} = \frac{R_2 + R_x}{R_1 + R} \tag{9-12}$$

由式(9-12)可知,两线圈的电流比 I_1/I_2 与被测电阻 R_x 有关,因此式(9-11)中的仪表指针偏转角 α 是被测电阻 R_x 的函数,即

$$\alpha = f'(R_x) \tag{9-13}$$

由式(9-13)可知,仪表表盘的刻度尺可以直接按电阻来标度,测量时可以通过表盘的刻度直接读出被测电阻的大小。

9.4.3 兆欧表的使用方法

1. 兆欧表规格的选择

为保证正常工作,每种电气设备均有一个额定电压,因此使用兆欧表时应根据被测电气设备的额定电压来选择兆欧表的规格。兆欧表常用规格有 250V、500V、1000V、2500V 和 5000V 等几种。一般额定电压在 500V 以下的设备宜选用 500V 或 1000V 的兆欧表;额定电压在 500V 以上的设备宜选用 1000V 或 2500V 的兆欧表;而瓷瓶、母线、刀闸等应选用 2500V 或 5000V 的兆欧表。兆欧表的选择举例见表 9-3。

表 9-3 兆欧表的选择举例

被测对象	被测设备的额定电压/V	兆欧表的额定电压/V
线圈的绝缘电阻	500 以下	500
线圈的绝缘电阻	500 以上	1000
电机、变压器线圈的绝缘电阻	500 以下	1000
电机、变压器线圈的绝缘电阻	500 以上	1000~2500
电器设备的绝缘电阻	500 以下	500~1000
电器设备的绝缘电阻	500 以上	2500
瓷瓶、母线、刀闸的绝缘电阻	—	2500~5000

2. 使用方法及注意事项

保存和使用兆欧表时,必须遵循有关规定,否则将引起测量误差,甚至造成触电事故。保存和使用兆欧表时,应注意如下几方面的问题。

(1) 兆欧表必须放置于平稳、牢固之处,被测物体表面应干燥、清洁。

(2) 测量前,先对兆欧表进行一次开路和短路试验,检查兆欧表是否良好。空摇兆欧表,指针应指在"∞"处,然后再慢慢摇动手柄,若使两测

【兆欧表的结构及工作原理】

量端子之间瞬时短接，则指针应迅速指在"0"处，说明兆欧表是良好的；若指示不对，则须找出原因，排除故障后再使用。

（3）严禁在设备带电的情况下测量绝缘电阻，若对具有电容的高压设备进行测量，则应先放电（2～3min）。

（4）兆欧表与被测线路或设备的连接导线要用绝缘良好的单根导线，不能用双股绝缘线或绞线，避免因绝缘不良引起误差。

（5）要均匀摇动手柄，一般规定摇动手柄的速度为120r/min，允许有±20%的变化。通常摇动1min待指针稳定后再读数。

（6）若被测电路中有电容，则应先持续摇动一段时间，让兆欧表对电容充电，待指针稳定后再读数。若测量中发现指针指零，则应立即停止摇动手柄。在兆欧表未停止摇动前，切勿用手去触及设备的测量部分和兆欧表的接线柱。拆线时，不可直接触及引线的裸露部分，测量完毕后应对设备充分放电，否则容易引起触电事故。

（7）禁止在雷电时或邻近有高压导体的设备处使用兆欧表。只有在设备不带电又不可能受其他电源感应而带电的情况下才可进行测量。

（8）兆欧表应定期校验：检验方法是直接测量有确定值的标准电阻，测量其是否有测量误差、是否在允许范围以内。

（9）使用仪表时须小心轻放，避免剧烈振动，以防轴尖宝石轴承受损而影响指示。

（10）仪表保存于周围空气温度为0～40℃、相对湿度不超过85%的地方，且空气中不含有腐蚀性气体。

特别提示

有些低压电气设备的绝缘电阻有可能小于1MΩ，而有些兆欧表的刻度标尺不是从零开始的，而是从1MΩ或2MΩ开始。所以用这种兆欧表测量这类电气设备的绝缘电阻时，在兆欧表上得不到读数，易误认为其绝缘电阻为零而得出错误结论。

9.5 钳形电流表

钳形电流表又称钳形表卡表，是可在不断开电路的情况下直接测量电流的携带式电工仪表，具有携带方便、使用灵活的特点，广泛应用于电气检修中，一般用于测量电压不超过500V的负荷电流。有的还带有测电杆，可用来测量电压。

9.5.1 钳形电流表的工作原理

常用钳形电流表主要由活动夹钳、互感器、扳手及电流表等组成，如图9.12所示。钳形电流表是电流互感器的一种变形。钳形电流表中电流互感器的一次绕组实际上是一根导线；二次侧匝数多，与电流表组成闭合回路。

根据变压器电流变换公式

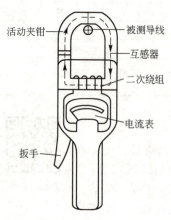

图9.12 钳形电流表的组成

第9章 常用电工仪表及测量

$$I_1 = \frac{N_2}{N_1} I_2 = K_i I_2$$

可知，被测导线所流过的电流 I_1 是电流互感器二次侧电流的 K_i 倍，而由于电流互感器二次绕组的匝数 N_2 大于一次绕组（被测导线）的匝数 N_1，即电流互感器的电流比 $K_i > 1$，故二次侧电流 I_2 大于一次侧（被测导线）电流，所以利用钳形电流表，可以用低量程的电流表测量大电流。

【钳形电流表的结构工作原理及使用方法_电工学网】

9.5.2 钳形电流表的使用方法

钳形电流表使用方法简单，测量电流时只需将正在运行的待测导线夹入钳形电流表的钳形铁心内，然后读取数显屏或指示盘上的读数即可。

使用钳形电流表时，应注意如下几个问题。

（1）使用前应检查钳口的开合情况是否良好，良好的钳形电流表钳口可动部分应开合自如，两边钳口结合面应接触紧密。

（2）检查电流表指针是否指在零位，若未指在零位，则应调节调零旋钮，使其指向零位。

（3）应将量程选择旋钮置于适当位置，在测量过程中不准切换电流量程开关。

（4）在测量时，应将被测导线置于钳口内中心位置。若测量时发现有杂音，则可把钳口重新开合一次，以使钳口开合情况良好。

（5）测量结束后应转动旋钮将量程置于最高档，以防止以后使用时不慎损坏仪表。

小　　结

本章主要介绍了误差的表示方法及常见电工测量仪表的工作原理和使用方法，现分述如下。

1. 测量误差的表示方法

（1）绝对误差。

绝对误差 ΔX 是指仪表所测得的被测量示值 X 与其真值 A_0 之差，即

$$\Delta X = X - A_0$$

（2）相对误差。

相对误差包括实际相对误差和引用相对误差。

实际相对误差是指绝对误差 ΔX 与被测量的实际值 A 之比，用 γ_A 表示，即

$$\gamma_A = \frac{\Delta X}{A} \times 100\%$$

引用相对误差是指绝对误差 ΔX 与仪表的最大量程 X_m 之比，用 γ_n 表示，即

$$\gamma_n = \frac{\Delta X}{X_m} \times 100\%$$

最大绝对误差 $(\Delta X)_m$ 与仪表的最大量程之比 X_m 称为最大引用相对误差（又称满度相对误差），用 γ_{nm} 表示，即

$$\gamma_{nm} = \frac{(\Delta X)_m}{X_m} \times 100\%$$

仪表的准确度就是根据仪表的最大引用相对误差进行分级的。

2. 万用表

按工作原理分,可将万用表分为磁电式万用表和数字式万用表两种。在使用磁电式万用表时,要严格按说明书使用。使用任何量程时均要将两表笔短接调零(调节零欧姆调整电位器旋钮使指针指在零欧姆的刻度上);不准带电测电阻。测量电压和电流时,也应调零(调节机械零位调节器,使其指零)。测量电压时应将万用表并联在被测电路两端;测量电流时应将万用表串联在被测电路两端。测直流电压时要注意表笔所接电位的高低;测直流电流时要注意通过万用表电流的方向。

3. 功率的测量

通常用电动式功率表测量电路的功率。在接线时,要注意根据两线圈的同名端正确接线。应将功率表的电流线圈串联在被测电路中,将电压线圈并联在被测电路两端。三相功率的测量方法通常有三功率表法和二功率表法两种。三功率表法适用于三相四线制电路,二功率表法适用于三相三线制电路。电动式功率表既可用于测量交流功率,也可用于测量直流功率。

另外,还介绍了兆欧表和钳形电流表的工作原理及其使用方法。

 知识链接

现代自动检测系统

物理量有电量(如电压、电流和电功率等)和非电量(如温度、压力和流量等)之分。各种电量采用电压表、电流表和功率表等电工测量仪表便可以测量出来。在科研和生产中,尚需对大量的非电量进行测量和控制,借助于电工测量的方法容易测量非电量,也便于实现生产过程的自动化,因此非电量的测量和控制在国民经济中占有十分重要的地位。

现代自动检测系统一般包括信息的获取、信号的转换与存储、信号的记录与显示及信号的处理与分析等几个部分。其中,信息的获取通常由传感器实现。传感器是一种将被测非电量转换为与之成一定比例关系的电量的装置,是获取信息的重要手段。信息的获取是准确检测的关键,传感器获取的信息是否准确关系到整个检测系统的精度。信号的转换与存储一般由中间转换装置完成,其主要作用是把由传感器转换而来的电量变成一定功率的电压或电流的模拟信号或数字信号,以便于信号的传输、存储与记录。信号的记录与显示用于显示和记录被测结果。信号的处理与分析用来对被测结果进行运算、分析(如频谱分析和能量谱分析等)、处理及必要时为自动控制系统提供控制信号等,这些工作通常借助计算机才能完成。

现代科学技术的迅猛发展为检测技术的进步和发展创造了有利条件,同时向检测技术提出了更高要求。随着计算机技术和微电子技术的发展,仪器仪表正朝着智能化、数字化、小型化、网络化、多功能化等方向发展。

习 题

9-1 单项选择题

(1) 若要测量电压或电流,则下列说法较准确的是( )。

A. 量程应大于实际值

B. 量程应小于实际值

C. 实际值应大于量程的一半以上,但不能超过满量程

D. 应根据实际情况确定

(2) 万用表内的微安表头属于(　　)。

A. 磁电式仪表　　　B. 电磁式仪表　　　C. 电动式仪表

(3) 功率表属于(　　)。

A. 磁电式仪表　　　B. 电磁式仪表　　　C. 电动式仪表

(4) 对于功率表,下列说法正确的是(　　)。

A. 只能测量交流功率,不能测量直流功率

B. 只能测量直流功率,不能测量交流功率

C. 既可测量直流功率,也可测量交流功率

(5) 三相功率的测量方法有两种,即二功率表法和三功率表法,其中(　　)。

A. 三功率表法适用于三相三线制电路

B. 二功率表法适用于三相四线制电路

C. 二功率表法适用于三相三线制电路

9-2　判断题(正确的请在每小题后的圆括号内打"√",错误的打"×")

(1) 电工仪表的准确度越高,测量的结果越准确。　　　　　　　　　　　　(　　)

(2) 在用同一只仪表进行测量时,在不超过量程的前提下,实际值越接近量程越好。

(　　)

(3) 普通万用表可以用来测量500kV的电压。　　　　　　　　　　　　　　(　　)

(4) 不能带电测量电路的电阻。　　　　　　　　　　　　　　　　　　　　(　　)

(5) 若三相负载对称,则可用一块功率表测量三相功率,总功率等于这块功率表读数的3倍。　　　　　　　　　　　　　　　　　　　　　　　　　　　　　　　　(　　)

(6) 不能用电动式仪表测量直流功率。　　　　　　　　　　　　　　　　　(　　)

9-3　已知某电源的实际电压值为220V,现分别用准确度为1.5级、最大量程为250V和准确度为1.0级、最大量程为500V的两块电压表测量,则哪块电压表的读数较准确?

9-4　若用准确度为2.5级、最大量程为500V的电压表来测量380V的电压,则相对误差为多少?若允许相对误差不超过5%,则这只电压表能够测量的最小电压值为多少?

9-5　使用万用表测量电压、电流和电阻时,应注意哪些问题?

9-6　如何用万用表检查二极管和电容器的好坏?

9-7　应如何选择兆欧表的额定电压?

9-8　用兆欧表测量绝缘电阻时,应注意哪些问题?

9-9　钳形表的主要用途是什么?

参 考 文 献

龚富林，宗祥娟，龙杰民，1993. 电路与磁路 [M]. 北京：中国轻工业出版社．
江缉光，刘秀成，2007. 电路原理 [M]. 2版．北京：清华大学出版社．
刘介才，2009. 工厂供电 [M]. 北京：机械工业出版社．
秦曾煌，2003. 电工学：上册　电工技术 [M]. 6版．北京：高等教育出版社．
秦曾煌，2007. 电工学简明教程 [M]. 2版．北京：高等教育出版社．
邱关源，1999. 电路 [M]. 4版．北京：高等教育出版社．
唐介，2005. 电工学(少学时) [M]. 2版．北京：高等教育出版社．
王文槿，张绪光，2008. 电工技术 [M]. 北京：高等教育出版社．
王岩，王祥珩，1991. 电工技术 [M]. 北京：中央广播电视大学出版社．
张绪光，刘在娥，2009. 电路与模拟电子技术 [M]. 北京：北京大学出版社．

北大版·本科电气类专业规划教材

精美课件

图文案例

在线答题

课程平台

教学视频

部分教材展示

扫码进入电子书架查看更多专业教材，如需申请样书、获取配套教学资源或在使用过程中遇到任何问题，请添加客服咨询。